MOS
반도체 공학

김정규 저

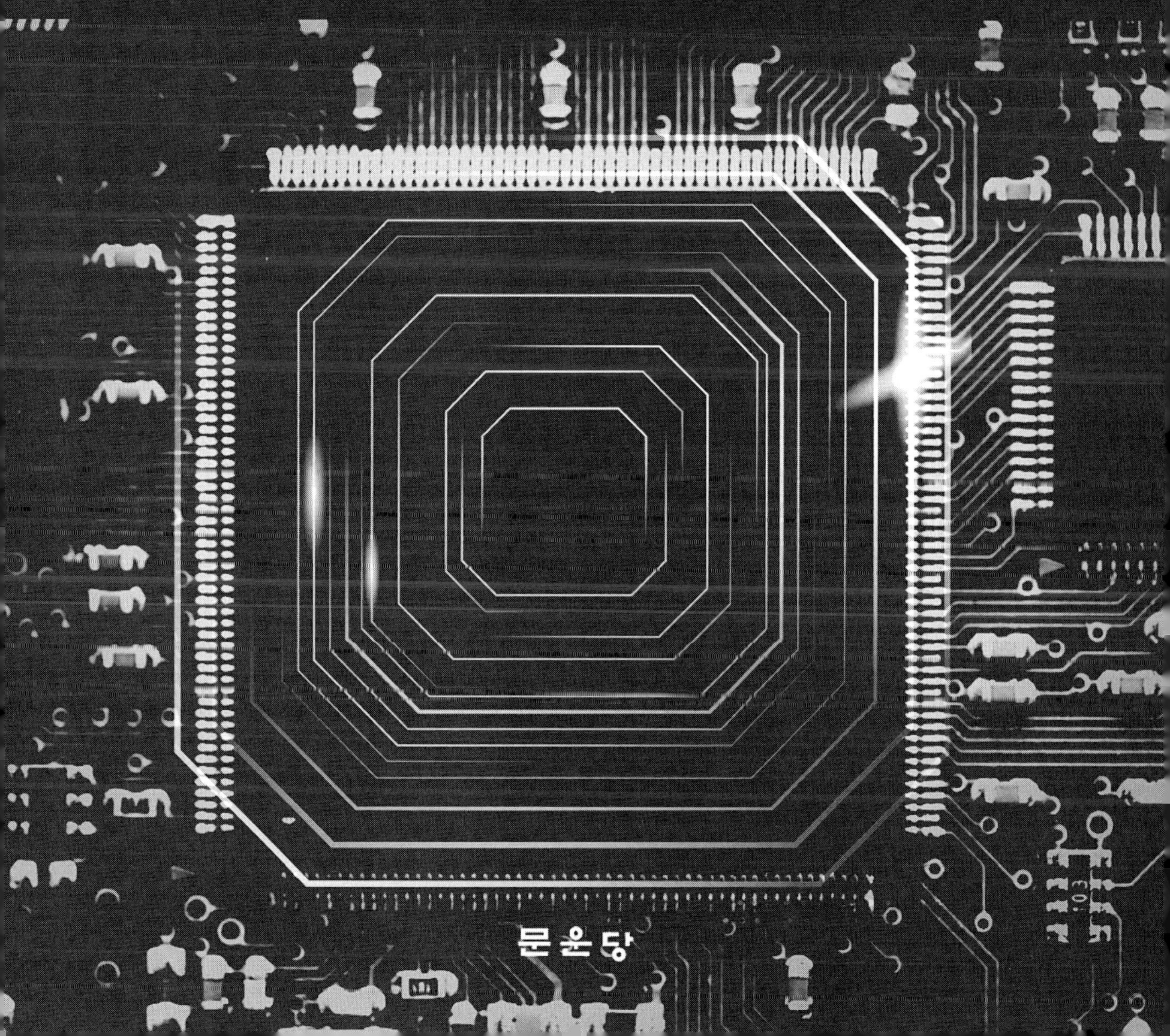

문운당

머리말

본 저서는 De Witt G. Ong의 Modern MOS Technology : Processes, Devices, and Design 책을 위주로 하고 E. S. Yang의 Microelectronic Devices와 D. A. Neamen의 Semiconductor Physics & Devices 책을 인용하였으며 학생들의 강의 경험상 긴요한 내용을 중점적으로 강조하여 만들었습니다.

반도체공학 또는 전자공학도 중 반도체를 전공하는 학생들에게 물리전자 교재에서보다는 심도 있게 MOS(Metal Oxide Semiconductor) IC(Integrated Circuit)의 기초를 공부할 기회를 제공하기 위하여 본 교재를 만들게 되었습니다. 현대 전자산업에 사용되는 대부분의 IC는 MOS 소자를 기초로 만들어지니 이를 전문적으로 다루는 교재는 찾아보기 힘들어 다소 부족한 자료시만 교재로 만들었습니다.

내용은 간단한 반도체 물리의 기초, MOS 구조의 동작, MOS 트랜지스터의 동작원리, MOS 디지털 IC, CMOS 동작, 반도체 제조 공정, MOS 집적회로 제조, 레이아웃, 마스크, 패키지 및 수율과 신뢰성 등으로 구성되어 있으며 MOS IC의 동작과 만들어지는 전체 과정의 기초를 이해하는데 도움이 되리라 생각됩니다.

미천한 지식으로 책을 만들었기에 다소의 오류가 있으리라 생각되며 보다 좋은 책을 위한 독자의 많은 질타를 부탁드립니다.

2023. 6

목차

목차

1장

반도체 재료와 물성

1 반도체 재료와 물성

1-1. 실리콘의 결정성

고체 물질은 결정의 배열정도에 따라, 비정질(amorphous), 다결정질(polycrystalline) 및 단결정(crystalline) 상태로 나누어진다. 실리콘의 경우, 비정질실리콘은 주로 태양전지, 능동 액정표시기의 스위칭 소자 등에 사용되며, 다결정질 실리콘은 개선된 태양전지, 능동 액정표시기의 스위칭 소자 및 실리콘 집적회로의 게이트 물질에 사용된다. 대부분의 집적회로에서 대량으로 이용되어지는 기판은 단결정 실리콘이다. 모든 결정질 물질처럼, 실리콘도 단위 셀(unit cell)이라고 불리는 기본 단위 구조의 반복으로 이루어진다. 실리콘에서 단위 셀은 그림 1-1에서 점선으로 둘러싸인 것으로, 4면체 모서리 부분에 놓여있는 4개의 같은 거리에 있는 가장 가까운 이웃원자로 둘러싸인 원자로 구성되어 있다. 이는 입방체 전체 구조에서 2개의 fcc(face centered cubic, 면심입방)가 대각선 방향으로 1/4 단위길이 이동하여 겹쳐진 것과 같다(그림 1-2).

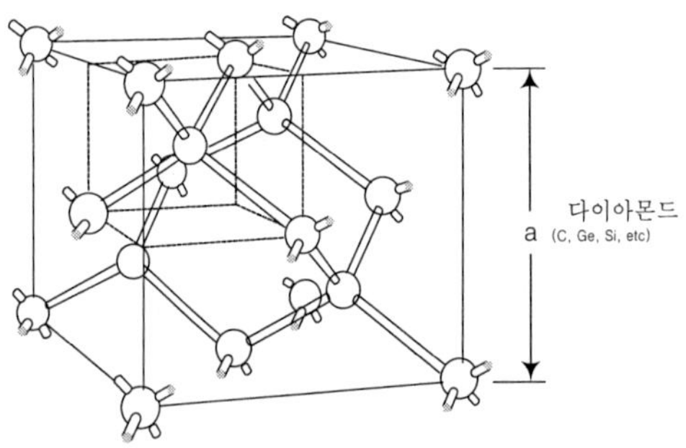

[그림 1-1] 실리콘 결정의 정사면체 구조

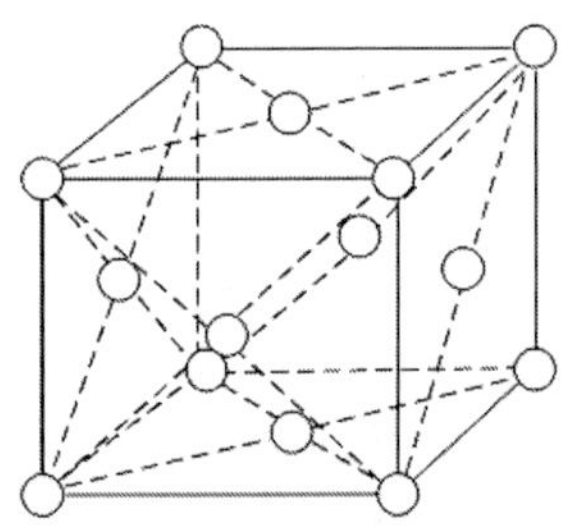

[그림 1-2] 면심입방 기본 셀

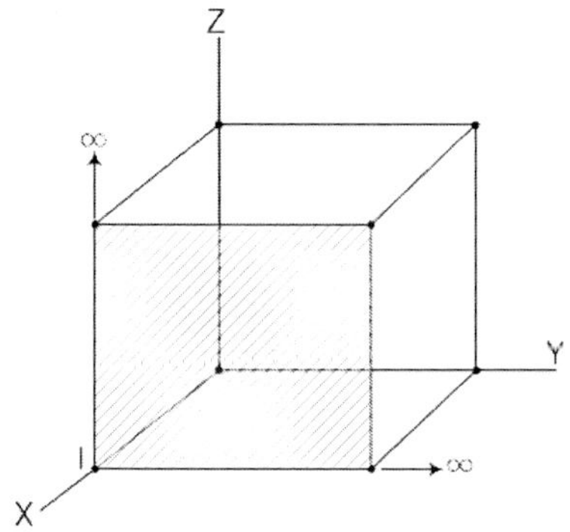

[그림 1-3] (111)면

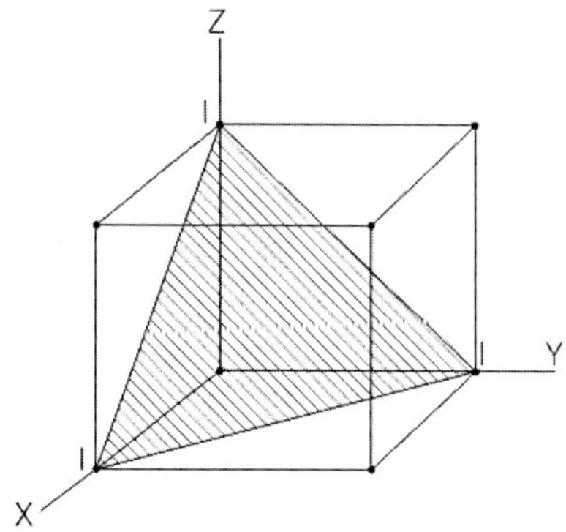

[그림 1-4] (100)면

단위 셀의 중요성은 다음 사실을 알려준다. 정사면체는 3방향 대칭이므로 bulk 실리콘은 등방성(isotropic)을 가진다. 다시 말해, 모든 물리적 특성, 예를 들면, 이동도, 저항률 등이 어떤 방향에서 측정되어도 같다. 실리콘의 박막에서 측정되거나 또는 표면 특성이 관심이 있는 경우, 이러한 물리적 특성들은 등방성을 갖는 것은 아니다. 표면에 나타나는 단위 면적당 원자의 수가 다르기 때문에 표면 특성은 결정의 방향에 의존하게 된다.

실리콘 결정에서 다양한 결정학적 면 또는 표면을 명시하는 것이 필요하다. 이의 표시는 아래와 같은 Miller(밀러) 지수를 이용함으로서 가능하다.

① X, Y, Z축과 만나는 점을 각 a, b, c로 구하고

② 각각의 역수를 취하여 밀러지수를 형성하는 괄호로 둘러싼다. $(1/a,\ 1/b,\ 1/c)$

3개의 수를 가장 작은 정수의 비로 나타낸다. 예로, (111)과 (100) 면을 그림 1-3과 그림 1-4에 나타냈다. (100)면일 경우에 축과 만나는 점은 1, ∞, ∞이다. 이것의 역수를 취한 값은 밀러지수로 (100)을 만든다.

MOS 집적회로는 (100)면 또는 (111)면과 평행하게 잘려진 웨이퍼로부터 제작되며 (100)면이 훨씬 많이 쓰이고 있다. 이것은 (100)면의 웨이퍼가 MOS 공정에서 산화될 때 Si 과 산화물 계면에 잔여 전하를 제일 적게 생기게 하기 때문이다.

통상적으로, 면은 ( )를 사용하고, 방향은 [ ]을 사용하며, 〈 〉은 방향의 등가 세트를 나타 낸다. 즉, 〈1, 0, 0〉= [1, 0, 0], [0, 1, 0], [0, 0, 1]이 된다.

1-2. 실리콘의 성질

불순물을 도핑(doping)하지 않은 실리콘을 진성반도체(intrinsic semiconductor)라고 부른다. Si은 4의 원자가를 가지고 있으며 4개의 다른 이웃하는 실리콘 원자와 공유결합을 형성한다. 그림 1-5에 이웃하는 원자와 전자를 공유하는 것을 2차원 단면으로 나타내고 있다.

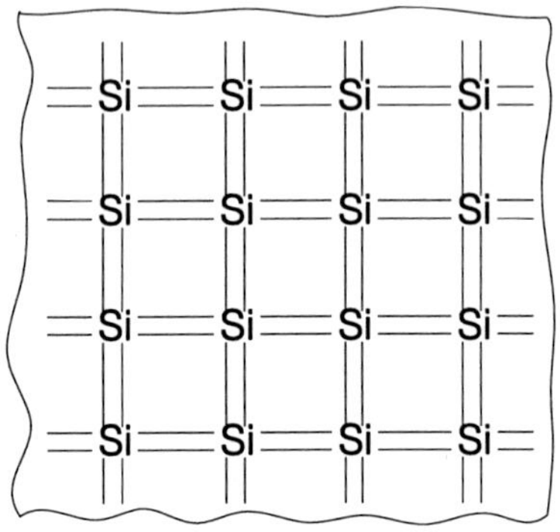

[그림 1-5] 실리콘 원자의 공유 결합

반도체 특성의 기술에 있어서 매우 중요한 개념은 에너지 밴드 대역도이다(그림 1-6). 이것은 가전자 대역의 전자가 가질 수 있는 에너지 범위를 나타내는 데 사용된다. 실리콘과 같은 반도체에서는 원자의 가전자 셀에 전자가 있을 때 이 전자는 연속적인 에너지 레벨의 범위에서 한 에너지 값을 가진다. 이 연속적인 에너지 레벨의 에너지밴드를 valence band(가전자대)라 부른다. 같은 가전자 셀 내에서 이보다 약간 큰 에너지 레벨에 전자가 있을 수 있는 연속적으로 변화하는 다른 밴드가 있는데 이것을 conduction band(전도대)라 한다.

위의 두 밴드 사이에는 전자의 허용된 상태가 없는 에너지 레벨의 간격(갭)이 있다. 이것을 **밴드 갭**(Band Gap), $\boldsymbol{E_G}$ 또는 금지대라고 한다. 상온에서 실리콘의 E_G는 1.1 eV이다. 그림 1-6의 에너지 대역도는 단순히 전자의 에너지가 $+y$ 방향으로 증가하는 것을 그린 것이다. 3장에서 에너지 준위가 실리콘에 대한 거리의 함수로서 휘어지는 것을 보여줄 것이다. 그 경우, x 방향이 중요하다. 관례적으로 가전자대의 최상위 지점을 E_v, 전도대의 최하위 지점을 E_c, 그리고 중앙지점을 E_i로 정의한다.

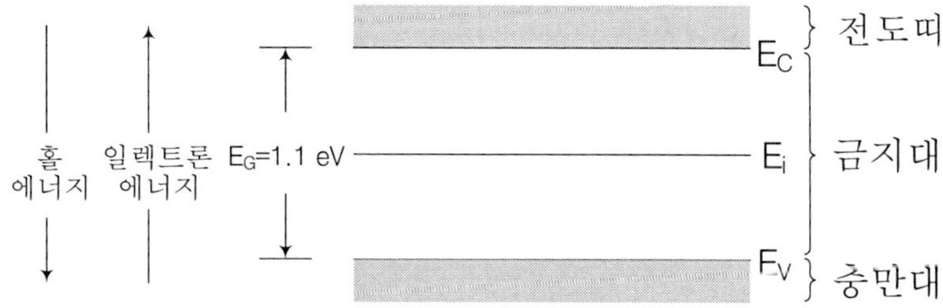

[그림 1-6] 에너지 밴드 대역도

에너지 대역도에서 전자 에너지가 0인 준위가 표시되지 않음을 주의하라. 이것은 절대적 에너지 준위는 에너지 준위의 변화처럼 유용하지 않다는 것을 말한다. 에너지 대역도와 관계된 모든 수식은 항상 하나의 에너지 준위의 절대값이 아니라 상대적인 두 에너지 준위의 차이를 나타낸다.

절대온도 0 K도에서, 가전자대는 완전히 가전자 전자로 채워져 있어 전류의 흐름이 없다. 그러나 절대 온도 0 K도 이상에서는, 적은 수의 전자들이 전도대로 여기 되기 위한 충분한 열적 에너지를 가지게 되고 인가된 전계에 반응하여 전류를 흐르게 한다. 이들이 움직일 수 있는 전자들이다. 반면, 전도대로 여기된 전자에 의해, 가전자대에는 빈 공간이 남게 되어 정공(hole)을 생성한다. 전계가 인가되면, 근처의 전자들이 빈 공간을 채우기 위해 움직일 수 있으며 이로 인해 다른 정공을 생성한다. 따라서 인가된 전계에 대하여 정공이 자신의 이동도를 갖고 움직이는 것처럼 나타난다.

전자와 정공의 진성 전송자 농도는 상온에서 상대적으로 작아 실리콘이 반도체로 되게 한다. 그러나 진성 전송자 농도는 매 8~10℃마다 대략 2배로 증가하게 된다. 온도 의존성은 아래 식과 같이 주어진다.

(1-1) $$n = p = n_i = 3.9 \times 10^{16}\, T^{3/2} \exp\left(-\frac{E_G}{2kT}\right) \text{cm}^{-3}$$

여기서 n : 전자의 농도, cm^{-3}

p : 정공의 농도, cm^{-3}

n_i : 진성 전송자의 농도, cm^{-3}

T : 온도, K

E_G : 밴드 갭, eV (1.16 eV for silicon at 0 K)

k : Boltzman's 상수

T = 300 K에서,

(1-2) $$n_i = 1.5 \times 10^{10}\ \text{cm}^{-3}$$

SiO_2와 같은 절연 재료들은 큰 밴드갭 E_G, 예를 들면 ~9 eV 을 가지고, 밴드 갭을 뛰어 넘기에 충분한 열적 에너지를 가지는 전자는 거의 없다. 반면, 금속은 중첩된 밴드를 가지므로 밴드 갭이 없다. 가전자대의 채워진 영역의 꼭대기 부근에 있는 가전자는 쉽게 열적 에너지를 얻어 움직일 수 있는 전자가 된다. 외부 전계가 인가되면 금속에서는 전도가 매우 잘 된다.

페르미(Fermi) 준위는 한 전자가 점유할 확률이 0.5인 전자 상태의 에너지 준위를 표현하기 위한 것으로 반도체에서 가장 널리 사용되며 페르미 준위는 전자와 정공의 수를 기술하는데 사용된다. 또한 전자의 에너지에 대한 분포가 가우스 분포이면 페르미 준위는 그 전자들의 평균에너지라고도 볼 수 있다.

그림 1-7의 에너지밴드 대역도를 참조하면 전자나 정공의 농도를 아래의 식들을 사용하여 알 수 있다.

(1-3) $n = n_i \exp\frac{E_F - E_i}{kT}$

그리고

(1-4) $p = n_i \exp\frac{E_i - E_F}{kT}$

진성물질인 경우에

(1-5) $p = n = n_i$

이고

(1-6) $E_F = E_i$이다.

다시 말해, 진성 물질에 대해서는 Fermi 준위는 밴드 갭의 중앙에 위치한다. 이것은 E_i(진성 페르미 레벨)가 밴드 갭의 가운데 있음을 나타낸다.

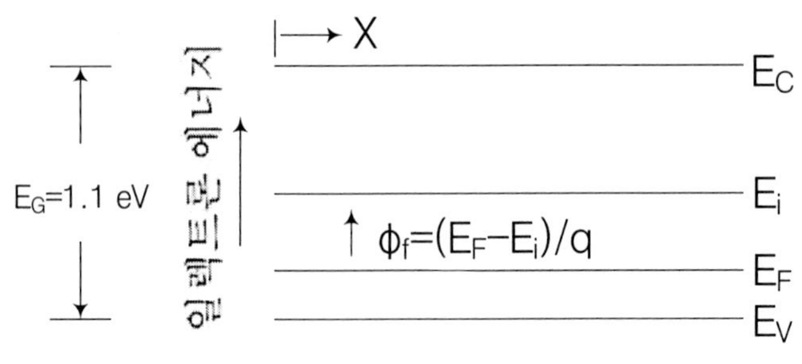

[그림 1-7] 페르미 준위가 그려진 에너지밴드 대역도

1-3. 도너 도핑

불순물로 도핑 된 반도체는 외인성(extrinsic) 반도체로 분류된다. 외인성 반도체로 처음 논의될 것은 n형 실리콘이다.

인과 같이 5개의 최외각 전자를 가지는 원자가 Si 원자에 대치되면 단지 4개의 전자만이 공유결합에 사용되고 하나의 과잉전자가 남게 된다(그림 1-8). 낮은 온도일지라도 열적 에너지는 쉽게 이온화 에너지를 극복할 수 있어 이 전자들이 자유롭게 떨어져 나와 전류 전도에 사용된다. 에너지 대역도의 관점에서(그림 1-9) 인의 과잉 전자는 전도대 가장자리 Ec 바로 밑에 "얕은(shallow)" 상태에 놓여 있고 이것은 열적 에너지에 의해 쉽게 전도대로 여기 되어질 수 있다. 인 원자는 전자의 도너(donor)가 되며 자신은 양으로 대전된 이온(ion)이 된다. 따라서 전자와 이온화된 인으로 실리콘 물질 그 자체는 여전히 전기적으로 중성으로 남게 된다. 도너 원자는 물리적으로 움직일 수 없고(immobile) 이것은 결코 정공이 아니다. 이와 같은 "움직일 수 있는 과 움직일 수 없는"의 개념은 매우 중요하며 후에 MOS의 구조에서 다시 논의할 것이다.

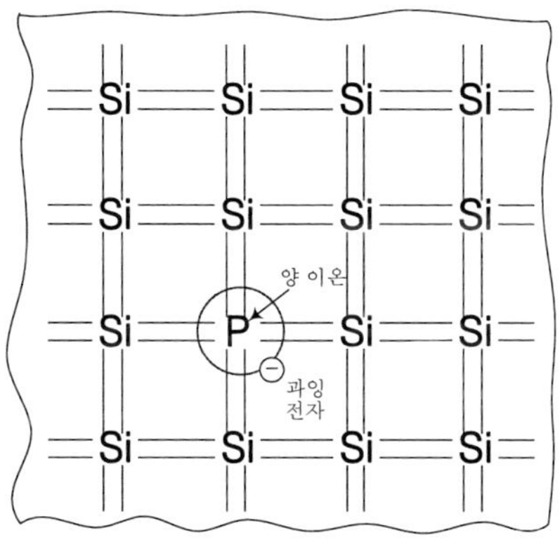

[그림 1-8] 도너(인)가 도핑된 실리콘에서의 공유 결합

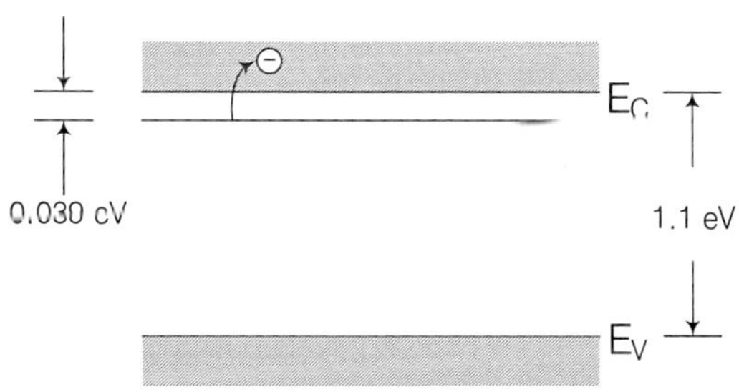

[그림 1-9] 실리콘에서 인 도너의 에너지 레벨

상온에서 인 원자는 실제적으로 완전히 이온화되고 각각 하나의 움직일 수 있는 전자의 생성에 기여한다. 전형적인 인의 도핑 농도에서 전자의 농도와 비교했을 때 열적 생성 $(n = n_i)$의 기여는 무시 가능하므로 전자의 농도는 다음과 같다.

(1-7) $n = N_D{}^+$

여기서 N_D는 단위 입방체 당 인의 개수로 도핑농도이다. 위 식에서 + 기호는 단순히 도너 원자가 양으로 이온화된 것을 의미한다. 정공 농도는 식 (1-7)에서는 무시되었지만, 0은 아니고 아인스타인(Einstein) 관계식, 즉, $p \cdot n = n_i{}^2$ 에서 아래와 같이 나타낸다.

(1-8) $p = \dfrac{n_i{}^2}{n}$

이 식에서 p의 농도는 진성일 때의 값$(p = n_i)$보다 매우 더 낮게 됨을 볼 수 있다.

식 (1-7)으로부터 전자의 농도를 알 수 있으므로 식 (1-3)의 정의 식으로부터 Fermi 준위를 결정할 수 있다. 그림 1-10은 전형적인 도핑농도 N_D=10^{15} cm^{-3} 인 n-type 물질의 Fermi 준위를 보여준다. 그림 1-11은 다른 도너 도핑의 농도에 대한 Fermi 준위를 보여준다.

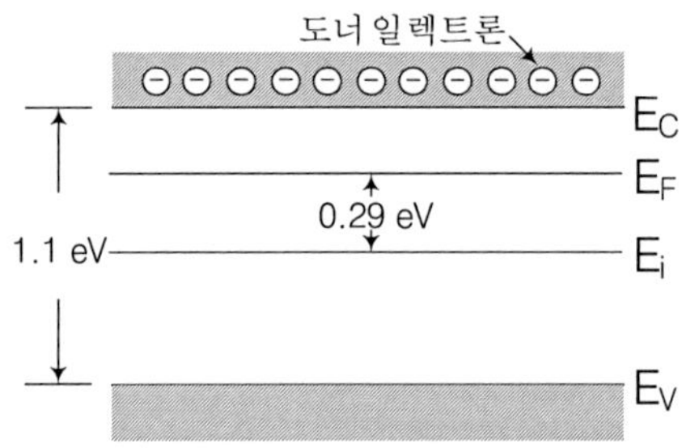

[그림 1-10] 도핑농도 $N_D = 10^{15}$ cm^{-3}, $T = 300$ K에서 실리콘의 에너지밴드 대역도

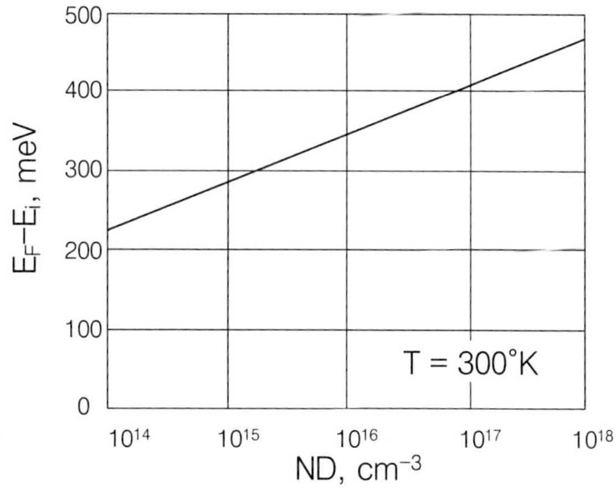

[그림 1-11] 도너 도핑 농도 N_D 에 대한 $E_F - E_i$

1-4. 억셉터 도핑

p형 실리콘을 형성하기 위해 억셉터로 실리콘을 도핑하는 것은 n형 실리콘 경우에서와 유사하다. 붕소와 같은 억셉터는 3개의 최외각 전자를 가지며 가전자대의 전자를 쉽게 받아들이며 전류의 흐름에 기여하는 정공을 남긴다. 이때 붕소 자신은 음으로 이온화되며 움직일 수 없는 원자가 되고 대신에 주위 실리콘에 정공을 형성하게 된다. 또한 n형 실리콘과 마찬가지로 붕소가 도핑된 실리콘은 전기적으로 중성임에 주의할 필요가 있다(그림 1-12).

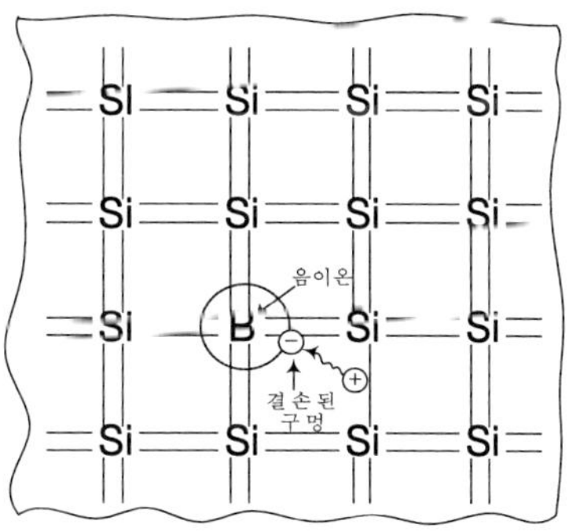

[그림 1-12] 억셉터 (붕소)로 도핑된 실리콘의 공유 결합

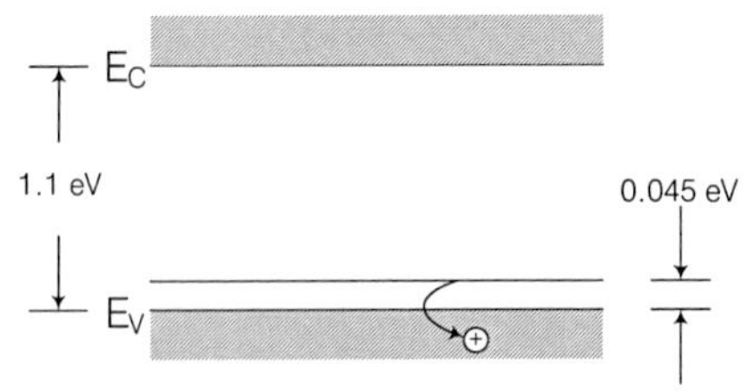

[그림 1-13] 실리콘에서 붕소 억셉터의 에너지 준위

그림 1-13의 에너지 대역도 관점에서 붕소의 에너지 준위는 가전자대 가장자리 E_V의 바로 윗부분에 "얕은(shallow)" 레벨에 놓여있다. 전자는 움직일 수 있는(mobile) 정공을 남기며 가전자대로 부터 쉽게 여기 되어 붕소 억셉터 준위로 옮아가게 된다. 붕소 원자 자신은 음으로 대전되지만(전자를 받아들이며) 움직일 수 없어 자신은 전류 전도에는 기여하지 않는다. p형 물질에서 전하 중성을 유지하기 위해 정공의 농도는

(1-9) $p = N_A^-$

여기서 억셉터 도핑 농도는 입방 cm 당 붕소 갯수[cm^{-3}]로 나타내며, −의 부호는 붕소가 음으로 대전된 것을 나타낸다. 소수 캐리어 농도는 아인스타인 관계식($p \cdot n = n_i^2$)에서 아래와 같이 나타낸다.

(1-10) $n = \dfrac{n_i^2}{p}$

그림 1-14와 같이 전형적인 억셉터 도핑 농도인 $N_A = 10^{15}\ cm^{-3}$ 일 때, p형 실리콘의 Fermi 준위는 E_i 아래에 있다. 다른 억셉터 도핑 농도에 대해서는 단순히 N_A를 N_D로 대신하고 $E_F - E_i$의 부호를 바꾸어 그림 1-11을 사용할 수 있다.

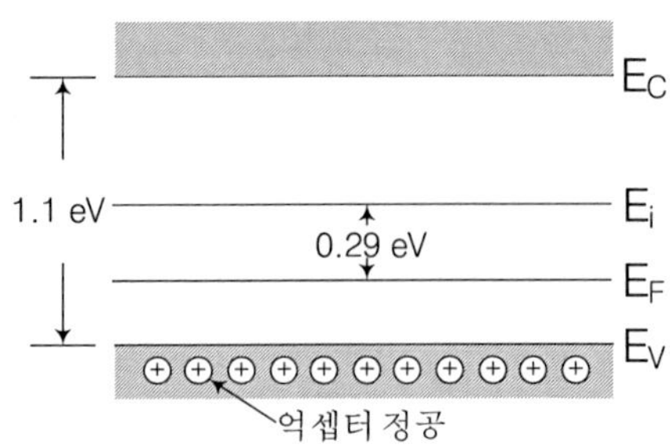

[그림 1-14] 억셉터(붕소) 도핑농도 $10^{15}\ cm^{-3}$ 인 실리콘의 에너지 밴드 대역도

1-5. 전기 전도

벌크 실리콘의 전기 전도는 근본적으로 다수 캐리어에 의해 결정된다. n형 물질의 경우 다수 캐리어는 전자다. n형 물질의 전도도는 다음과 같다.

(1-11) $\sigma_n = nq\mu_n$

여기서 σ_n : $(\Omega\cdot cm)^{-1}$

n : 전자 농도, cm^{-3}

q : 전자의 전하량

μ_n : 전자의 이동도, $cm^2/(V\cdot s)$

저항률은 전도도의 역수이며 아래와 같이 표현된다.

(1-12) $\rho_n = \dfrac{1}{nq\,\mu_n}$

p형 물질에 대해서 전도도와 저항률은 유사하게

(1-13) $\sigma_p = pq\mu_p$

여기서 σ_p : $(\Omega\cdot cm)^{-1}$

p : 전자 농도, cm^{-3}

q : 전자의 전하량

μ_p : 전자의 이동도, $cm^2/(V\cdot s)$

(1-14) $\rho_p = \dfrac{1}{pq\,\mu_p}$

위에서 기술된 이동도는 전계인가로 생기는 캐리어 드리프트(drift) 속도 v의 비례상수이다.

(1-15) $v = \mu E$

식 (1-11)에서 (1-15)까지 언급된 이동도는 벌크 이동도이다. 이동도는 MOS 소자의 중요한 변수이다. 그러나 MOS 소자에서는 반도체 표면을 따라 이동하는 전송자의 제한된 이동도, 즉 표면 이동도가 중요 관심거리가 된다.

그림 1-15에서는 벌크에서 전자의 이동도가 홀의 이동도보다 거의 3배가 됨을 보여준다. 도핑 농도가 커지면 이온화된 원자와의 충돌이 증가하여 도핑농도의 증가와 더불어 전자 및 정공의 이동도는 감소한다. 또한 온도가 증가하면 격자(lattice, 실리콘 원자구조)에서 열적 진동에 의한 증가된 산란 때문에 온도증가와 더불어 일반적으로 이동도는 감소한다.

식 (1-12)와 (1-14)를 감안하고 도핑농도에 따라 이동도가 변하는 것을 고려하여 저항률을 도핑농도의 함수로 그림 1-16처럼 그릴 수 있는데 어빈곡선(Ivan's curve) 이다.

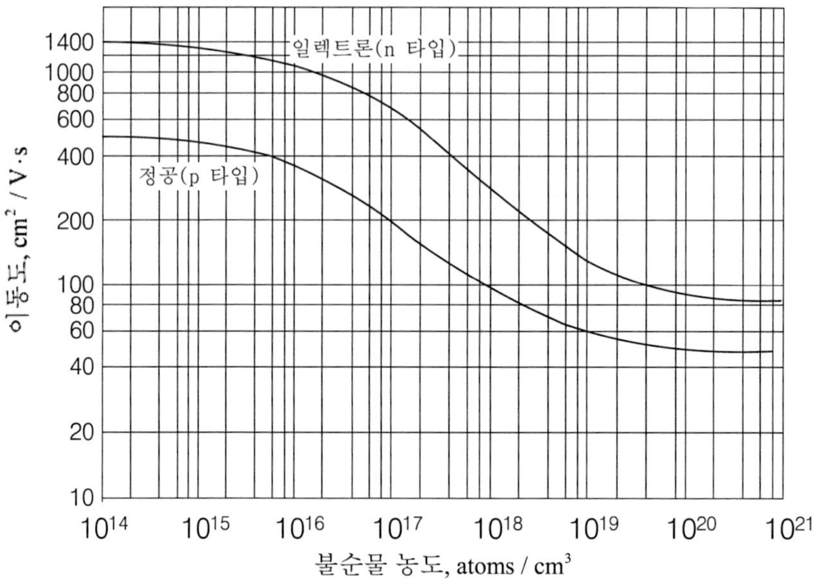

[그림 1-15] 도핑 농도에 대한 벌크 전송자 이동도
다수 및 소수 전송자에 대해 유효함(T = 300 K)

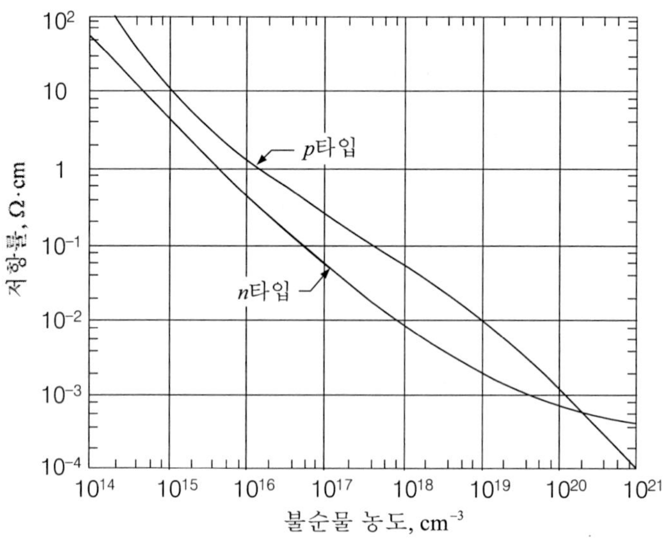

[그림 1-16] 도핑농도에 대한 저항률(Irvin's curve)

2장

pn접합의 형성

2-1. pn 접합(0바이어스)

2-2. 순방향 바이어스된 pn접합

2-3. 역방향 바이어스된 pn접합

2-4. 다이오드식

2-5. pn 접합의 전계와 항복전압

2-6. 공핍층 커패시턴스

2 pn 접합의 형성

2-1. pn 접합(0바이어스)

그림 2-1(a)에서 이상적인 pn 접합은 균일하게 도핑된 p형 물질에서 n형 물질로 도핑이 급격하게 변한다. 그러나 실제적인 구조에서는 한 쪽의 불순물이 다른 쪽으로 확산되어 들어가며 그림 2-1(b)처럼 된다.

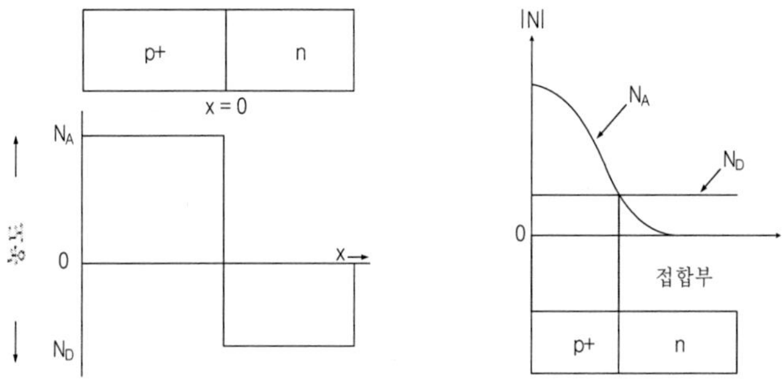

[그림 2-1] (a) 이상적인 pn 접합 (b) 실제적인 pn 접합

접합이 형성되었을 때 전자는 n형 실리콘에서 p형 실리콘으로 접합을 가로질러, 양으로 이온화된 도너 원자를 남긴 채 확산한다. 동시에 정공은 p형 실리콘으로부터 음으로 이온화된 억셉터 원자를 남기고 n형 실리콘으로 확산되어 들어간다. 그림 2-2에서 보는 바와 같이 움직일 수 있는 캐리어의 충분히 많은 양의 확산은 접합의 양쪽에 이온화된 도너와 억셉터에 의해 생성된 전계와 균형을 이룰 때까지 접합을 가로질러 이루어진다. 이때 움직일 수 있는 전송자가 공핍 된 접합의 중앙 영역을 공핍층(depletion region)이라 한다. 이 전계에 의해 생긴 전위차를 내부 전위(built-in potential)라 한다. 여기서 이 내부 전계는 어떠한 외부의 유용한 일을 하지 못하게 된다. 심지어는 전압계를 움직이게 하지도 못하는 것에 주목하라. 왜냐하면 전류를 공급할 수 없기 때문이다.

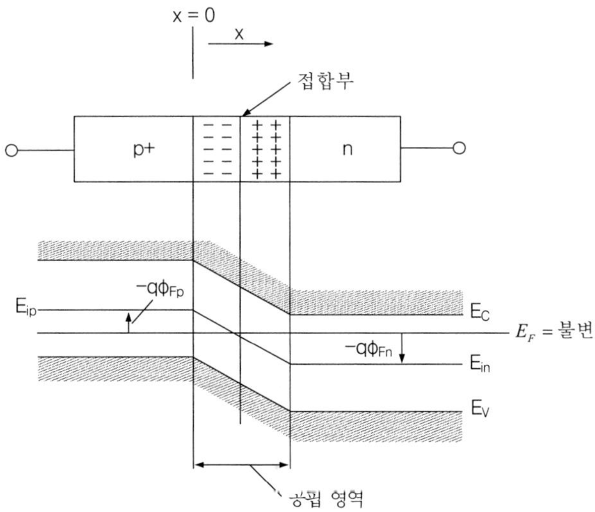

[그림 2-2] pn 접합 근처에서 에너지 밴드 대역도

내부 전계는 에너지밴드 대역도의 밴드 휘어짐의 정도에 비례하며 다음과 같이 정의된다.

(2-1) $$V_B \equiv \frac{E_{in} - E_{ip}}{q}$$

식 (2-1)은 n형 쪽에 대한 p형의 전압 V_B를 나타내는 다른 방법이다. V_B는 MOS 구조의 에너지밴드 휨에서 사용될 것이며 전자의 Fermi 전위와 정공의 Fermi 전위의 합과 같다.

(2-2) $$V_B = (\phi_{Fn} + |\phi_{Fp}|)$$

여기서 전자의 Fermi 전위는

(2-3) $$\phi_{Fp} \equiv \frac{E_F - E_{in}}{q} = \frac{kT}{q}\ln\frac{N_D}{n_i}$$ 이고

정공의 Fermi 전위는

(2-4) $$\phi_{Fp} \equiv \frac{E_F - E_{ip}}{q} = \frac{kT}{q}\ln\frac{N_A}{n_i}$$ 이다.

예제 pn 계단 접합 다이오드에서 n영역은 $N_d = 10^{16}\ \mathrm{cm}^{-3}$이고 p영역은 $N_a = 4\times10^{18}\ \mathrm{cm}^{-3}$로 도핑된 경우 내부 전위를 계산하시오.

$\psi_{Fn} = 0.0259\ln(10^{16}/1.5\times10^{10}) = 0.347\ \mathrm{eV}$

$\psi_{Fn} = 0.0259\ln(4\times10^{18}/1.5\times10^{10}) = 0.502\ \mathrm{eV}$

$V_B = 0.347 + 0.502 = 0.849\ \mathrm{eV}$

2-2. 순방향 바이어스된 pn 접합

접합의 n쪽에 비해 접합의 p쪽에 양의 전압, V_A가 인가되었을 때, pn 접합은 순방향으로 바이어스 된다. p쪽의 Fermi 준위는 에너지 대역도에서 qV_A만큼 아래쪽으로 낮아진다(그림 2-3 참조). 왜냐하면 에너지 대역도는 전자의 에너지를 나타낸 것이므로 양의 전압에 대해 Fermi 준위는 음으로 변하게 된다. 그 영향으로 내부(built-in) 전위는 감소 되고, 공핍 영역을 가로질러 다수 캐리어의 확산 전류가 증가한다. 그림 2-4에 보이듯이 이 다수 캐리어의 흐름은 접합의 다른 쪽의 소수 캐리어 농도의 증가로 나타난다. 이런 과잉 캐리어는 공핍층의 바깥영역, 즉 중성 n 또는 p영역에서 빠르게 재결합하여, 확산거리(L) 내에서 평형값으로 줄어들게 된다. 바이어스가 인가된 접합은 더 이상 평형상태가 아니다.

(2-5) $pn \neq n_i^2$

다수 전송자 농도의 변화는 너무 작아서 그림 2-20의 대수 그래프에 잘 나타나지 않고 소수 전송자의 변화는 매우 커 대수 그래프에 쉽게 표시된다. 소수 전송자는 중성 p, n영역에서 확산(농도구배)의 힘에 의해 움직이게 된다.

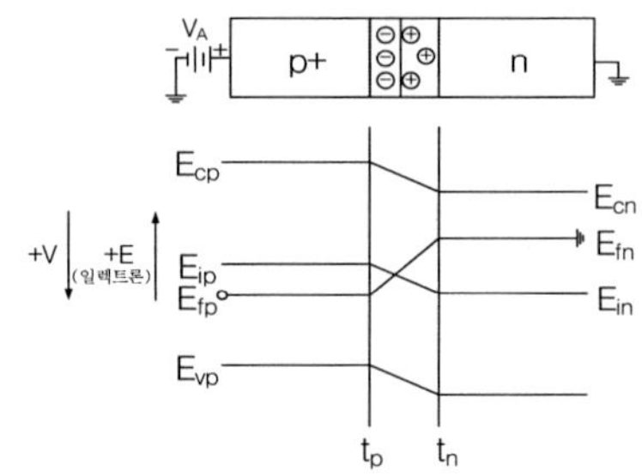

[그림 2-3] 순방향 바이어스 된 pn 접합의 에너지 밴드 대역도

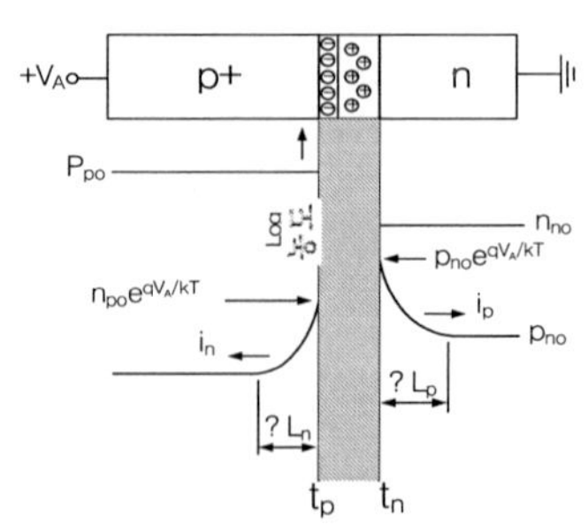

[그림 2-4] 순방향 바이어스 된 pn 접합의 전송자 농도

2-3. 역방향 바이어스된 pn 접합

접합의 n쪽에 비해 접합의 p형 물질에 음의 전압이 인가되었을 때 접합은 역방향으로 바이어스 된다. 그림 2-5에 보이듯이 인가전압 V_A는 내부(built-in) 전위에 직접적으로 더해지고 p쪽의 Fermi 준위인 E_{Fp}를 qV_A만큼 에너지밴드에서 위로 올리게 된다. 이번에는 소수 캐리어가 접합을 향해 끌려가게 되는 결과를 나타내게 된다. 소수 캐리어가 감소하게 되고, 이것 역시 그림 2-6에서 처럼 확산거리 L 내에서 일어난다. 전류 흐름의 원인인 중성 n 또는 p영역에서 소수 캐리어 농도가 작기 때문에 역방향 바이어스 전류는 극히 작다.

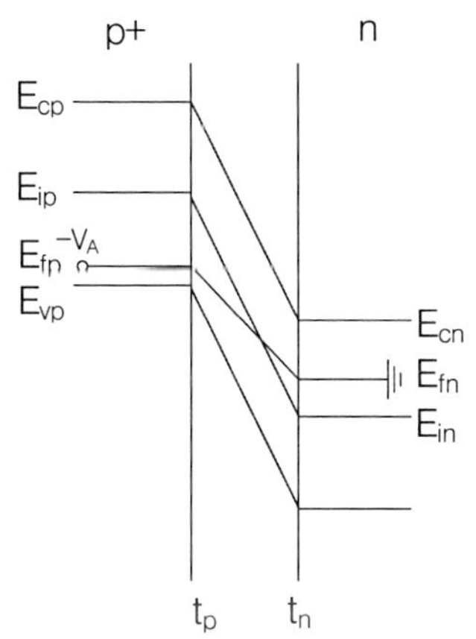

[그림 2-5] 역방향 바이어스에서 에너지 밴드 대역도

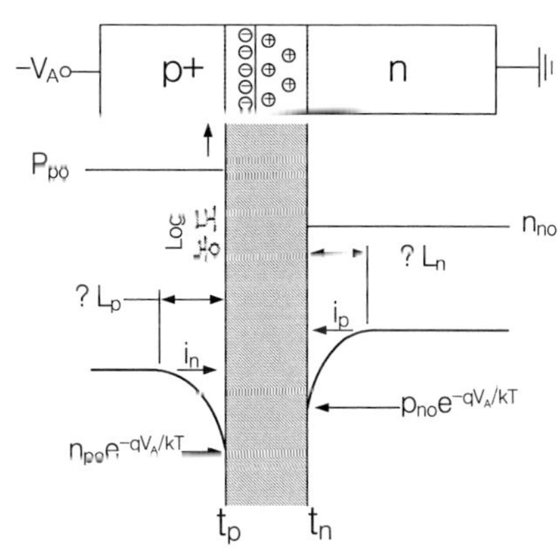

[그림 2-6] 역방향 바이어스된 pn 접합의 전송자 농도

2-4. 다이오드 식

pn 접합의 다이오드 전류는 다음과 같이 나타낼 수 있다.

(2-6) $I = I_o\left[\exp\left(\frac{qV_A}{kT}\right) - 1\right]$

여기서

(2-7) $I_o = qA\left(\frac{D_p p_{no}}{L_p} + \frac{D_n n_{po}}{L_n}\right)$

여기서, A : 다이오드 면적, cm^2

q : 전자의 전하량

D_p, D_n : 정공과 전자의 확산 계수, cm^2/s

p_{no}, n_{po} : 평형 소수 전송자 농도

L_p, L_n : 정공과 전자의 확산 길이

V_A는 인가 전압이고, 접합의 n형 쪽이 기준 전위이다. 순방향 바이어스 때는 V_A가 양이 되고 지수 항이 우세해 짐을 볼 수 있다. 따라서

(2-8) $I_F = I_o \exp\left(\frac{qV_A}{kT}\right)$ 가 된다.

역방향 바이어스에서 V_A는 음이 되고, V_A의 거의 대부분 값에 대해

(2-9) $\exp\left(\frac{qV_A}{kT}\right) \ll 1$ 이 된다.

따라서

(2-10) $I_R = -I_o$ 가 된다.

따라서 이상적인 다이오드의 역방향 전류는 역방향 전압의 크기에 상관없이 일정한 값이 된다.

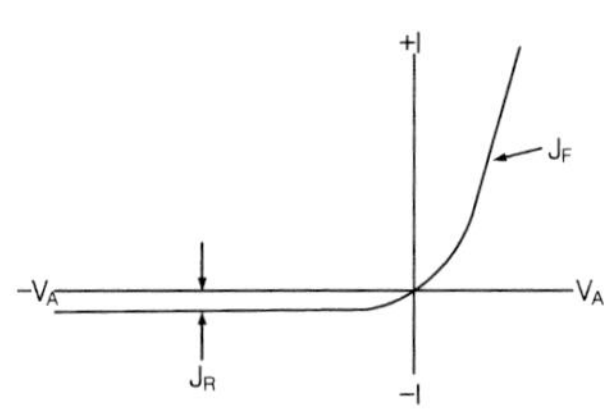

[그림 2-7] pn 접합의 VI 특성

그림 2-7에 다이오드식의 전압-전류 특성곡선을 그려놓았다. 식 (2-6)은 다이오드의 역방향 특성을 아주 잘 보여준다. 실제 실리콘 다이오드의 경우 역방향 바이어스가 증가하면 공핍층이 늘어나고 여기서 생긴 열적 생성 전하로 인하여 역방향 바이어스의 증가와 더불어 누설 전류가 증가하게 된다.

(2-11) $$I_{gen} = A\frac{n_i x_d}{2\tau}$$

여기서 x_d는 공핍 영역 폭이고 τ는 유효 소수 전송자 수명이며 보통 $\sim 10^{-6}$초이다. 실제 크기의 실리콘 다이오드의 I_{gen}은 일반적으로 $\leq 10^{-10}$ A이다.

강한 빛의 조사 하에서, 역방향 바이어스된 다이오드는 열적으로 생성된 전류와 유사하게 작용하여 광전류를 생성할 것이다. 광전류나 열적으로 생성된 전류가 낮은 전류를 측정할 때 소자에 크게 영향을 미치므로 재현성 있는 소자의 특성을 측정하기 위해서는 소자를 항상 어두운 곳, 싱온(일정한 온도)에서 테스트하는 것이 필요하다.

2-5. pn 접합의 전계와 항복전압

포아슨(Poisson) 방정식은 공핍영역에서 전계 E와 전하밀도 ρ를 아래와 같이 연결한다.

(2-12) $$\frac{dE(x)}{dx} = \frac{\rho(x)}{\varepsilon_s \varepsilon_o}$$

여기서 ε_s는 반도체의 유전상수이며, ε_0는 자유공간에서의 유전률 8.85×10^{-14} F/cm이다. 다시 말해 전계는 거리의 함수로서 전하분포의 적분이 된다. 한쪽 면이 강하게 도핑된 계단형 접합에는 전기적 특성은 낮게 도핑된 쪽에 의해 결정된다. 예로서 n-p$^+$ 계단형 접합을 생각해 보면, 전계의 최대값은 n 쪽 공핍 영역의 끝단인 $-x_d$에서 접합까지 적분이 된다.

(2-13) $$E_{\max} = \int_{-x_d}^{0} \frac{qN_D\,dx}{\varepsilon_s \varepsilon_o} = \frac{qN_D\,x_d}{\varepsilon_s \varepsilon_o}$$

x에 대해 풀기 위해

(2-14) $$E = -\frac{dV}{dx} = \frac{qN_D\,x}{\varepsilon_s \varepsilon_o}$$

적분을 한 번 더 행하면, 이 계단형 접합의 전위차는 아래와 같이 된다.

(2-15) $V = \frac{-qN_D}{\varepsilon_s \varepsilon_o} x_d^{\ 2} = V_B$

V_B 는 n형 쪽을 0 전위로 기준을 잡았을 때 숫자적으로 음의 값을 가진다. 그러므로

(2-16) $x_d = \sqrt{\frac{2\varepsilon_s \varepsilon_o}{qN_D} | V_B |}$

이고, 인가된 바이어스에 대해 다음과 같다.

(2-17) $x_d = \sqrt{\frac{2\varepsilon_s \varepsilon_o}{qN_D} | V_B + V_A |}$

앞에서 언급된 것처럼 역방향 바이어스에서 V_B와 V_A는 같은 대수 부호를 가진다. 식 (2-17)를 (2-13)에 대입하면

(2-18) $E_{\max} = \sqrt{\frac{2qN_D}{\varepsilon_s \varepsilon_o}} | V_B + V_A |$

최대 전계가 임계 전계인 5×10^5 V/cm를 능가할 때 pn 접합다이오드에서는 항복현상이 일어나고 큰 전류가 흐르게 된다. 항복전압을 다루는 것이 임계 전계를 다루는 것보다 더 유용하다. 그림 2-8은 농도의 함수로서 항복전압을 보여준다. 하지만 그림 2-8은 평평한 면의 접합에 대한 것이다. 실리콘 집적회로에서 접합은 모서리에서 곡률을 가진 확산으로 형성된다. 그런 날카로운 곡면에서는 전계가 강하게 되고 항복전압이 낮아지게 된다. 이 영향의 중요성은, 접합이 날카로운 곡면을 가질 때 항복전압이 낮아지게 되는 그림 2-9에 명백히 나타난다.

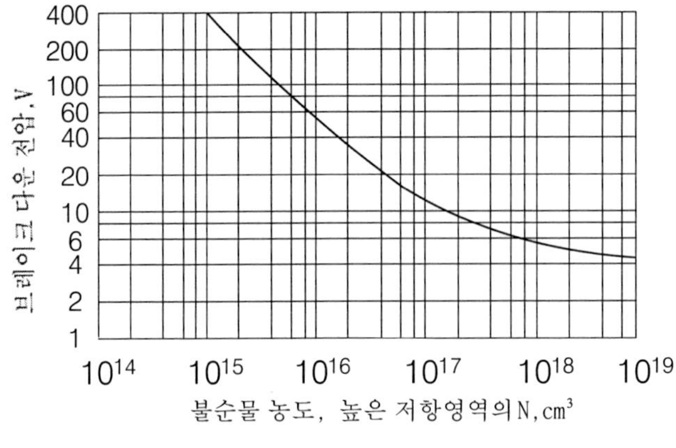

[그림 2-8] 낮게 도핑된 쪽의 도핑농도에 대한 실리콘 계단 접합(n^+p 또는 p^+n)의 항복전압

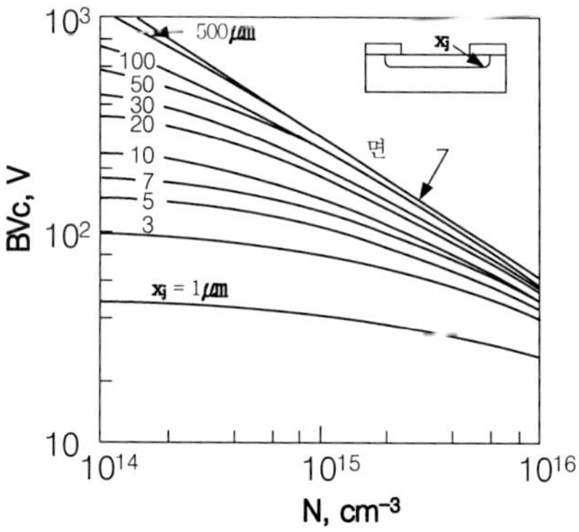

[그림 2-9] 판 접합 및 여러 곡선 반경을 갖는 일방 계단 접합의 항복 전압

예제 pn 계단 접합 다이오드에서 n영역은 $N_d = 10^{16}\ \mathrm{cm}^{-3}$이고 p영역은 $N_a = 4 \times 10^{18}\ \mathrm{cm}^{-3}$ 로 도핑된 경우 0 바이어스에서 공핍층 폭과 최대전계를 계산하시오.

풀이

$$V_B = 0.347 + 0.502 = 0.849\ \mathrm{eV}$$

$$X_n = (2\varepsilon_0\varepsilon_s\ V_B) / (qNd)^{1/2}$$

$$= (2 \times 8.85 \times 10 - 14 \times 11.7 \times 0.849 / (1.6 \times 10^{-19} \times 10^{16})^{1/2}$$

$$= 3.31 \times 10^{-5}\ \mathrm{cm}$$

$$E_{\max} = (2\ qNd\ V_B / (\varepsilon_0\varepsilon_s))^{1/2}$$

$$= (2 \times 1.6 \times 10^{-19} \times 10^{16} \times 0.849 / (8.85 \times 10^{-14} \times 11.7)^{1/2}$$

$$= 5.12 \times 10^4\ \mathrm{V/cm}$$

2-6. 공핍층 커패시턴스

pn 접합이 역방향 바이어스 조건일 때 접합에 흐르는 전류는 매우 작아 거의 절연체로 작동하며 전압 의존 커패시턴스가 된다. 이것의 연관성을 얻기 위해 단위 면적당 커패시턴스를 아는 것이 필요하다.

(2-19) $C = \dfrac{dQ}{dV}$

여기서 커패시턴스는 전압 dV의 증분에 대한 전하량 dQ의 증가분이다. n-p$^+$ 계단형 접합에서

(2-20) $Q = qN_D\, x_d$

따라서

(2-21) $$\frac{dQ}{dx_d} = -qN_D$$

그리고

(2-22) $$V = -\frac{qN_D\, x_d^{\,2}}{2\varepsilon_o\varepsilon_s}$$

(2-23) $$\frac{dV}{dx_d} = -\frac{qN_D\, x_d}{\varepsilon_o\varepsilon_s}$$

그러므로

(2-24) $$C = \frac{dQ/dx_d}{dV/dx_d} = \frac{qN_D}{qN_D\, x_d/\varepsilon_o\varepsilon_s} = \frac{\varepsilon_o\varepsilon_s}{x_d}$$

이것은 실리콘의 유전체 물질로 거리 x_d 떨어진 평행 평판 커패시터의 커패시턴스가 접합 커패시턴스와 같다는 것을 말해준다. 이것은 전압의 증가로 인해 야기되는 전하의 미소증분과 공핍층이 넓어져 공핍층의 가장자리에서 전하량의 미소증분을 보이는 것으로 생각할 수 있다. 따라서, 식 (2-17)로부터

(2-25) $$x_d = \sqrt{\frac{2\varepsilon_o\varepsilon_s |V_A + V_B|}{qN_D}}$$

를 대입하면 C는 아래와 같이 된다.

(2-26) $$C = \sqrt{\frac{\varepsilon_o\varepsilon_s\, qN_D}{2|V_A + V_B|}}$$

이 전압제어 커패시턴스를 varicap(variable capacitance) 이라 부르고 커패시턴스를 전기적으로 조절하는 통신기술의 변조회로에 응용된다.

3장

실리콘의 표면 성질

3 실리콘의 표면 성질

3-1. 이상적인 경우의 에너지 밴드 대역도

pn 접합의 경우 에너지 대역도는 거리 x의 함수로서 그려졌었다. MOS(metal oxide semiconductor) 구조에서는, 에너지 대역도의 x방향은 게이트로부터 실리콘으로 정의되지만, 역시 거리 x의 함수로 변화한다. 그러므로 전에 그려진 것과 같은 방식의 에너지밴드 대역도와 유사성을 유지하기 위해, MOS 트랜지스터는 그림 3-1처럼 측면으로 놓여져 있다.

x의 원점은 산화막과 반도체의 계면이다. 이상적인 경우의 전압이 인가되지 않았을 때는 에너지 밴드는 완전히 평평하다. 이런 상태를 평탄밴드(flatband)라고 부른다. 전자와 정공의 농도는 전체 반도체에서 일정하게 유지된다. 기판이 접지되고 게이트에 전압이 인가되었을 때, 기판의 도핑 형과 인가전압의 극성에 따라 여러 가지 밴드의 구부러짐이 있을 수 있다. 소스와 드레인이 접지 되었을 때, 이것에 의해서는 밴드의 구부러짐이 없다.

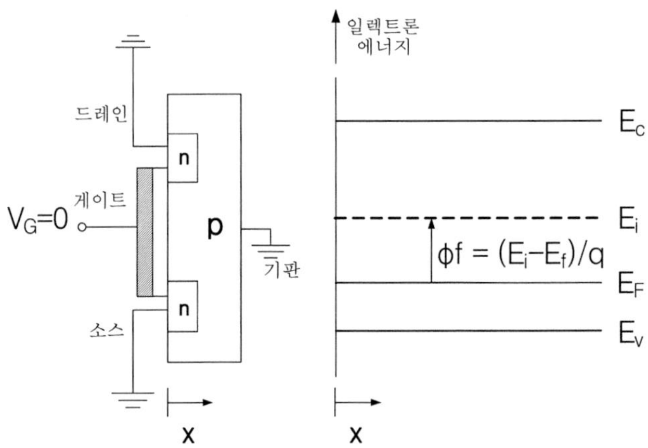

[그림 3-1] 이상적인 경우 MOS 트랜지스터의 게이트 영역의 에너지 밴드 대역도

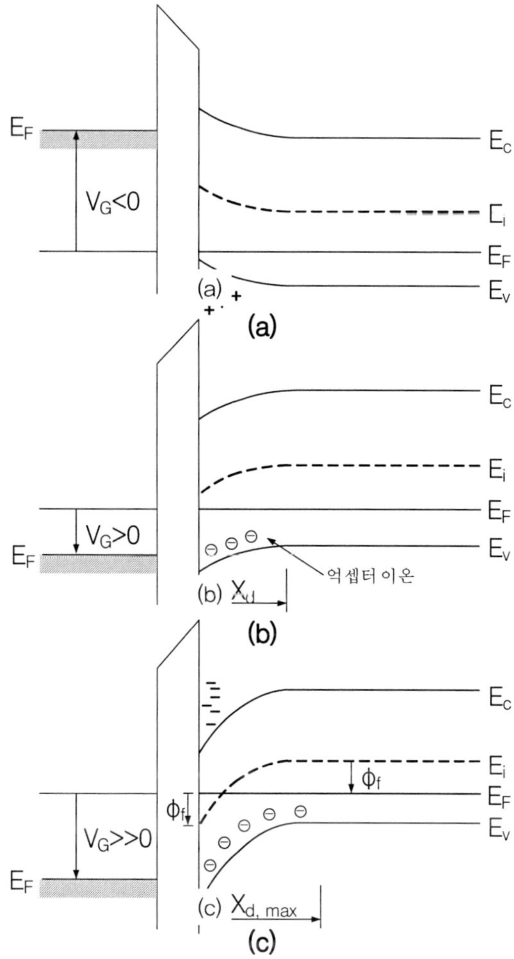

[그림 3-2] p형 실리콘의 밴드 휨 : (a) 축적 (b) 공핍 (c) 반전

그림 3-2에서 보여진 것처럼 p형 벌크의 경우, 음의 게이트 바이어스는 표면에 움직일 수 있는 정공을 모을 것이며, 기판을 실제적으로 더 강하게 p형으로 도핑이 되게 할 것이다. 이런 축적(accumulation) 상태가 그림 3-2 (a)에 나타나 있다.

바이어스가 양으로 바뀌었을 때, 움직일 수 있는 정공이 그림 3-2 (b)처럼 표면 가까이에 공핍층을 형성하면서 그 표면으로부터 쫓겨나게 된다. 양의 바이어스가 증가함에 따라 산화물과 반도체의 계면이 진성 ($E_F - E_i$)이 되는 지점까지 에너지 밴드가 내려가게 된다. 그 지점을 넘어서는 곳에서는 표면 전위, 밴드 휨이 식 (3-1)과 같이 되는 특별한 조건에 도달하게 된다.

(3-1) $$\phi_s = \frac{-(E_i\ \text{계면}\ -\ \mathrm{E_i}\ \text{벌크})}{q} = 2\phi_f$$

여기서 ϕ_f는 1장에서 정의된 Fermi 전위이다. 이때가 반전 상태[그림 3-2(c)]이며, MOS 트랜지스터의 전도에 이용될 수 있는 전하의 층을 산화막과 실리콘의 계면에 형성하므로 중요하다. 이런 조건에서의 게이트 전압을 문턱전압(threshold voltage)이라 한다.

이 전도층의 움직일 수 있는 전자는 그 계면으로, 열적 전자-정공 쌍 생성을 통해 혹은 외부 회로로부터 소스 접합을 통해 모여들 때 형성된다. 그에 덧붙여서 계면에서 p형 기판과 반대의 전자 농도가 기판에서의 캐리어 농도와 같아질 만큼 충분히 크게 표면에 존재한다.

만약 게이트 전압이 문턱전압에서 더 증가하게 되면(실제적으로는 정상 동작 모드이다.) 밴드 휨은 크게 증가되지 않는다(그림 3-3 참조). 이것은 밴드가 $2\phi_f$를 지난 곳에서 조금이라도 증가하게 되면, 반전층의 캐리어 수가 지수 함수적으로 증가하고 따라서 부가적인 바이어스에 의해 증가된 게이트 전하와 쉽게 균형을 이루어지게 된다.

n형 기판의 경우에 위와 같은 일들이 일어날 수 있고, 단지 전압의 극성이 반대가 된다. 양의 게이트 전압을 인가하면, 다수캐리어(전자)가 실리콘을 더욱 n형으로 만들며 표면에 축적된다. 음의 게이트 전압에서는 전자들이 표면으로부터 밀려 나가게 됨으로서 공핍영역이 나타나게 된다. 그런 다음 반전에서 공핍영역의 폭은 최대에 이르고, 게이트 바이어스를 더욱 증가하면 움직일 수 있는 정공의 반전층 전하가 생기고 게이트전하와 균형을 이루게 된다.

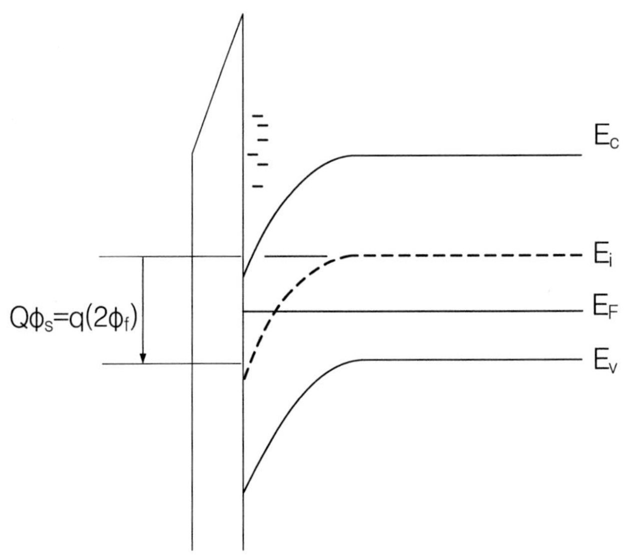

[그림 3-3] 강한 반전에서 p형 벌크 실리콘의 밴드 휨

그림 3-4는 MOS 구조에서 p형 기판에 대한 다양한 바이어스 조건에서의 전하분포를 보여준다. 그림 3-4(a)는 축적에서 정공 표면전하에 의해 평형을 이룬 음의 게이트 전하

를 보여준다. 그림 3-4(b)는 공핍일 때, 공핍층 전하에 의해 균형을 이룬 게이트 전하를 나타낸다. 반면 그림 3-4(c)는 강한 반전에서 게이트 전하가 반전 전하와 공핍층 전하에 의해 균형을 이룬 것을 나타낸다.

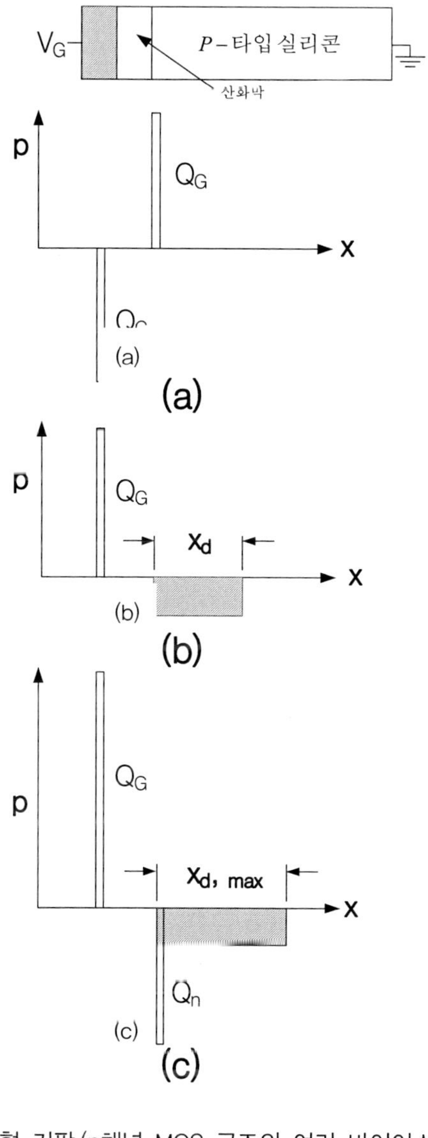

[그림 3-4] p형 기판(n채널 MOS 구조의 여러 바이어스 조건에서의 에너지 밴드 대역도와 전하분포) : (a) 축적 (b) 공핍 (c) 반전

3-2. 문턱전압 V_T의 계산

반전은 표면 전위, 즉 표면 밴드 휨이

(3-2) $\phi_s = 2\phi_f$

에 도달했을 때 얻어진다. 그러나 실제적으로는 문턱전압 V_T는 이 조건이 되게 하는데 필요한 게이트 전압이다. V_T에 대한 표현을 유도해 보자.

인가된 게이트 전압 V_G는 산화막과 실리콘에 걸리는 전압강하의 합이 된다.

(3-3) $V_G = V_{ox} + \phi_s$

여기서 V_{OX}는 게이트 산화막에 걸린 전압이며, ϕ_s는 표면 전위(공핍층에 걸린 전압강하) 이다. 여기서의 목적은 단순히 $2\phi_f$ 로 고정되는 ϕ_s로 V_{ox}를 나타내는 것이다.

(3-4) $V_G = E_{ox}\, t_{ox}$

여기서 E_{ox}는 산화막 두께 t_{ox}에 걸린 전계이다. 산화막과 실리콘 계면에 전속밀도 D의 연속성을 위해

(3-5) $E_{ox}\,\varepsilon_{ox} = E_{si}\,\varepsilon_s$

또한, 가우스의 법칙에 의해 실리콘 표면의 전계는 실리콘 내부의 전하량과 연관되므로

(3-6) $$E_{si} = -\frac{Q_s}{\varepsilon_s \varepsilon_o}$$

Q_s는 실리콘에서 단위면적당 전하밀도(C/cm^2)이다. 공핍영역에서 Q_s는 단순한 공핍층 전하이다. 그러나 반전에서 Q_s는 반전층 전하를 포함한다.

식 (3−4), (3−5), (3−6)로 부터 식 (3−7)이 얻어진다.

(3-7) $$V_{ox} = -\frac{Q_s\, t_{ox}}{\varepsilon_{ox}\,\varepsilon_o} = -\frac{Q_s}{C_o}$$

여기서 단위 면적당 게이트 커패시턴스는 아래와 같이 정의된다.

(3-8) $$C_o = \frac{\varepsilon_{ox}\,\varepsilon_o}{t_{ox}}$$

그러므로, 식 (3−3)은 다음과 같다.

(3-9) $$V_G = -\frac{Q_s}{C_o} + \phi_s$$

공핍영역에서 Q_s는 공핍층 전하(Q_B)와 같다.

(3-10) $$Q_s = Q_B = -qN_A X_d = -\sqrt{2\varepsilon_s\varepsilon_o qN_A \phi_S}$$

식 (3−10)의 등식은 식 (2−17)와 유사한 공핍층 폭으로부터 얻어지며, 이 값은

(3-11) $$X_d = \sqrt{\frac{2\,\varepsilon_s\varepsilon_o\,\phi_s}{qN_A}}$$ 이다.

따라서 식 (3−9)는 다음과 같이 된다.

(3-12) $$V_G = -\frac{Q_s}{C_o} + \phi_s = \frac{\sqrt{2\,\varepsilon_s\varepsilon_o\,qN_A\,\phi_s}}{C_o} + \phi_s$$

반전에서 $\phi_s = 2\phi_f$, 따라서 n채널 소자에 대한 문턱전압은

(3-13) $$V_{Tn} = \frac{\sqrt{2\,\varepsilon_s\varepsilon_o\,qN_A\,(2\phi_f)}}{C_o} + 2\phi_f$$

강한 반전 하에서 실리콘 전하 밀도는 이제 반전층 전하(Q_n)을 포함하게 된다.

(3-14) $$Q_s = Q_B + Q_n$$

(3-15) $$\begin{aligned} V_G &= -\frac{Q_B}{C_o} - \frac{Q_n}{C_o} + 2\phi_f \\ &= -\frac{Q_n}{C_o} + V_{Tn} \end{aligned}$$

따라서

(3-16) $$Q_n = -C_o\,(V_G - V_{Tn})$$

p채널 소자에서는, 공핍층이 양의 도너 전하를 가지고 있으므로 Q_s는 음에서 양으로 변한다. 그리고, ϕ_s 와 $2\phi_f$는 음의 값이 된다.

(3-17) $$V_{Tp} = \frac{-\sqrt{2\varepsilon_s\varepsilon_o\,qN_D\,|2\phi_f|}}{C_o} + 2\phi_f$$

그리고

(3-18) $$Q_p = -C_o\,(V_G - V_{Tp})$$

3-3. 이상적에서 벗어난 효과

❑ $\phi_{MS} \neq 0$, $Q_f \neq 0$

3-1절과 3-2절에서 기술된 이상적인 경우를 혼란시키는 몇 가지 이상적에서 벗어난 효과가 있다. 0이 아닌 ϕ_{MS}(게이트 물질과 실리콘의 일함수 차이)와 Q_f(계면 고정 산화막 전하)가 여기서 다루어 질 것이며, 이러한 효과의 V_T에 관한 식이 나타날 것이다. 그 외에 다른 이상적에서 벗어난 효과는 4장에서 논의된다.

❑ 0이 아닌 ϕ_{MS}

일함수(Work function)는 전자를 Fermi 레벨로부터 전공 레벨로 가져오는데 필요한 에너지이다. MOS 구조에서, 일함수는 전자가 산화막의 전도대에 도달하는데 드는 에너지와 같다. 그림 3-5를 참조하자. Al의 일함수(ϕ_M)과 실리콘의 일함수(ϕ_S)는 다르다. 그래서 Al-산화막과 산화막-반도체 시스템이 그림 3-5에서와 같이 있을 때, 그 일함수의 차는 0이 아니다.

(3-19) $\phi_{MS} = \phi_M - \phi_S \neq 0$

평형시스템 내에 있으므로, 그림 3-6과 같이 산화막 양쪽에서 Fermi 레벨이 같은 높이로 정렬하려 하며 이를 위해 내부생성(built-in) 전하를 만든다. 그림 3-7은 MOS 시스템을 평탄 밴드 조건으로 만들기 위해 필요한 V_{FB} 크기의 외부전압이 필요함을 보여준다. V_{FB}는 평탄밴드전압(flatband voltage)이라고 한다. 일단 V_{FB}가 결정되면, 중첩의 원리(principal of superposition)에 의해, 앞에서 전개한 문턱전압 관련식 들 모두가 사용될 수 있다.

금속-반도체의 일함수 차 ϕ_{MS}가 게이트 Fermi 준위에서 실리콘 Fermi 준위까지 측정되므로, 그 값은 벌크 반도체의 도핑 형과 도핑농도 그리고 게이트 물질에 의존한다. 그림 3-7은 n형 기판의 경우에 대해 보여준다. 이것은 p형 기판에 대한 그림 3-8과 대조되며, 반면에 그림 3-9는 p형이 도핑된 폴리실리콘 게이트의 경우에 대해 보여준다. 다양한 게이트 전극물질에 대한 일함수의 차이에 대해 여러 경우들이 그림 3-10에 나타나 있다. 폴리실리콘게이트의 경우에, 폴리실리콘은 축퇴(degenerate)될 만큼 강하게 도핑이 되었다고 가정되었고, 그 게이트 전극의 Fermi 준위는 전도대(n^+ 도핑) 또는 가전자대(p^+ 도핑)의 양단 중에 어느 하나로 고정된다.

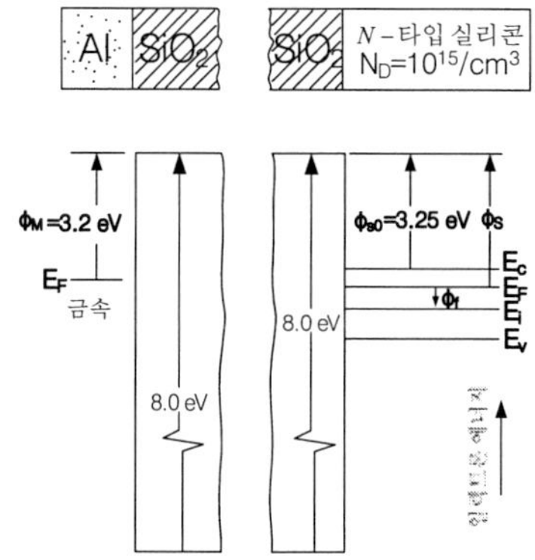

[그림 3-5] Al-산화막 및 산화막-실리콘 시스템

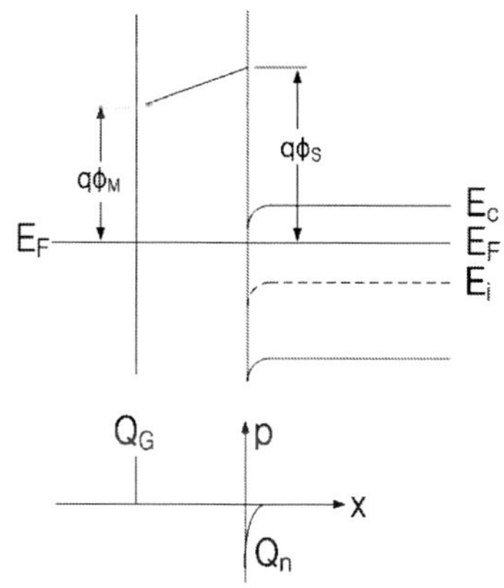

[그림 3-6] 0이 아닌 ϕ_{MS}에 의한 내부전하

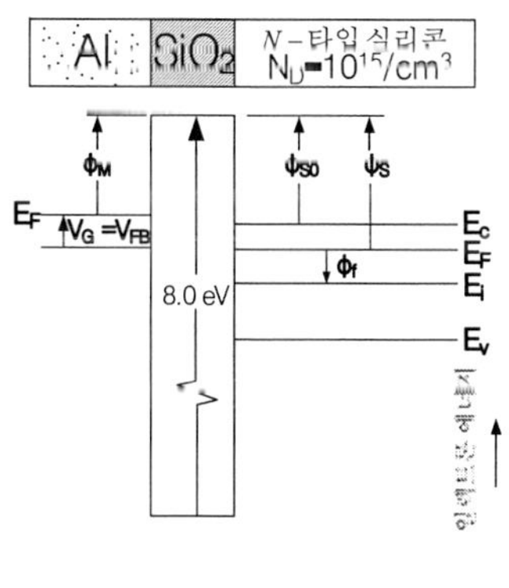

[그림 3-7] n형 실리콘에서 평탄 밴드 조건을 얻기 위한 V_{FB}의 인가

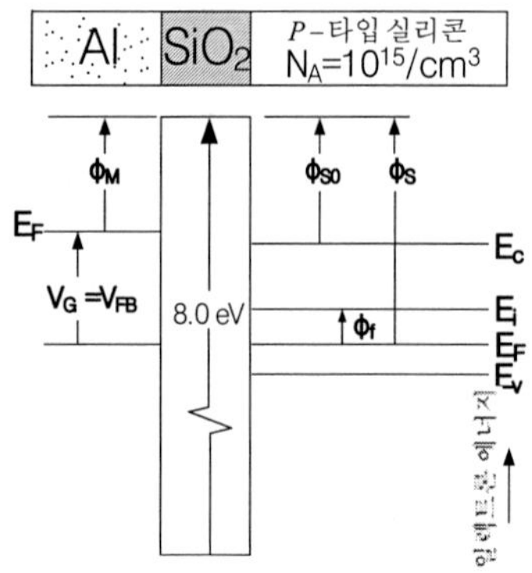

[그림 3-8] p형 실리콘에서 평탄 밴드 조건을 얻기 위한 V_{FB}의 인가

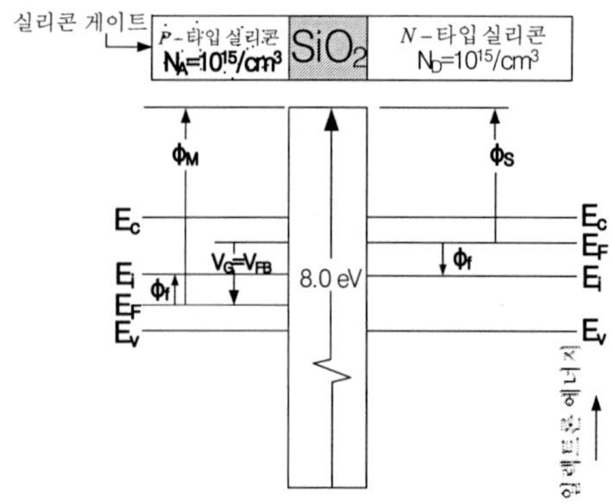

[그림 3-9] p로 도핑된 폴리실리콘 게이트와 n형 실리콘 시스템에서 평탄 밴드 조건을 얻기 위한 V_{FB}의 인가

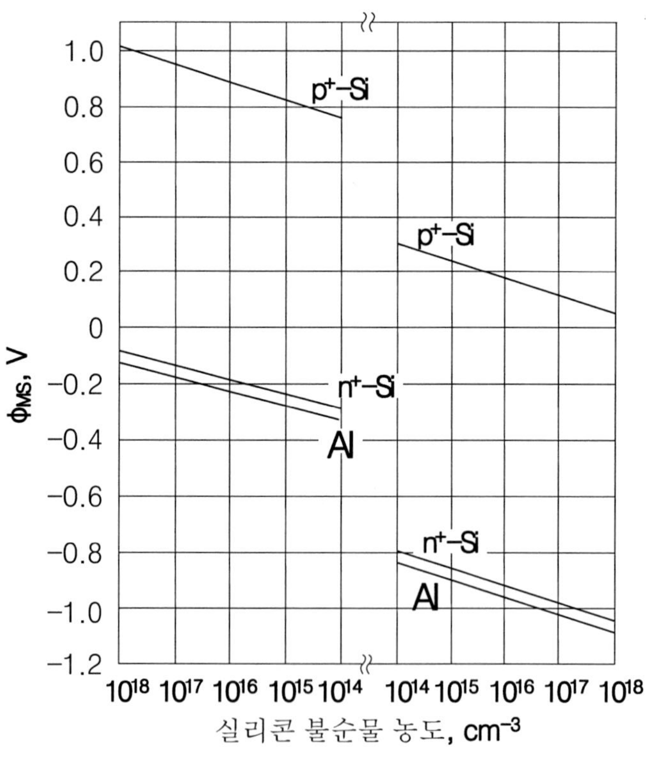

[그림 3-10] 여러 게이트 전극에 대하여 실리콘 도핑에 대한 ϕ_{MS}

❑ 0이 아닌 고정 산화막 전하 $Q_f(Q_{ss})$

MOS 시스템에서 또 다른 중요한 이상적에서 벗어난 변동은 산화막-반도체 계면에 약간의 양의 전하가 존재한다는 것이다. 이것은 산화공정 자체에서 야기되며, 산화 후 남게 되는 매달린 본드(dangling bond)**에 의해 생긴다. 이것은 산화막-실리콘 계면에서 산화막 쪽으로 위치 하여 있고 산화막 두께, 도핑 형, 도핑농도에는 상대적으로 의존하지 않는다. 계면전하밀도 Q_f는** [C/cm^2]의 단위로 표현된다. 계면전하밀도 Q_f는 Q_{ss} 로 다르게 표시되기도 한다.

게이트가 접지된 상태에서, Q_f는 또한 밴드 휨을 일으킨다[그림3-11 (a)]. 평탄밴드 상태로 복구하기 위해 외부전압이 인가되어야 한다[그림3-11 (b)]. 이 외부전압이 평탄밴드 전압에 더해지는 또 다른 성분이다. 평탄밴드로 복구하기 위해 요구되는 전압은 다음과 같다.

(3-20) $$V_{FB} = -\frac{Q_f}{C_o}$$

Q_f는 항상 양이므로, 평탄밴드 전압은 음이 된다.

Q_f는 산화조건, 특히 최후의 산화 온도와 환경에 의해 크게 영향을 받는다. 이 관계는 그림 3-12의 잘 알려진 Q_f 삼각형에 의해 나타나 있다. 낮은 온도에서, 산화막 형성은 실리콘 표면의 산화반응 자체에 의해 제한된다. 계면에는 산소(O_2)와 결합을 기다리는 수많은 매달린 본드가 존재하게 되며, Q_f가 많아진다. 고온에서는, 산화막 형성 공정은 산화막을 통한 O_2의 확산 속도에 의해 제한된다. 이 경우, 산화공정은 대체로 완전하며, Q_f는 매우 작다. 어떤 경우라도, N_2 혹은 Ar 같은 불활성기체(inert gases) 내에서 후속의 어닐링으로 과잉 매달린 본드의 산화를 완전하게 하는 시간을 가지면, Q_f는 더욱 낮게 된다.

그림 3-13은 온도와 시간의 함수로서 어닐링이 어떻게 일어나는지 보여준다. 그림은 약 1000℃, N_2 하에서 적어도 20분 동안 어닐링 한 것을 나타내며, 최적의 조건으로 보인다.

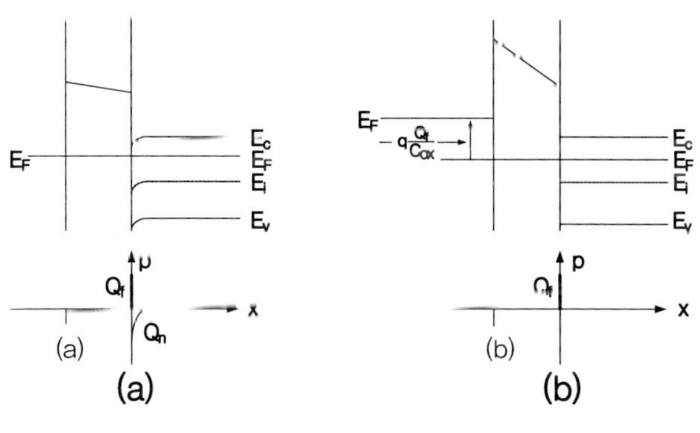

(a) (b)

[그림 3-11] 게이트 전압이 인가되지 않은 경우(게이트 접지) Q_f에 의한 밴드 휨(a), 평탄 밴드 조건으로 회복되기 위해 평탄 밴드 전압이 필요(b)

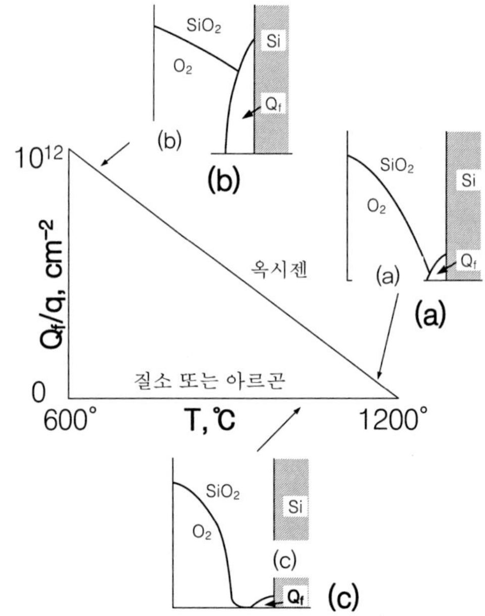

[그림 3-12] Q_f 삼각형에 나타난 Q_f의 최종 산화온도 및 분위기 의존성. 자료는(111) 면에 대한 것이나 (100) 면에도 같은 일반 관계가 적용된다. 열 산화 단면도가 그려져 있다.

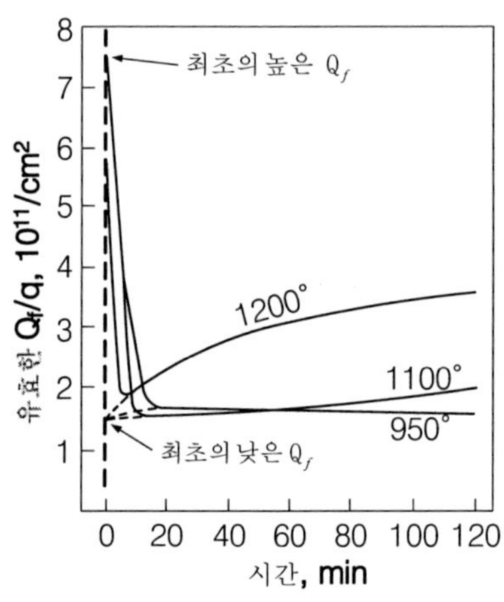

[그림 3-13] 어닐링 시간과 온도에 대한 Q_f의 감소(0.12 μm 산화막-실리콘(111), 질소 어닐)

Q_f는 결정방향(crystal orientation)에도 의존한다. 표 3-1은 Q_f가 단위면적 당 결합 가능한 본드 수와 상호 연관되고 있음을 보여준다. 그런 관점에서, (100) 면은 (111) 면보다 낮은 Q_f를 가지므로, MOS 공정에서는 (100)면이 대부분 사용된다.

[표 3-1] 전형적인 Q_f 값들

결정 방향	제곱 센치미터당 결합 가능한 본드	전형적인 Q_f/q
(111)	11.8×10^{14}	5×10^{11} cm^{-2}
(110)	9.6×10^{14}	2×10^{11} cm^{-2}
(100)	6.8×10^{14}	0.9×10^{11} cm^{-2}

❑ 이상적에서 벗어난 효과를 고려한 경우의 문턱전압

모든 이상적인 경우에서 벗어난 효과는 중첩의 원리에 의해 첨가될 수 있다. 게이트 전압식, 식 3-12는 이제 다음과 같이 쓸 수 있다.

(3-21) $V_G = V_{FB} + \phi_s - \dfrac{Q_B}{C_o}$

반전에서

(3-22) $V_G = V_T = \phi_{MS} - \dfrac{Q_f}{C_o} + 2\phi_f - \dfrac{Q_B}{C_o}$

위 식에서 처음 두 개의 항목은 평탄밴드를 형성하기 위해 필요한 전압이고 나머지 두 항목은 밴드를 $2\phi_f$로 휘게 하기 위해 필요한 전압이다.

ϕ_{MS}와 Q_f는 MOS 구조에서 두 개의 주된 이상적에서 벗어난 효과이다. 다른 이상적에서 벗어난 효과도 존재하는데, 그것들은 CV plot과 관련해서 논의될 수 있다. CV plot은 이런 이상적에서 벗어난 효과들을 아주 쉽게 확인시켜 준다.

4장

MOS 트랜지스터

4-1. 선형 영역

4-2. 포화 영역

4-3. 눈사태(avalanche) 영역

4-4. 문턱전압 이하 영역

4-5. 2차 효과

4-6. 문턱전압을 측정하는 방법

4-7. MOS 트랜지스터의 응용

4 MOS 트랜지스터

4-1. 선형 영역

이 장에서는 MOS 트랜지스터의 다양한 동작 영역의 특성을 다룰 것이다. 처음 논의될 부분은 선형 영역이다.

선형 영역에서 동작되는 MOS 트랜지스터의 전달 특성(I_D 대 V_D)이 여기에서 유도될 것이다. 해석을 위해서 기본적으로 n채널 소자가 사용된다.

선형영역에서, 드레인 전압은 게이트 전압에 비해 작고, 그림 4-1에 보여진 것처럼 소스부터 드레인에 이르도록 연속적인 반전 채널이 존재한다. 채널은 일정한 폭 W, 거리 L, 소스와 드레인 사이에서 다소 변하는 채널두께 x_c를 가진다. 채널 부분만 그림의 오른쪽 부분에 다시 그려 놓았고, 전류는 y방향으로 흐른다고 가정한다. 전류흐름에 수직으로 채널의 얇은 면을 취하면, y방향으로 채널에 걸리는 미소 전압강하를 아래와 같이 쓸 수 있다.

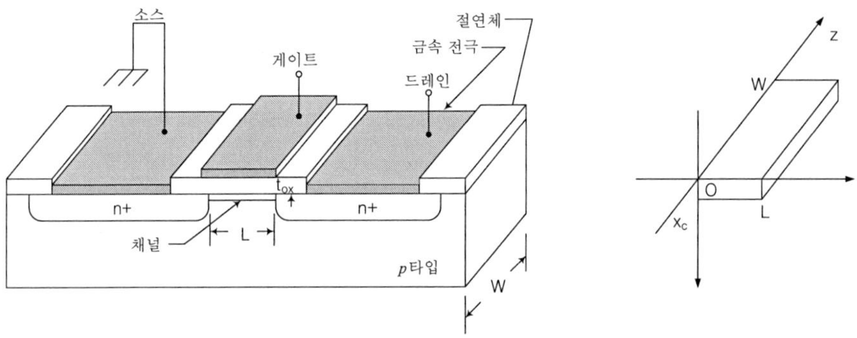

[그림 4-1] MOS 트랜지스터의 해석에서 기준방향

(4-1) $dV = I_D dR$

그리고

(4-2) $dR = \dfrac{\rho dy}{x_c(y) W}$

여기서 $x_c(y)$는 y의 함수로 변한다. 덧붙여서

(4-3) $\rho = (q\mu n)^{-1}$

따라서

(4-4) $dV = \dfrac{I_D\,dy}{q\mu n x_c(y)\,W}$

그러나 반전 전하는

(4-5) $q x_c(y) n = Q_n(y)$

그러므로

(4-6) $dV = \dfrac{I_D\,dy}{Q_n(y)\mu W}$

그리고

(4-7) $I_D dy - Q_n(y)\mu W dV$

드레인으로 부터 소스로 채널을 가로질러 드레인 전압이 강하하므로, 그 전압은 채널을 따라 변해야만 한다. 같은 게이트 전압에서, 반전층 전하는 산화막에 걸린 전압에 따라 변할 것이다. 따라서

(4-8) $Q_n(y) = [\,V_G - V_T - V(y)]\,C_o$

이를 식 (4-7)에 대입하면

(4-9) $I_D\,dy = [\,V_G - V_T - V(y)]\,C_o\,\mu W dV$

소스로부터 드레인까지 적분은 y는 0에서 L 까지, 그리고 V는 0에서 V_D까지 적분하면 된다.

(4-10) $I_D\displaystyle\int_0^L dy = C_0\mu W\int_0^{V_D}[(V_G - V_T) - V(y)]\,dV$

(4-11) $I_D = C_o\mu\dfrac{W}{L}\left[(V_G - V_T)V_D - 1/2\,V_D^2\right]$

가 되고 이를 다시 쓰면

(4-12) $I_D = \beta\left[(V_G - V_T)V_D - 1/2\,V_D^2\right]$

여기서

$$\beta = \beta_o \frac{W}{L} \quad (4\text{-}13)$$

이 되고 β_0는 다음과 같다.

$$\beta_o = C_o \mu = \frac{\epsilon_{ox}\epsilon_o}{t_{ox}} \mu \quad (4\text{-}14)$$

그림 4-2 (a)에 소자가 선형영역에 있을 때의 소자의 단면도가 나타나 있다. 공핍층은 소스 접합($V_A = 0$일지라도), 반전 채널, 그리고 드레인 접합($V_A = V_D$일 때)을 둘러싸고 있다는 것에 주의하라. V_A 는 pn 접합에 가해진 전압이다.

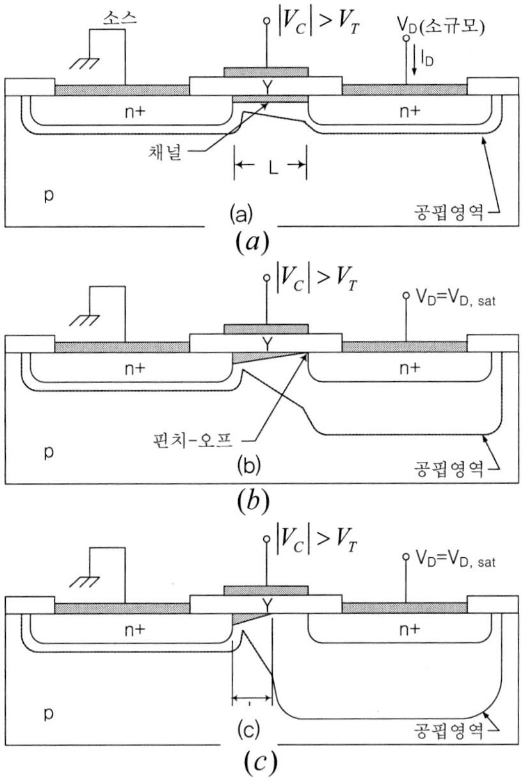

[그림 4-2] 소자의 단면도 : (a) 선형 영역 (b) 포화되기 시작할 때 (c) 포화 이후

4-2. 포화 영역

전류가 0일 때부터 시작하여, 드레인 전압이 증가되면, 드레인 전류가 증가한다. 그러나 전류의 증가율은 결국 드레인 전류가 일정한 값으로 포화될 때까지 점차 감소한다. 그림 4-3에 이런 거동이 나타나 있다. 드레인 전류는 더 이상 드레인 전압의 의해 영향을 받지 않으며, 소자가 마치 전류원처럼 동작하는 곳을 포화영역이라 부른다. 선형영역과 포화영역을 가르는 점은 게이트 산화막의 전압강하가 V_T 이하로 떨어지는 곳이며 이 때 채널에서 핀치오프(pinch off)가 일어난다. 드레인 전압이 증가함에 따라 일정한 게이트전압에 대해 산화막에 걸리는 전압은 감소하게 된다. 드레인에서 부터 소스로 드레인 전압이 강하하므로, 이 핀치오프는 항상 드레인 접합 근처에서 제일 먼저 일어난다. 핀치오프 조건은 아래와 같이 표현된다.

(4-15) $V_G = V_{D,sat} + V_T$

또는

(4-16) $V_{D,sat} = V_G - V_T$

이때 전류는 다음과 같이 되고 더 이상 드레인 전압의 함수가 아니다.

(4-17) $I_D = \frac{1}{2}\beta(V_G - V_T)^2$

포화영역에서 동작시 소자의 단면도가 그림 4-2(b)에 나타나 있다. 큰 드레인 전압이 드레인 접합의 역방향 바이어스를 증가시키고 공핍층을 넓힌다. 채널을 따라서, 전압이 V_D에서 0으로 감소한다. 게이트 아래의 공핍층 폭도 유사하게 드레인 접합 폭으로부터 소스 쪽에서는 평형값 $\phi_s = 2\phi_f$일 때로 줄어든다. 전류 흐름이 있으므로, 소자는 더 이상 평형상태가 아니고 게이트 아래의 공핍층은 평형상태($\phi_s = 2\phi_f$)의 최대공핍층 폭(문턱전압이 게이트에 가해질 때)보다 더 커지게 된다.

드레인 전압이 포화 시작점 보다 커지면, 그림 4-2(c) 에 보이듯이 핀치오프 점은 소스 쪽로 이동하기 시작한다. 이 이동은 채널길이변동(channel length modulation) 이라 불린다. 핀치오프 점, Y에서, 식 (4-16)으로 표현되는 $V_{D,sat}$를 여전히 가지고 있으나 $V_{D,sat}$을 넘는 드레인 전압은 핀치오프 점부터 드레인까지의 공핍층에 걸리게 된다. $V_{D,sat}$의 같은 전압이 이제 짧아진 채널 길이 L'을 가로질러 강하하므로, 결과로 드레인 전류는 약간 증가하게 된다. 이것은 그림 4-4의 특성곡선에서 포화 이후 드레인 전류의 기울기로 나타낸다. 0이 아닌 기울기는 소자가 아날로그 회로에서 사용될 때, 무한대가 아닌 유한한 출력 임피던스로 나타나고, 소자가 디지털 회로에 사용될 때, 증가된 여분의 전류 흐름으로 나타난다. 드레인 전류변화는 채널 길이 변화, $\Delta L=(L-L')$의 변화가 처음 채널 길이 L의 큰 부분을 차지할 때 영향은 크게 나타난다.

채널길이변동을 감안 할 때 포화 전류는 대략 다음과 같이 표현된다.

$$(4\text{-}18)\quad I_D = \frac{I_{D.sat}}{L'/L}$$

여기서 $L-L'$은 $(V_D - V_{D.sat})$의 전압이 pn 접합에 걸린다고 가정하면 대략 계산될 수 있다.

$$(4\text{-}19)\quad L-L' = \left[\frac{2\varepsilon_s\varepsilon_o(V_D - V_{D.sat})}{qN_A}\right]^{1/2}$$

채널이 핀치오프 점 Y에서 없어지는 것은 전류를 흐르지 못하게 하는 것은 아니다. 오히려, 소스에서 채널을 경유하여 주행하는 모든 캐리어들은, pn 접합의 공핍영역을 흐르는 전류처럼, 전계가 높은 드레인 공핍영역으로 주입되게 될 것이다.

그림 4-5처럼, MOS 트랜지스터의 게이트와 드레인이 묶여있을 때, 소자는 포화영역에서 동작하게 된다. 이 2단자 $I_D - V_D$ 특성에서 전류는 전압 제곱의 함수가 되고 항상 선형영역과 포화영역을 구분하는 $V_D = V_G - V_T$ 궤적의 우측에 있게 된다. 다시 말해, $V_G = V_D$이므로, 드레인 근처의 산화막에 걸린 전압은 항상 0이고 따라서 드레인 근방의 채널 영역은 핀치오프 된다. 이런 경우는 오직 증가 모드 소자에서만 적용된다. 게이트와 드레인이 묶여 있는 공핍 모드 소자에서는 $I_D - V_D$ 곡선이 항상 선형영역에 있고 원점을 지나게 되며, 특별한 관심을 끌지 못한다.

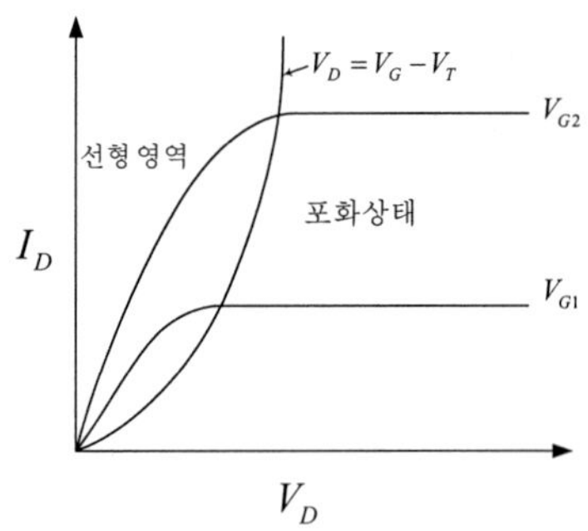

[그림 4-3] 선형영역과 포화영역. 두 영역을 나누는 선

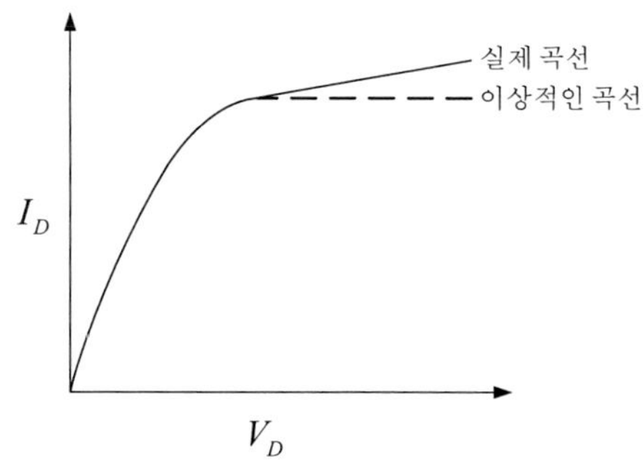

[그림 4-4] 채널이 줄어드는 현상에 의한 포화 드레인 전류의 0이 아닌 기울기

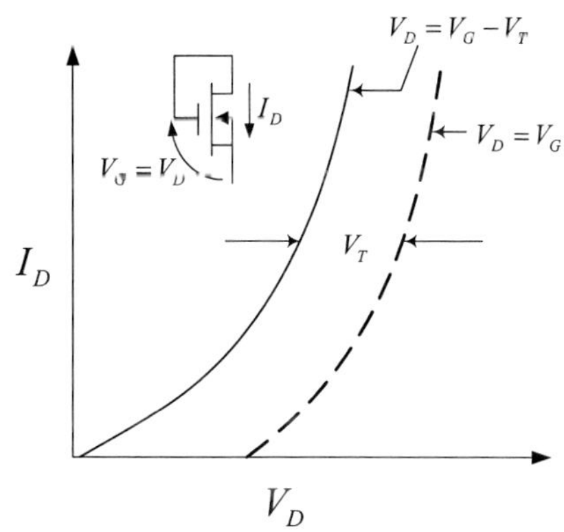

[그림 4-5] 게이트가 드레인에 묶인 트랜지스터의 $I_D - V_D$ 특성

4-3. 눈사태(avalanche) 영역

포화영역을 지나 드레인 전압이 더욱 증가함에 따라 드레인 전류가 급격하게 증가하는 점에 이르게 된다. 이때 소자는 항복모드에 처하게 되고, 이런 동작 영역을 눈사태 영역이라 부른다. 바이폴라 트랜지스터와는 다르게, 드레인 전압이 안정적이고 실제적으로 pn 접합이 항복전압에 있지 않다면, MOS 트랜지스터는 열폭주 상태에 들어가지 않는다.

정상 동작 하에서 드레인 접합은 역방향 바이어스 된다. 그러나 이것의 항복전압은 단순 계단형 pn 접합에 의해 예상되는 전압보다 낮게 된다. 2장에서 설명된 것처럼 이것은 주로 집적 회로 공정의 확산 접합의 결과로 생기는 접합 모서리의 곡률 때문이다. 그러나 드레인 항복전압은 접합의 곡률을 고려한 것보다 더 낮게 된다. 설명을 위해, 그림 4-6을 참조한다. 게이트 전극의 존재는 드레인 접합에서 높은 전계 영역을 만들어 항복전압을 낮춘다. 이것은 게이트가 연결되지 않거나 또는 접지된 것에 상관없이 나타난다. 게이트 전압이 인가된 경우, 이는 항상 산화막에 걸리는 게이트-드레인의 전압차를 낮추는 방향이다. 낮은 게이트 전압곡선에서는 낮은 드레인 항복전압을 나타낼 것으로 기대되며 그림 4-7에 유사한 특성을 나타낸다. 게이트와 드레인이 많이 중복되는 것을 요구하는 금속 게이트 트랜지스터에서 전형적으로 이런 특성이 나타난다. 드레인이 게이트와 자기 정렬되는 실리콘 게이트 트랜지스터의 경우 드레인 항복 특성이 그림 4-8에 보여진 형태로 나타난다. 이는 바이폴라 트랜지스터의 항복 특성과 비슷하며, 캐리어 증폭에 의한 것이다. 즉, 전류가 클수록, 캐리어가 많을수록 항복현상이 빨리 일어나게 된다.

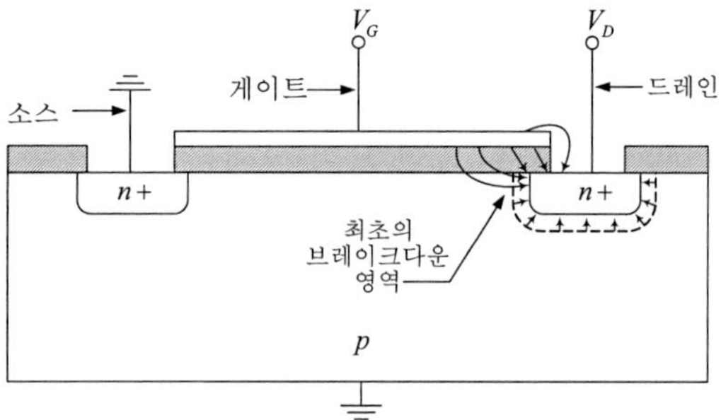

[그림 4-6] 드레인 영역에서 증가된 전계

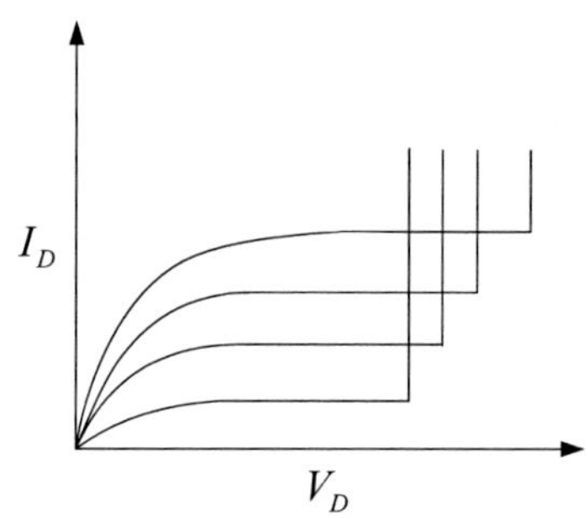

[그림 4-7] 금속 게이트 소자의 전형적인 눈사태 특성

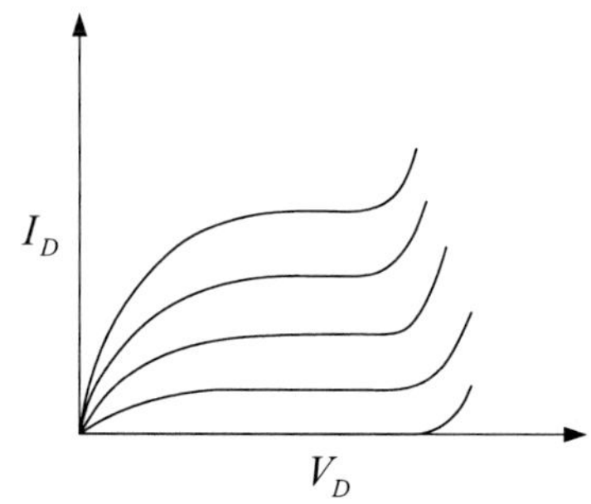

[그림 4-8] 실리콘 게이트 소자의 전형적인 눈사태 특성

펀치스루(punch-through)라고 불리는 큰 드레인 전류 흐름의 특별한 경우가 있다. 이것은 드레인 공핍층이 실제적으로 소스 공핍층과 닿게 되어 공간 전하 제한(space-charge-limited) 전류가 소스에서 드레인으로 흐를 때 일어난다. 이런 현상은 소자가 매우 짧은 채널 길이를 가지거나, 높은 비저항(낮은 기판 농도)의 기판을 가질 경우, 혹은 두 경우 모두일 경우에 일어나기가 쉽다. 드레인 전압을 높게 가하면 드레인의 전계가 소스와 기판의 전위 장벽을 낮추어 소스에서 기판으로 전자의 주입을 쉽게 함을 볼 수 있다. 이 때 전류는 전위장벽의 지수함수이므로 펀치스루가 일어나는 조건에서 전류는 드레인 전압에 대하여 급격히 증가한다. 그림 4-9에 전형적인 특성을 보인다.

가장 현저한 특징은 $V_G = 0$일지라도, 낮은 드레인 전압에서 상당한 전류가 흐른다는 것이다. 문턱전압보다 큰 게이트 전압이 인가됐을 때 표면 채널은 평소처럼 생기고, 정상적인 표면전류가 공핍 영역의 공간 전하 제한 전류 흐름에 첨가된다. 그림 4-9에 보여진 것처럼, 게이트는 사실상, 여전히 드레인 전류를 조절한다. 그러나, 역방향 전압이 게이트에 인가되어, 표면 채널을 끊어도 밑에 놓여있는 공핍층 전류에는 영향을 미치지 않는다. 그러면 소자는 완전히 차단되지 않는다. 오직 역방향 소스-기판 전압의 인가만이 드레인 전압의 이용 가능한 범위에서 소자를 차단시킬 수 있다.

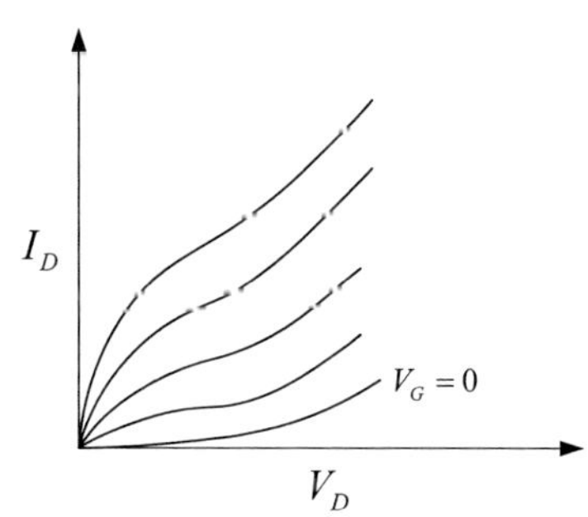

[그림 4-9] 짧은 채널 소자의 전형적인 펀치스루 특성

4-4. 문턱전압 이하 영역

MOS 트랜지스터의 게이트 전압이 V_T로 감소되어도, 전류는 0으로 급격하게 감소되지 않는다. 그림 4-10은 V_T에서, 또는 V_T 아래에서 여전히 전류흐름이 있음을 보여준다. 주어진 V_D에 대한 V_G의 함수로 드레인 전류 크기를 로그 눈금으로 그리면, 그림 4-11에 나타나는 전형적인 결과를 보인다. I_D는 지수 함수적으로 감소하며 게이트 전압이 100 mV 변함에 따라 전류는 약 10배 변하는 기울기를 가진다. 그래프의 곡선 부분은 소자가 선형영역에서 포화영역으로 들어가는 곳이다. V_D의 다른 값들에 대해서는, 그래프는 수직으로 이동된 것으로 관찰된다. 가파른 경사 때문에 이것은 단지 미소 전압의 측면 이동으로 나타난다.

문턱전압 이하에서 동작은 아래와 같이 예측된다.

$$(4\text{-}20)\quad I_D = \frac{W}{L}\mu_o C_o\left(n\frac{kT}{q}\right)^2 \exp\left[\frac{q}{nkT}(V_G - V_T - n\frac{kT}{q})\right] \times\left[1-\exp\left(\frac{-mq}{nkT}V_D\right)\right] \simeq I_o\exp\left[q\frac{(V_G - V_T)}{nkT}\right] \qquad V_G \le V_T$$

여기서 $m = (C_o + C_s)/C_o$ 그리고 $n = (C_o + C_s + C_{js})/C_o$이다. C_o는 산화막 커패시턴스, C_{js}는 표면 포텐셜이 변화에 따라 표면 상태가 대전되고 방전될 때 등가 커패시턴스이다. m과 n의 일반적인 범위는 1.5에서 3.0이다. 식 (4-20)에서 V_G에 대해 드레인 전류가 지수 함수적으로 의존하고 V_D에는 거의 의존하지 않음이 예상된다.

식 (4-20)의 중요한 결과는 전원전압의 낮은(1~2 V) 동작에 대하여 문턱전압의 하한에 제한이 있다는 것이다. 트랜지스터의 on-off 상태를 구분하기 위해서는 전류크기가 3-4승 크기로 변해야 하기 때문이다. 이렇게 되려면 식 (4-20)에서는 $10\cdot kT/q$ 만큼이 적어도 게이트 전압에서 변할 만큼 문턱전압은 충분히 높아야 한다는 것을 말한다. 또한, 커패시터에 저장된 전하를 격리하기 위해 MOS 트랜지스터가 사용될 때, 누설을 작게하기 위해 게이트 전압이 V_T보다 매우 작은 값으로 되어야 함을 알 수 있다.

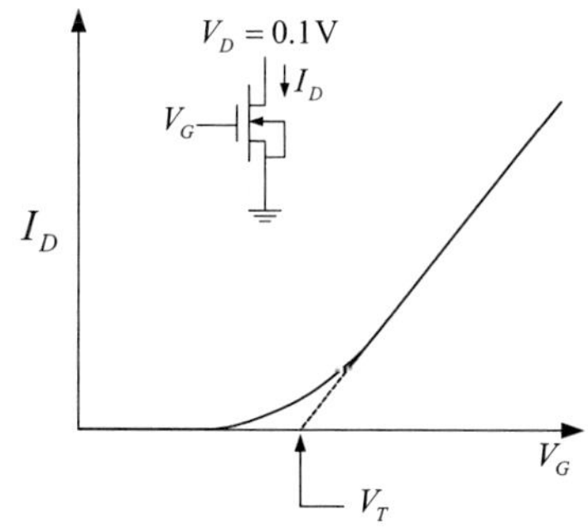

[그림 4-10] 문턱전압 이하에서 전압-전류 특성

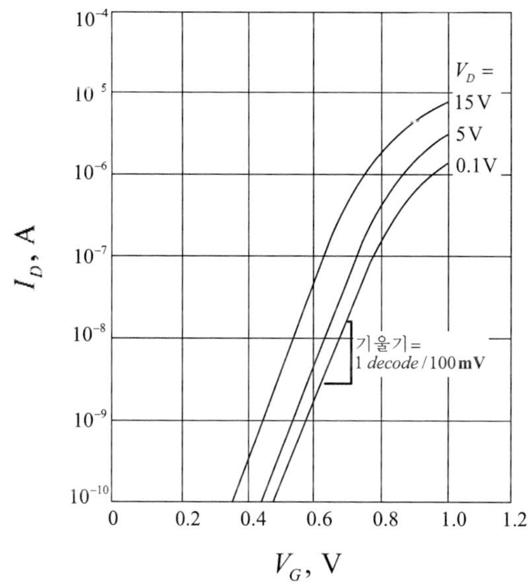

[그림 4-11] 여러 V_D에서 게이트 전압에 대한 로그로 나타낸 드레인 전류

4-5. 2차 효과

- 상수가 아닌 표면 이동도
- 벡 게이트(back-gate) 바이어스
- 벌크 전하의 변화

❑ 상수가 아닌 표면 이동도

MOS 트랜지스터의 표면 이동도는 표면의 거칠기와 전하를 포획하거나 움직임을 느리게 하는 계면 트랩의 수에 의해 결정된다. 전형적인 MOS 공정에서, 표면이동도 값의 범위는 정공에 대해 150 ~ 250 $cm^2/V \cdot s$이고 전자에 대해서는 550 ~ 950 $cm^2/V \cdot s$이다. 전자와 정공의 이동도의 비는 2~4배 차이가 난다. 이러한 사실은, 인버터에서 n채널과 p채널의 전달컨덕턴스가 같도록 하기 위해, p채널 소자의 폭이 n채널 소자보다 2~4배 넓어야 하고, CMOS 회로 설계에 사용된다.

앞에서 언급된 이동도 값들은 단지 낮은 게이트 전계에서 측정된 것이다. 즉, 게이트 전압이 문턱전압 보다 단지 1~2 V 높은 곳에서 측정된 것이다. 더 높은 게이트 전압에서 이동도가 종종 감소하는 것이 관찰된다. 게이트 전계가 커지면, 전류 캐리어들은 채널에 따라 이동할 때 산화막-반도체 계면에 더 많이 충돌하게 된다. 이로 인해 낮은 이동도가 나타나게 되고 여러 형태로 그 결과가 나타나게 된다. 이것은 전달 특성곡선에서 포화 드레인 전류가 게이트 전압에 대해 제곱 형태로 증가하는 대신에 일정한 V_G 차이의 드레인 전류 곡선이 서로에 가까워지는 점에서 나타난다. 선형영역에서, 높은 게이트 전압에서 전류곡선은 나누어지기보다 서로 붙기 시작한다. 이런 현상은 게이트 전압의 함수로 그려진 드레인 전류의 선형 컨덕턴스 곡선(그림 4-12)에서도 나타난다. 대개 0.1 V의 낮은 드레인 전압은 소자를 선형영역에 있도록 만든다. 컨덕턴스 곡선은 드레인 전류가 고정된 드레인 전압에 의해 나누어질 때 생기고, 사용된 V_D 값에 의해 더 이상 영향을 받지 않을 때 구해진다. 그림 4-12에서 컨덕턴스는 큰 게이트 전압에서 이상적 선형관계로부터 벗어나게 되고, 이는 전도도의 감소 때문에 컨덕턴스가 감소됨을 보여준다. 실험적인 데이터는 그림 4-13에서 처럼 낮은 전계에서 이동도는 일정하나 약 $0.5 \sim 1 \times 10^5$ V/cm 정도의 전계에서 이동도가 떨어지기 시작한다는 것을 보여준다. 이것은 아래와 같은 이동도 모델을 제안한다.

$$\frac{1}{\mu} = \frac{1}{\mu_o} + F\frac{V_G - V_T}{t_{ox}} \quad \text{(4-21)}$$

여기서 μ_o : 낮은 전계 이동도

F : 전계 감소 계수, s/cm

$(V_G - V_T) / t_{ox}$: 산화막에 걸리는 수직 전계

μ_o와 F를 측정하기 위해 그림 4-12와 같은 컨덕턴스 곡선을 이용하며, 곡선을 따라 여러 지점의 $1/\mu$을 계산하고 $V_G - V_T$에 대한 그림을 그린다. $1/\mu$은 아래의 식으로부터 계산된다.

$$\text{(4-22)} \quad \frac{1}{\mu} = C_o \frac{W}{L} \frac{V_G - V_T}{g_D}$$

곡선이 그려졌을 때, 그림 4-14가 전형적인 결과이다. 그 곡선에 맞추어 직선을 그릴 수 있다. 식 (4-21)로부터 곡선과 교차점이 $1/\mu_o$이 되고, 직선의 기울기는 F가 $1/t_{ox}$에 곱해진 것이 됨을 알 수 있다.

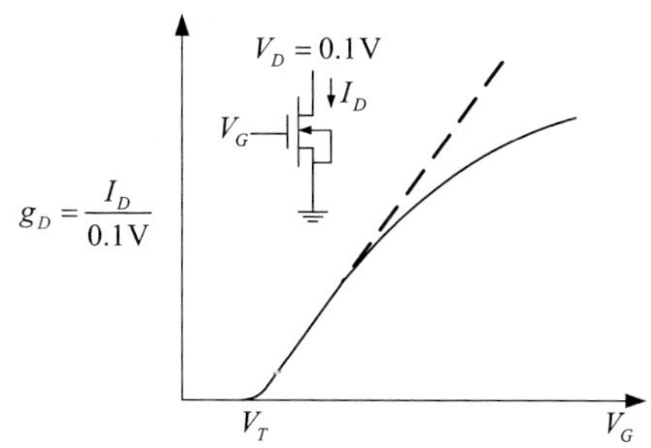

[그림 4-12] 높은 게이트 진압에서 이농도가 감소함을 보이는 컨덕턴스 곡선

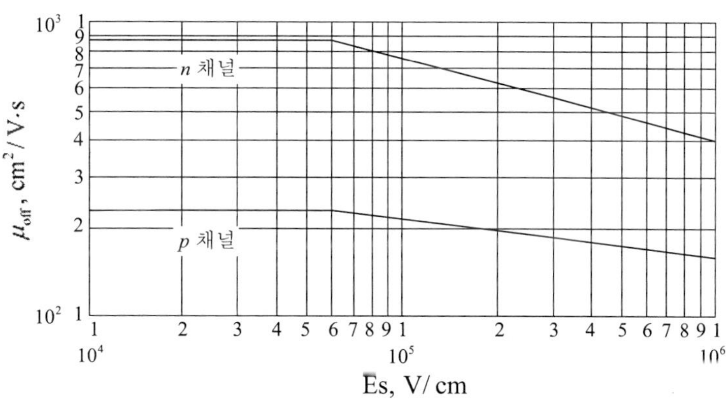

[그림 4-13] 높은 선계에 의한 이동도의 감소

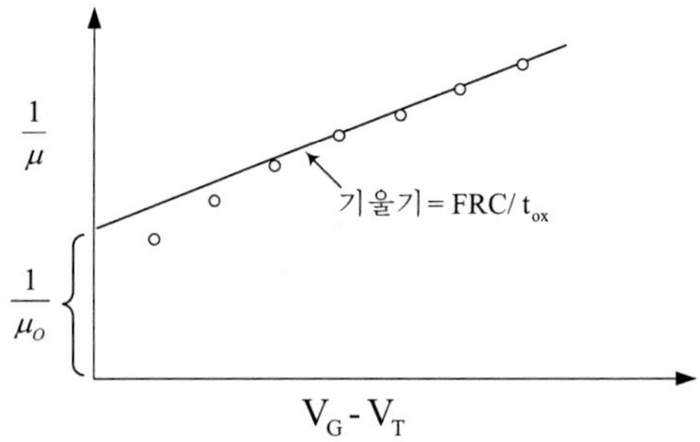

[그림 4-14] 낮은 전계 이동도 μ_o와 전계 감소 계수를 계산하기 위한 그래프

❑ 벡 게이트(back-gate) 바이어스

거의 모든 소자의 소스가 기판에 접지 된 상태로 동작되지만, 이들 둘 사이에 전압차가 있을 수 있는 여러 가지 상황들이 존재한다. 그림 4-15는 이런 상황이 일어날 수 있는 경우를 나타낸다. 하나는 기판이 접지되고 소스 전압이 접지 전압보다 높아질 수 있다는 것이다. 이것은 인버터에서 부하로 동작되는 MOS 트랜지스터에서 일어난다. 이 부하의 소스는 인버터의 출력이 되고 접지 전압보다 높은 전압에서 동작한다. 다른 상황은, 실제적으로 전기적 등가이지만, 모든 소스가 접지되고 외부 전압원이 기판에 인가되었을 때이다. 양쪽 상황 모두, 벡 게이트 바이어스 V_{BG}가 기판에 비해 소스를 역방향으로 바이어스하고 소자의 문턱전압을 증가시킨다. p채널 소자의 경우, 벡 게이트 바이어스는 소스-기판 접합에 또한 역방향 바이어스 되고, 소자의 문턱전압의 크기를 증가시킨다. 벡 게이트 바이어스는게이트 아래에 있는 공핍층을 넓히고 반전상태가 되기까지, 게이트 전압이 균형을 이루어야 하는 많은 공핍전하들로 인하여 문턱전압은 증가한다.

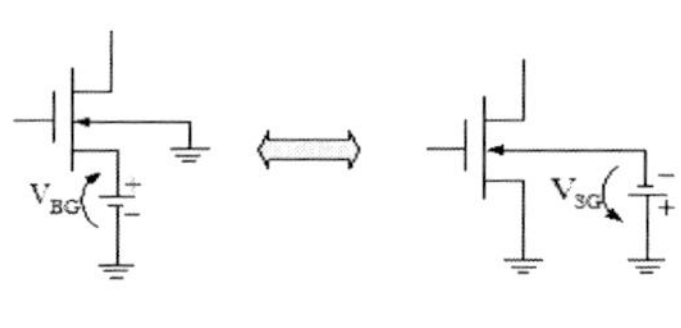

[그림 4-15] 소스와 기판 사이의 벡 게이트 바이어스

공핍층 폭은 이제 단지 $2\phi_f + V_{BG}$의 표면 전위에 대응한다. 따라서 문턱전압은,

$$(4\text{-}23) \quad V_T = V_{FB} + 2\phi_f + \frac{\sqrt{2\epsilon_s\epsilon_o qN_A(2\phi_f + V_{BG})}}{C_o}$$

벡 게이트 바이어스의 영향을 정량화하기 위해 기본 V_T 값을 간직하고 벡 게이트 영향

에 대한 문턱전압의 증가분 ΔV_T를 계산하는 것이 유용하다. ΔV_T는 단순히 식 (4-23)과 $V_{BG}=0$일 때 식으로 주어진 기본 V_T와의 차이다.

$$\text{(4-24)} \quad \Delta V_T = \frac{\sqrt{2\epsilon_s \epsilon_o q N_A}}{C_o}\left(\sqrt{2\phi_f + V_{BG}} - \sqrt{2\phi_f}\right)$$

주어진 산화막 두께와 다양한 기판 도핑 농도에 대한 V_{BG}의 함수로서 ΔV_T의 그래프는 그림 4-16에 보인다. 식 (4-24)로부터 벡 바이어스 효과는 게이트 산화막이 더 두꺼울수록 더 크다는 것이 명백하다. 또한 그림 4-16을 통해 이 효과는 도핑농도가 커질수록 커진다는 것을 확신할 수 있다.

식 (4-24)는 기판 도핑 농도의 구배를 계산하는 것에도 사용된다. 컨덕턴스 곡선이 그림 4-21처럼 여러 벡 게이트 바이어스에 대해 그려지면, 그 곡선은 ΔV_T와 같은 양만큼 옆으로 이동될 것이다. 만약 ΔV_T가 $\sqrt{2\phi_f + V_{BG}}$의 함수로서 그려진다면, 지선으로 나다날 것이고, 산화막 두께를 안다면 이것의 기울기는 N_A를 계산하는 것에 이용될 수 있다. 더 정확하게는, $2\phi_f$는 N_A와 함께 변화한다. 그러나 그 관계는 로그로 표현되므로, $2\phi_f$의 크기 변화는 전형적인 V_{BG}와 비교할 때 매우 작다. 따라서 이것을 상수로 취급해도 오차는 매우 작다. 만약 기판 도핑 농도가 이온주입에 의해 증가했고 도핑 프로파일이 두 개의 직사각형으로 근사 된다면(그림 4-17의 삽화 참조), 이 방법에 의해 ΔV_T 에 대한 $\sqrt{2\phi_f + V_{BG}}$ 기울기의 꺾임이 관찰된다.

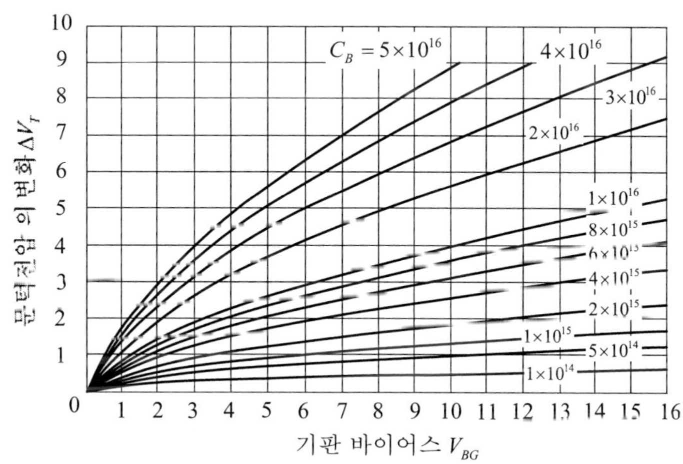

[그림 4-16] $t_{ox}=100\,\text{nm}$에서 벡 게이트 바이어스에 대한 문턱전압의 증가. t_{ox}의 다른 값에 대해 ΔV_T 는 $t_{ox}/100\,\text{nm}$에 비례하여 변화한다. p채널 : V_{BG}는 +, ΔV_T는 −임. n채널 : V_{BG}는 −, ΔV_T는 +임.

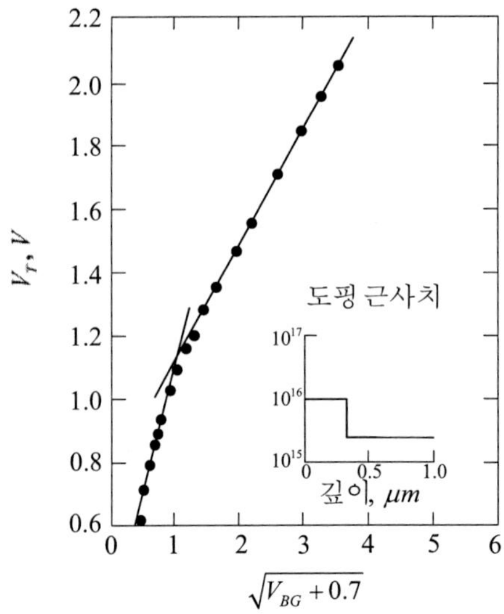

[그림 4-17] V_T 대 $\sqrt{2\phi_f + V_{BG}}$ 그림에서 다른 도핑 농도는 다른 기울기로 나타남

❑ 벌크 전하의 변화

4-1절의 소자 식의 유도는 채널 아래의 공핍층 폭이 어디에서나 채널의 소스 끝에서와 같은 일정한 값을 가진다는 것을 가정한다. 이것은 작은 V_{DS}의 경우에는 사실과 가깝다. 이런 모형의 경우, 비록 단순하지만, 간단한 소자 식과 트랜지스터에 대한 유일한 문턱전압을 제공한다. 그러나, V_{DS}가 증가함에 따라, 특히 V_D가 포화 값 $V_{D.sat}$에 접근할 때, 채널 아래의 공핍층은 확실하게 일정하지 않다[그림 4-2(b)를 참조]. 소자 식들은 벌크 전하의 변화를 고려하여 다시 유도될 수 있다.

단순한 모형일 때뿐만 아니라 아래의 해석은 점근적 채널 근사를 이용한다. 실리콘 표면에 수직방향의 전계가 전류 방향 전계보다 크다고 가정하며, 일차원적 MOS 해석이 가능함을 가정한다.

식 (4-8)의 반전층 전하 $Q_n(y)$는 단순히 식 (3-13)과 (3-22)의 V_T의 구성요소들로부터다시 쓰여진다. 특히, 벌크 전하 Q_B는 이제 채널의 거리 y에 따라 변한다. 일정한 표면전위 $2\phi_f$를 갖는 대신에 Q_B는 이제 $2\phi_f + V(y)$의 표면전위를 갖는다. 여기서 $V(y)$는 채널을 따라 생기는 드레인 전압강하이다. 변수분리가 이전처럼 되고, $V(y)$는 0에서 V_D까지 y는 0에서 L까지 적분하면 아래와 같다.

$$(4\text{-}25)\quad I_D = \beta\left\{\left(V_G - V_{FB} - 2\phi_f - \frac{V_D}{2}\right)V_D - \frac{2}{3}\sqrt{\frac{2\epsilon_s\epsilon_o q N_A}{C_o}} \times\left[\left(V_D + 2\phi_f\right)^{3/2} - \left(2\phi_f\right)^{3/2}\right]\right\}$$

식 (4-25)의 결과에서 V_T로 정의되는 단일 문턱전압은 없다. 이것은 식을 계산하기 어렵게 만드나 실제 소자 특성과 더 잘 일치한다. 그림 4-18은 단순 모델과 벌크 전하 변화 모델의 소자 특성을 비교하였다. 단순모델에서는 20~50% 정도 전류를 더 크게 예상하고, 더 큰 $V_{d.sat}$(커브에서 세로로 그은 선)이 예상한다. 예상되는 것처럼 두 커브는 낮은 V_D에서 수렴한다. 이것은 I_D가 그 최대값의 대략 20% 정도 보다 작은 값에서 일어나는 것으로 관찰된다.

포화전압은 채널 핀치오프, 즉 $Q_n(L)=0$로 두면 계산된다. 이것을 유도하면,

$$V_{D.sat} = V_G - V_{FB} - 2\phi_f - \frac{\epsilon_s \epsilon_o q N_A}{C_o^2}\left[\sqrt{1 + \frac{2C_o^2}{\epsilon_s \epsilon_o q N_A}(V_G - V_{FB})} - 1\right] \tag{4-26}$$

가 된다.

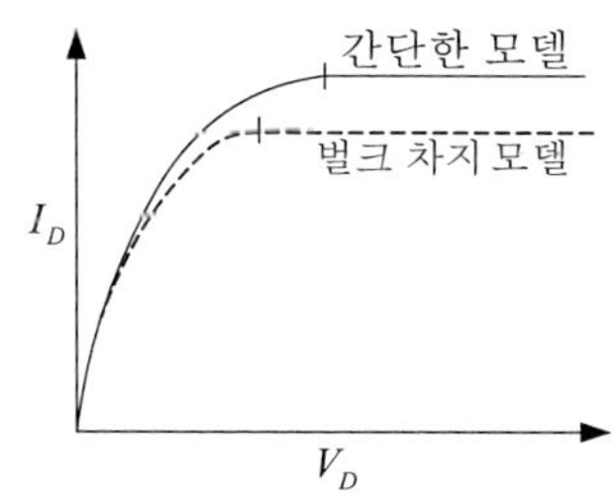

[그림 4-18] 단순모델과 벌크 전하가 변하는 모델과의 비교. 절개선은 드레인 포화전압이다.

4-6. 문턱전압을 측정하는 방법

문턱전압은 MOS 트랜지스터의 가장 중요한 변수 중 하나이고, 전류가 소스와 드레인 사이에 흐르기 시작할 때 게이트 전압 값으로 단순히 나타낼 수 있다. 문턱전압을 측정하는 많은 방법이 있고, 측정의 방법에 따른 약간의 차이를 나타낸다. 그 이유는 4-2절에서 지적했듯이 소자 자체가 잘 정의된 차단(cut off)을 보이지 않기 때문이다. 측정의 방법이 다른 경우 모두 100~200 mV 이내 차이의 문턱전압 값을 나타낸다. 그러나 종종 정확도가 요구될 때 V_T 값은 그 측정 방법이 명시되어야 한다. 아래에 모든 측정 방법이 열거되었고, 마지막 하나의 예외를 제외하고 V_T는 소자가 포화일 때 측정된다.

❑ $1-\mu$A 방법

드레인 전류가 $1\,\mu$A일 때, 게이트 전압으로 V_T는 정의된다. 이 방법은 손쉽기 때문에 MOS 발전 초기에 많이 사용되었다. 이것은 포화 전류가 $1\,\mu$A에 이를 때의 게이트 전압을 파라미터 애널라이저로 기록하는 것을 필요로 한다. 이것의 가장 큰 단점은 크기, 즉 소자의 W/L비를 고려할 수 없다는 것이다. 동일한 웨이퍼상의 두 개의 다른 크기의 소자들은 이 방법이 사용되면 다른 V_T를 나타낼 것이다. 그래서 이 방법은 더 이상 추천되지 않는다.

❑ $\sqrt{I_D}$ 대 V_G 방법

만약 포화된 소자에서 드레인 전류의 제곱근 값이 게이트 전압의 함수로서 그려지면, 그림 4-19와 같은 직선이 나타날 것이고, 이것의 X축과의 교차점이 V_T이다. 소자를 포화 영역에서 동작하게 하는 한 가지 확실한 방법은 게이트를 드레인에 묶는 것이다. 이 방법의 타당성은 포화 전류 방정식의 양변에 제곱근을 취하면 알 수 있다.

(4-27) $$\sqrt{I_D} = \sqrt{\frac{\beta}{2}}\,(V_G - V_T)$$

$V_G = V_T$일 때 $I_D = 0$, 곡선의 기울기는

(4-28) $$\frac{d\sqrt{I_D}}{dV_G} = \sqrt{\frac{\beta}{2}}$$

비록 게이트와 드레인을 묶음으로서 소자를 포화 영역에서 동작하게 하는 것은 오직 증가형 소자뿐이라는 것을 상기하더라도 이 방법은 증가형과 공핍형 소자 모두에서 유효하다.

작은 반전 전류 때문에 식 (4-27)에서 예상되는 것처럼 실제 소자는 명확한 교차를 나타내지 않을 것이다. 그래서 곡선의 선형 부분에서 외삽법이 요구된다. 이 방법이 사용하면 서로 인접한 다른 크기의 소자들은 한 점으로 외삽된다.

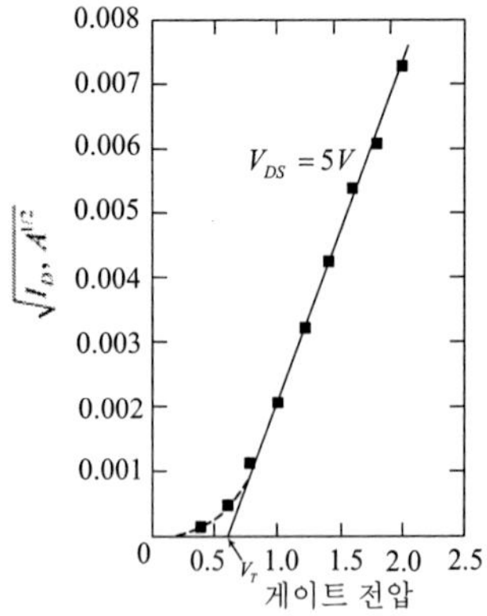

[그림 4-19] 포화된 소자의 V_G에 대한 I_D의 제곱근을 그리면 직선이 되고 교차점은 V_T이다.

❑ 10-40 방법

이 방법은 앞의 방법에 변화를 준 것이지만, 앞의 외삽법이 없어지고 단순한 계산으로 대체된다. 게이트 전압이 인가되고 포화 드레인 전류가 10 μA까지 흐르도록 조절하며, $V_D = 5\,\text{V}$에서 측정된다. 이런 게이트 전압을 V_{10}이라 부른다. 그런 다음 40μ A까지 흐르도록 게이트 전압을 증가시킨다. 이 전압을 V_{40}이라 부른다. V_T는 다음 식으로 쉽게 계산된다.

(4-29) $V_T = 2V_{10} - V_{40}$

대부분의 파라미터 애널라이저는 게이트 전압을 빠르게 조절할 수 있고 정확하게 읽을 수 있기 때문에 이 방법은 특히 파라미터 애널라이저를 사용한 측정에 적합하다.

40 μA와 10 μA의 선택에 관해서는 고정된 것이 아니라는 것을 짚고 넘어가야 한다. 그 두 값은 단지 4의 비율이 필요할 뿐이다. 처음 값 10 μA는 소자가 그림4-19의 포화부분에서 동작되는 것을 보장하기 위해 선택되었다.

❑ 다른 10-40 방법

이 방법은 소자를 게이트와 드레인을 묶어 포화영역에서 동작하도록 하는 것을 제외하고 10-40 방법과 같은 개념과 식을 사용한다. 그림4-20의 두꺼운 선은 파라미터 애널라이저의 2단자 특성과 V_{10}과 V_{40}의 정의를 나타낸다.

이 방법은 소자에 전류를 빨리 인가하고 그에 대응하는 전압강하를 측정하는 것을 프로그램화 할 수 있으므로, 자동 측정기에 적용시키기 용이하다.

원래의 10-40 방법에서, 3단자가 사용되었다. 게이트 전압이 인가되고 드레인 전류가 측정되었다. 만약 I_D가 요구되는 범위 내에 있지 않다면, 게이트 전압은 조절되고 다른 I_D가 읽혀진다. 탐색 절차는 올바른 게이트 전압에 수렴하기 위해 적용된다.

이것이 2단자 측정보다 더 많은 측정 시간을 소모하게 된다. 그림4-20에서 얇은 실선으로 보여진 $V_G = V_{40}$과 $V_G = V_{10}$에 대한 전달 특성이 참고로 중첩되어 있다.

이 방법은 앞의 방법과 다른 V_T를 나타낼 수 있으므로 따로 적었다. 그림 4-20에 그려진 것처럼 포화 영역에서 채널길이 변동이 없고 드레인 전류의 기울기가 0이라면, 한 가지 게이트 전압이 $V_D = V_G$ 혹은 $V_D = 5\,\text{V}$에 대해 같은 전류를 보일 것이다. 그러면 10-40 방법과 다른 10-40 방법 양쪽 모두 같은 V_T를 나타낼 것이다. 그러나 만약 포화 특성이 기울기를 가진다면, 40 μA에 도달하기 위해 다른 $V_G = V_{40}$이 요구될 것이다. 이것은 수 십 mV 정도의 V_T 차이를 초래한다.

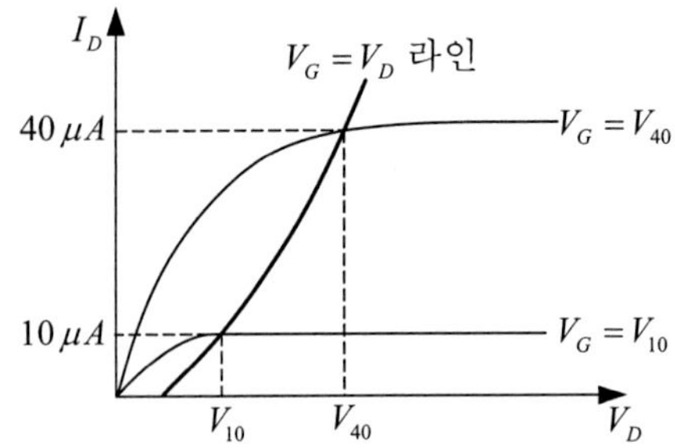

[그림4-20] 드레인 전류가 10과 $40\,\mu$A가 흐르는 게이트 전압이 각각 V_{10}과 V_{40}이다.

❑ 컨덕턴스(선형) 방법

이 방법은 V_D는 낮은 값으로, 일반적으로 100 mV로 고정된 상태에서 게이트 전압의 함수로 드레인 전류가 그려질 때 컨덕턴스 측정을 이용한다. 측정 setup과 결과 plot이 그림4-21에 나와 있다. 작은 드레인 전압은 소자를 선형영역에 있도록 만들고 또한 선형 방정식 안의 V_D^2을 무시하는 것을 허용한다. 따라서

(4-30) $g_D = \dfrac{I_D}{V_D} = \beta(V_G - V_T)$

기울기는

(4-31) $\dfrac{dI_D/V_D}{dV_G} = \beta$

그래프는 직선 영역을 보이고 X축과 교차하는 점이 V_T이다. 벡 게이트 바이어스를 인가하면 V_T는 4-5장의 '벡 게이트 바이어스'에서 기술된 것과 같이 증가할 것이다.

작은 드레인 전압이 채널 단축 효과를 최소화하기 때문에 짧은 채널의 소자에 이 방법이 가장 흔히 사용된다. 그러나 이 방법은 자동화하기에 힘들다. 문제점은 외삽점을 그을 적절한 선형 영역을 찾기 어렵다는 것이다. V_T 가까이에서, 소자는 약한 반전에서의 전도 때문에 비선형성을 나타낸다. 큰 게이트 전압에서, 곡선은 이동도의 감소 때문에 아래로 휘어진다. 곡선이 선형인 곳에서 휘는 부분을 찾는 것은 특히 선형영역의 범위를 알지 못한다면, 단순 검사기에서는 어렵다. 해결책은 전형적인 컨덕턴스 곡선을 손으로 그려본 뒤 테스트 프로그램을 알맞게 만들어 사용하는 것이다.

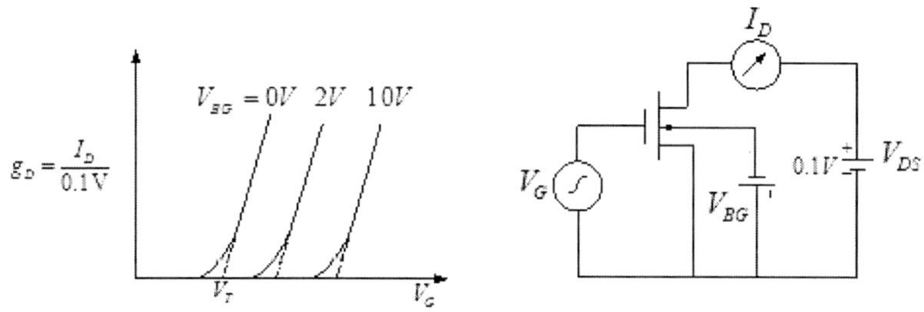

[그림4-21] 컨덕턴스를 구하기 위한 setup과 결과 plot

4-7. MOS 트랜지스터의 응용

❑ 공핍형 소자

0 V의 게이트 전압에서 내부(built-in) 채널을 가지고 있는 것이 공핍형 소자이다. 전류는 그림4-22(a) 처럼 드레인으로 부터 소오로 흐른다. 게이트 전압을 증가시킴에 따라(n 채널 소자에서는 +전압) 전류가 증가한다. 게이트 전압이 반대 극성일 때 드레인 전류는 채널이 $V_G = V_T$에서 핀치오프 될 때까지 감소된다. 다른 각도에서 보면, 증가형 소자에서의 정의에서처럼 V_T가 되기 전까지 아무런 전류가 흐르지 않는다고 할 수 있다. 증가형 소자의 문턱전압과 다른 음의 부호를 가진 $V_T(-V_T)$라는 사실만 제외하고, 식 (4-12)와 (4-27)과 같은 증가형 식들이 사용되어질 수 있다.

그림4-22 (b)에 공핍형 소자를 기술하기 위한 그래프 방법이 나타나 있다. 포화영역의 일정한 드레인 전압에서, 게이트 전압에서 문턱전압을 뺀 전압의 제곱 함수로 전류가 흐른다. 공핍형 소자의 경우, 원점에서 왼쪽에 V_T가 있기 때문에 $V_G = 0$에서 어떤 전류가 이미 흐르고 있다. 이 전류를 I_{DSS}라고 부르고 다음과 같이 주어진다.

(4-32) $I_{DSS} = 1/2\beta(V_T)^2$

공핍형 트랜지스터는 NMOS 기술에 광범위하게 사용된다. 이런 소자를 만들기 위해 표면에 매우 가까이 전하층을 가지도록 작은 에너지로 도너가 이온 주입된다. 만약 인이 사용되면, 이것은 게이트 산화막을 통해 주입될 수 있다. 비소를 사용하면 산화막을 뚫고 들어가는데 필요한 에너지가 너무 높아 게이트 산화 공정 이전에 이온 주입이 행하여진다. 두 경우 모두 내부 채널을 만들기 위해 주입된 n형 불순물 농도는 배경 p형 불순물 농도보다 높아야 한다. 이것은 게이트 아래에 n-p 접합을 만든다.

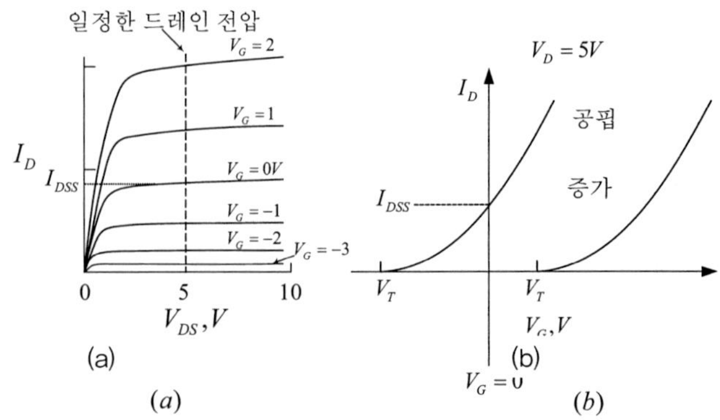

[그림4-22] (a) 공핍형 소자의 전달 특성
(b) 일정한 드레인 전압에서 I_D 대 V_G를 보여주는 전달 곡선

이 부가적인 접합의 영향은 그림4-23에 CV plot의 도움으로 설명될 수 있다. 이제 게이트 커패시턴스는 산화막 커패시턴스, 표면에서 n층까지 확장된 공핍층의 커패시턴스, 그리고 np 접합의 접합 커패시턴스의 직렬 연결이라는 것에 주의하라.

$C_{\min}$에서 $C_{\max}$ 방향으로 진행되어야 설명이 편할 것이다. 보통 CV 구조에서 반전 조건에 상응하는 큰 양의 게이트 전압에서, 반도체 표면은 전자를 축적하고, n층 공핍 커패시턴스는 단락된다. 이것은 산화막 커패시턴스와 접합 커패시턴스의 직렬연결로 일반 $C_{\min}$보다 조금 낮은 유효 캐패시턴스를 형성한다. 게이트 전압이 감소함에 따라, 표면 영역은 전자의 축적으로부터 평탄밴드를 지나, 공핍으로 진행된다. n층 공핍 캐패시턴스가 더해지고 전체 직렬 커패시턴스가 줄어든다. 게이트 전압이 음으로 계속됨에 따라 표면 공핍층은 np 접합 공핍영역의 가장자리에 닿을 때까지 확장된다. n층은 이제 완전히 공핍되고 내부 채널은 핀치오프 된다. 정의에 의해 이것이 V_T이다.

일반 CV 구조의 공핍조건에 해당하는 V_T보다 더 음인 게이트 전압에 대해, np구조는 순방향으로 바이어스 되기 시작하고, 전체 소자뿐 아니라 np 구조의 커패시턴스도 증가하게 된다. 따라서 전체 커패시턴스는 V_T에서 최소가 된다.

보통 CV 구조에서 축적에 해당되는 큰 음의 바이어스에서 표면 n층은 p형으로 반전되고 표면 공핍층과 순방향 바이어스 된 np 접합을 단락 시켜 산화막 커패시터만 남긴다.

다른 방법으로 앞의 논의에 대해 설명하면 표면은 기판에 대해 반대형이므로 표면 밴드 휨(즉, 축적, 공핍, 또는 반전)은 한 가지 형으로 도핑된 기판일 경우와 정확하게 반대가 된다.

만약 주입된 불순물 농도가 배경의 p형의 불순물보다 낮으면 기판은 모두 p형으로 되고, 커패시턴스에서 움푹 들어간 부분은 나타나지 않는다. 대신에, 단순한 CV 곡선의 평형이동이 일어난다.

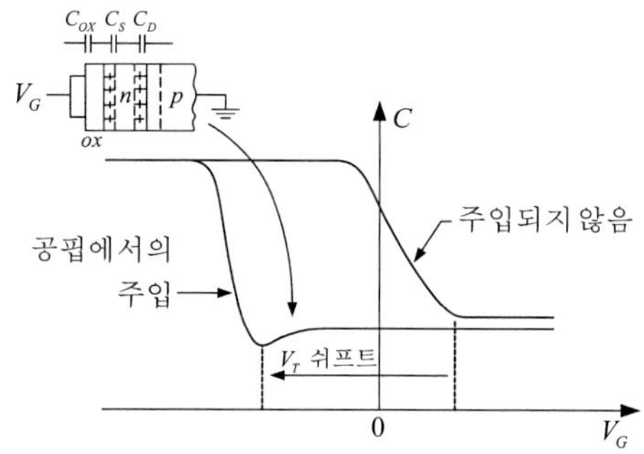

[그림4-23] 주입되지 않은 증가형과 주입된 공핍형 n채널 소자의 CV plot 비교

❑ 부하소자로 연결된 MOSFET

공핍형 소자는 자주 부하소자로 쓰인다. 부하소자로서 공핍형 트렌지스터의 고유한 특성을 잘 인식하기 위해, 부하로서 트렌지스터를 사용하는 것을 고찰하는 것이 필요하다.

그림4-24에 MOS 인버터의 다양한 구성이 보인다. 인버터는 모든 MOS 디지털 논리회로에서 가장 기본이 된다. 이것은 구동소자와 부하소자로 구성된다. 바이폴라 집적회로와 비교해서 MOS 집적회로의 고밀도 집적은 부하소자가 저항보다 작은 면적을 차지하는 MOS 트랜지스터로 사용될 수 있기 때문이다. 부하소자는 증가형 또는 공핍형 트랜지스터가 사용될 수 있다.

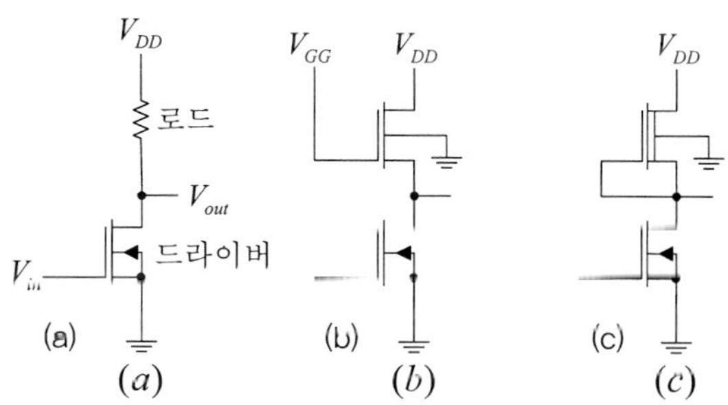

[그림4-24] MOS 인버터에서 저항, 증가형 부하, 공핍형 부하 소자로의 사용

1) 선형 증가형 부하

그림4-24 (b)에서, 두 소자는 모두 증가형이고, 부하소자의 게이트가 $V_{GG} - V_T > V_{DD}$와 같이 V_{DD}보다 더 양인 분리된 전압원과 연결된다면(n채널 소자일 때), 부하소자는 항상 선형영역에 있고 출력단자는 V_{DD}까지 충전될 수 있다. 부하소자가 충전시간 동안에

높은 게이트 전압으로 바이어스가 되기 때문에 속도면에서 이득이 있다. 이 해결의 불이익은 외부 전원이 꼭 필요하다는 것과 이 전원을 모든 인버터에 연결해 주기 위한 라우팅(routing, 칩 상에서 선의 연결을 위해 그림을 그리는 것)으로 여분의 칩 면적이 필요하다는 것이다. 따라서 이 해결은 클락선 구동기와 같이 넓은 범위의 전압 스윙과 속도면에서 이득이 필요한 곳에 선택적으로 사용된다.

2) 포화된 증가형 부하

그림4-24 (b)에서, 두 소자는 모두 증가형이고, 부하소자의 게이트가 드레인에 묶여 있어면($V_{GG} = V_{DD}$), 부하소자는 항상 포화 영역에 있다. 이런 부하소자의 형태는 드레인이 게이트 바로 옆에 있기 때문에 작은 면적을 차지한다. 그러나 출력전압은 V_{DD}에서 문턱전압($V_T + \Delta V_T$)을 강하한 레벨까지 스윙한다. 출력점을 이 점을 지나 V_{DD}까지 움직이려 하면 부하소자가 동작하지 않는다. 또한, 출력전압이 높아지면 부하소자의 전류 공급능력이 떨어져 충전시간이 길어진다.

3) 공핍 부하

앞의 두 가지 방법의 이점을 결합한 구조는 부하로 공핍소자를 쓰는 것이다. 그림4-24 (c)는 부하의 게이트와 소스가 묶여 있는 인버터를 보여준다. 게이트가 소스 바로 옆에 있기 때문에 점유된 면적은 역시 작다. 출력 전압은 접지 근처에서 V_{DD}까지 스윙한다. 그림 4-25의 모든 구성의 부하선 그림에서 알 수 있듯이 속도면에서도 큰 향상이 있다. 부하의 전압-전류 특성과 전압원에 의해 제한되며 부하선은 구동소자의 드레인 전압-전류를 따라 그려진 것이다. 출력 전압 V_o가 0에서 V_{DD}로 증가함에 따라 출력을 충전하기 위한 전류는 대부분 부하 소자에서 감소한다. 오직 이상적인 공핍소자만이 이상적 전류원처럼 동작하고 출력 전압 범위의 대부분의 스윙에서 최대 전류를 흘린다. 만약 벡 바이어스를 고려해 넣는다하더라도, 다른 구조들 보다 출력을 충전시키는데 더 많은 전류가 흐른다. 그 결과 빠른 스위칭 천이가 된다.

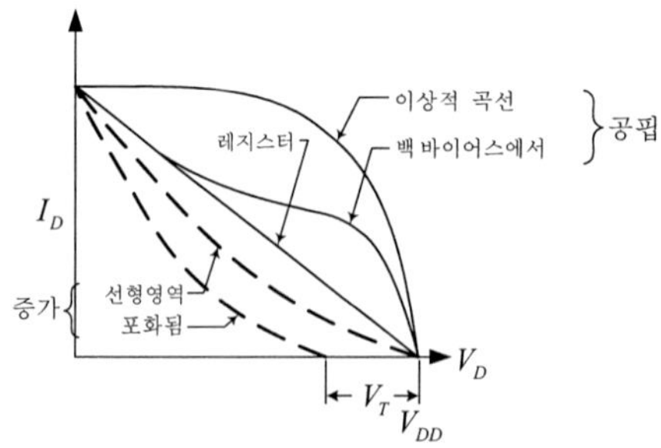

[그림4-25] 여러 부하소자에 대한 부하선

❑ 저항으로 사용되는 MOSFET

만약 V_{DS}가 작으면, 드레인-소스는 마치 저항체의 두 단자처럼 동작하고, 그 저항은 다음과 같다.

(4-33) $$R = \frac{1}{\beta(V_G - V_T)}$$

게이트로 제어단자를 가지는 가변 저항으로 쓰일 수 있다. 이것은 AGG(automatic gain control, 자동 이득 제어) 회로에 성공적으로 쓰여 오고 있다.

이 소자는 또 스위치로 쓰일 수 있고, 역시 게이트를 제어단자로 사용한다. 공통 소스로 연결된 여러 트랜지스터들에서 그들의 게이트에 순차적으로 펄스를 인가하면 많은 입력 신호들 중에 하나를 선택하는 멀티플렉서 회로를 만들 수 있다. 스위치로서 바이폴라 트랜지스터 대신에 MOSFET(Field Effect Transistor)를 이용하는 한 가지 이점은 MOSFET는 $V_{DS} = 0$으로 될 때까지 저항성을 가지므로 어떤 오프셋(offset) 전압이 없다는 것이다. MOSFET의 다른 이점은 신호경로와 게이트 전극(제어단자)과의 높은 분리도이다. 반면 바이폴라 트랜지스터에서는 에미터-베이스 접합을 turn-on 시키기 위해 신호경로에 제어단자 전류가 조금 흐르는 것이 필요하다.

❑ 정전기 보호

MOS 소자의 입력은 용량성이다. 입력 커패시턴스는 일반적으로 수 pF 이하로 아주 작아, 아주 높은 입력 임피던스를 나타낸다. 입력 리드에서 유기된 어떤 작은 정전기도 흘러나갈 수 없을 뿐 아니라 큰 전압을 유기시킬 것이다($dV = dQ/C$). 이 전압이 게이트 산화막에 임계 항복 전계를 넘어서게 만들면, 산화막은 돌이킬 수 없는 손상을 입게 된다. 항복 전계는 일반적으로 10^7 V/cm, 또는 10 nm 산화막 두께에 10 V 이다. 그러나 공정상의 품질 정규 분포에서 어떤 소자는 이 값보다 두 세 배 정도 낮은 전압에서 항복이 일어날 수 있다.

정전기는 대개 사람에게서 생기고 소자를 조작하는 동안에 사람에서 소자로 전달될 수 있다. 그 전압은 습도가 낮을 때 가장 높고, 보통 만 볼트 이상으로 올라간다. 정전기 방전문제의 해결책은 두 가지가 있다. 하나는 제조하는 동안 또는 사용될 때까지 정전기가 생기지 않도록 하거나 또는 방전시키는 것이다. 두 번째는 정전기 방전의 일반적인 발생에 대한 면역성을 갖도록 칩 상에서 입력 보호소자를 설계하는 것이다.

웨이퍼 제조 직후 정전기 방전이 종종 일어나는데 직접적으로 사람의 몸과 접촉이 많아지고 리드선이 개별적으로 접촉가능하기 때문이다. 그러나 이런 문제들이 어디서나 나타날 수 있기 때문에 웨이퍼 제작 중에도 정전기 방전을 피하기 위한 주의가 요구된다. 보고된 예로, 고 저항률(초순물질)의 이온이 제거된 물의 고압 제트가 산화막 항복을 일으킨다. 이것은 게이트 세척 사이클에서 웨이퍼를 문지러는 공정에서도 일어난다. 사람이 다루는 것으로 인해 일어나는 정전기를 피하기 위해 가장 안전한 것은 정전기가 일어나는 영역 안에 방전 경로를 제공해 주는 것이다. 모든 작업대와 연장을 접지해 주는 것, 그리고 손목 줄을 이용해 접지하거나, 전도성 작업대, 바닥 깔개를 이용하는 것이다. 습도를 높이거나 이온화된 공기를 불어주는 것 역시 효과가 있다. 선적할 경우, 정리함이나 상자나 주머니 등은 정전기를 생성하지 않아야 한다. IC를 선적하는 좋은 방법은 IC를 도전성 스폰지에 꽂아서 사용하기 전까지 모든 리드 선을 단락 시켜 선적하는 것이다.

모든 입력부에 정전기 방전 보호 회로를 첨가하는 것이 이제는 거의 보편화되었다. 이런 회로들이 많이 쓰이고 있고, 각 회로들은 효과면에서 정도의 차이는 있다. 그림4-26에는 정전기 방지에 중요한 요소를 보여주는 두 회로가 있다. CMOS회로에서, 음의 전압 스파이크는 그라운드와 연결된 다이오드에 의해 제한되고, 양의 전압 스파이크는 V_{DD} 이상의 한 다이오드 전압 강하로 위의 다이오드에 의해 제한된다. 저항은 전류흐름을 제한하고 다이오드의 파괴를 방지하기 위해 필요하다. 그렇지 않으면, 게이트는 연속되는 방전으로부터 보호받지 못할 것이다. NMOS 회로에서는, 두 개의 독립적으로 고립된 다이오드를 이용할 수 없다. 그 대신에 공핍형 소자(active 혹은 필드 소자)의 펀치스루 전압이 이용된다. 펀치스루 전압은 단순 다이오드의 역방향 항복 전압 보다 매우 작으나 이것은 여전히 적당한 게이트 전압 스윙을 위해 충분히 높아야 한다. 펀치스루 모드는 게이트를 접지함으로서 얻어진다. 음의 전압 스파이크에 대해서, 펀치스루 소자의 드레인 접합은 순방향으로 바이어스 될 것이다. 만약 더 낮은 보호 전압이 필요하다면, 2개의 강하게 확산 도핑 된 제너 항복이 사용될 수 있다. 모든 경우에서, 전류를 제한하는 저항이 요구된다, 만약 빠른 논리 회로에서 저항이 너무 크다면, 그 저항을 제거하는 반면 펀치스루 소자는 드레인에 저항의 직렬연결을 가진 분포 버전으로 대체 된다. 다이오드의 이른 항복을 촉진하기 위해 드레인의 접합 주위를 크게 한다.

출력 리드는 일반적으로 보호 회로가 필요하지 않다. 왜냐하면, 출력리드는 드레인 접합에 묶여 있어 자연적인 보호회로를 구성하기 때문이다. 그러나, 부가적인 보호를 위해, 큰 둘레를 가지는 다이오드가 병렬로 첨가될 수 있고, 혹은 정전기 방전 전류가 흐를 때 전압의 감소를 줄이기 위해 드레인 접합이 접지의 접촉에 의해 둘러싸일 수도 있다.

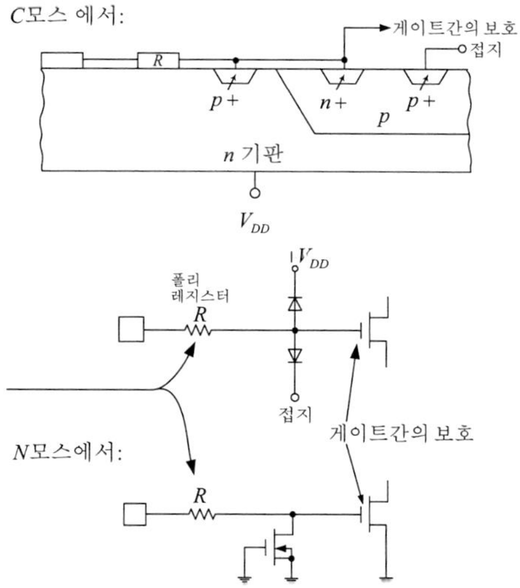

[그림 4-26] CMOS 와 NMOS에서 정전기 방전에 대한 입력 보호회로

정전기 보호회로의 효과를 시험하기 위해 그림4-27과 같은 회로가 쓰일 수 있다. 사람의 커패시턴스를 나타낸 100 pF의 커패시터는 높은 전압원으로 충전된다. 릴레이는 그런 다음 커패시터가 시험받는 품목에 방전하도록 스위치를 옮긴다. 1.5 kΩ의 직렬 연결된 저항은 사람 몸에서 방전 경로의 등가 직렬 저항을 나타낸다.(이 저항은 근본적으로 피부에 의함) 모든 시험 회로의 부품은 가장 높은 전압에 대해 사용할 수 있는 것이어야 한다. 특히, 릴레이(relay)는 접촉 되튐을 피하기 위해 고전압용 리드 또는 수은에 젖은 릴레이를 사용해야 한다. 전체 테스트 설치(setup)는 봉함이 열렸을 때 고압 부분이 단락 된 상태가 되는 안전 봉함 안에 있어야 한다. 테스트 중에, 주어진 리드선에 한번 방전하는 것이 아니라 여러 번 방전, 예를 들어 5에서 10번, 방전하여 보호회로의 유효성을 판단해야 한다. 그리고 파괴의 평가에서는 입력의 파괴뿐 아니라 전체 소자 동작의 열화도 함께 평가해야 한다. 신제品 가장 빠르게 관찰된 열화는 대개 입력 누설 전류이 증가이다.

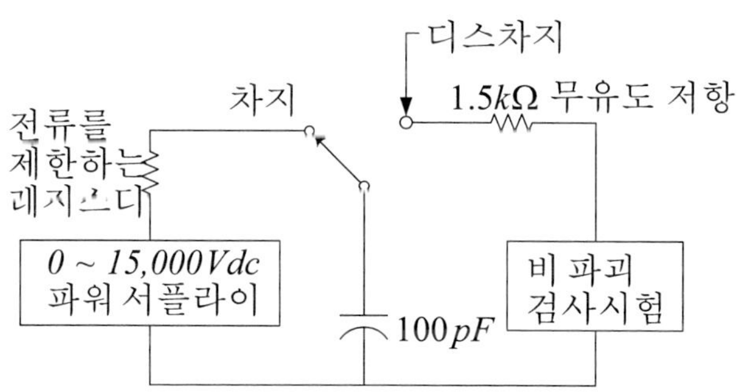

[그림 4-27] 정전 방지 회로의 효율성을 측정하는 회로

5장

CMOS

5 CMOS

5-1. CMOS의 장·단점

❑ 장점

집적회로의 집적도가 커질수록 CMOS 기술이 MOS 기술을 대표하게 된다. 한 가지 채널 소자에 비해 CMOS의 장점은 아래와 같다.

① **낮은 정적 전력 소모** : 회로에서 동작점의 전압이 변하지 않을 때 CMOS는 극히 낮은 전력을 소비한다. 상보소자의 사용은 인버터나 로직 게이트에 사용되는 소자 중의 하나를 항상 오프 시킨다. 오직 정지 전류는 누설전류로 보통 1μA 정도이다. 동작전력은 주파수가 증가하면 커지는데 1 MHz 정도에서 상당한 전류가 흐른다. 그러나 주파수가 높은 경우에도 CMOS 회로에서 소모되는 전체 전력은 NMOS 의 경우보다 작은데 이것은 칩의 작은 부분만이 최대의 속도로 동작하기 때문이다.

② **넓은 전력공급 범위** : CMOS 회로의 가장 많이 사용되는 버전은 2에서 15V 사이에 동작한다. 이것은 트랜지스터-트랜지스터 로직(TTL) 회로가 5V +/−10%에 동작하는 것과 비교된다. CMOS의 독특한 특성은 인버터와 로직 게이트의 스위칭 점이 공급전압과 함께 변하는 점이다. 따라서 잡음지수는 공급전압의 백분율 비로 유지된다.

③ **빠른 동작속도** : 잘 설계된 CMOS 회로는 10에서 25 MHz 또는 그 이상의 속도로 동작하는데 이것은 바이폴라 트랜지스터의 ECL(emitter−coupled logic)의 속도와 비슷하다. 이것이 가능한 이유는 로드와 드라이브 소자가 모두 전류 구동 능력이 크기 때문이다.

④ **넓은 출력 전압 스윙** : 문턱전압의 하강이나 부트스트렙 회로에 의존하지 않고 출력은 접지에서 전원 전압까지 스윙한다.

❑ 단점

CMOS는 복잡한 공정(약 20%의 공정 스텝이 추가)과 큰 레이아웃 면적(5~20% 많음)과 레치업(latch−up)의 가능성이 있다. 이 장에서 위에서 언급된 것에 대해 자세히 알아본다.

5-2. CMOS 회로

❏ 인버터

그림 5-1에 보이는 인버터가 기본 CMOS 회로이다. n채널 소자는 "구동" 역할을 p채널 소자는 "부하" 역할을 한다. 두 소자는 게이트가 공통이고 드레인이 공통이다. 바디 단사는 각각의 소스에 연결된다.(이 장에서는 바디라는 용어가 사용되는데 앞에서 기판으로 언급 되었다. 여기서는 물리적인 기판인 웨이퍼와 혼동을 피하기 위해 바디라는 용어가 사용된다.)

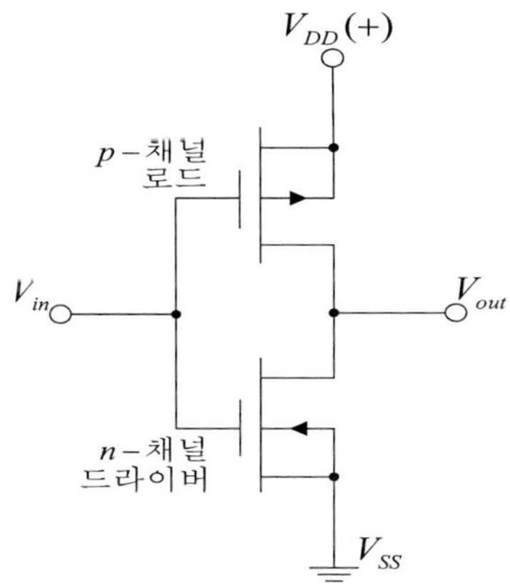

[그림 5-1] CMOS 인버터

CMOS 인버터의 가장 큰 특징은 인버터의 상태가 변하지 않을 때 직류 전류 흐름이 없는 것이다. 입력이 1(V_{DD})일 때, n채널소자는 도통되고 p채널소자는 차단되어($V_{gs}=0$) V_{DD}와 V_{SS} 사이의 직류 전류 경로가 없게 된다. 입력이 0(접지)일 때, p채널 소자는 도통되고 n채널 소자는 차단되어 역시 직류 전류 경로가 없게 된다. 역방향 접합의 누설전류만 흐르게 된다. 그러나 인버터가 빠른 속도로 상태를 바꾸게 되면 많은 전류가 흐르게 된다. 이것은 5-4 절의 "전력소비"에서 자세히 설명한다.

CMOS 인버터의 단면도를 그림 5-2에 보인다. n채널 소자를 위한 다른 종류의 기판은 깊은 p-tub(p-well) 확산을 이용한다. 출력의 전압이 접지에서 V_{DD}로 스윙하기 위해 드레인과 바디접합이 항상 역방향으로 되어있다. p-tub 과 기판 사이에는 전원전압이 항상 역방향으로 연결된다. p-tub과 n기판과의 저항성 접촉을 위해 각각 p+ 및 n+의 확산이 필요하다. 전압원과 접지는 칩의 윗면에서 연결된다. 따라서 웨이퍼의 뒷면에 접촉할 필요가 없다. 이것은 NMOS 회로와 대조적이다. NMOS 경우, 바디접촉은 금 합금 된 웨이퍼 뒷면과 칩이 놓일 면과 전기적으로 연결 된다.

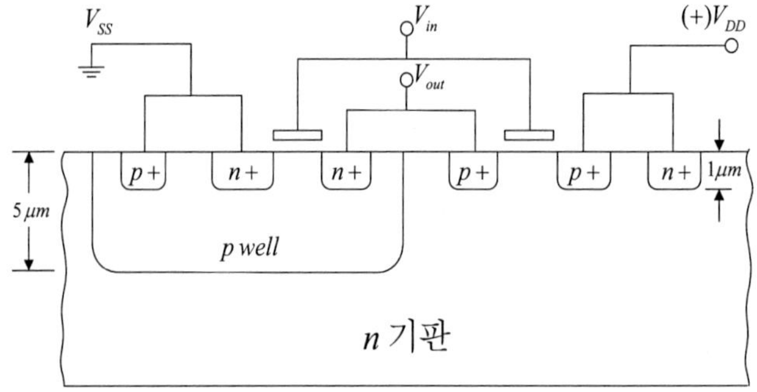

[그림 5-2] CMOS 인버터의 단면도

❑ CMOS 로직 게이트

그림 5-3에 2개 입력 NAND와 NOR 게이트를 보인다. 정지상태에서 직류 전류 경로를 없도록 하기 위해 각 입력에 한 쌍의 상보소자가 필요하다. 따라서 CMOS 회로는 NMOS 회로에 비해 트랜지스터 수가 많게 된다. NMOS 회로에서는 회로가 구성된 후 추가되는 하나의 입력에 대해 하나의 트랜지스터가 추가된다. 간단히 소자의 수를 헤아리는 것을 넘어, CMOS 로직 게이트는 항상 직렬로 연결된 두 개 또는 그 이상의 소자로 구성된다. 동등한 전류 구동능력을 유지하기 위해, 직렬로 연결된 각 소자는 소자의 수와 같은 비율로 커져야 한다. 이것으로 레이아웃 면적은 더 증가한다. 또한 레치업을 막기 위해 소자를 둘러싸는 가드링을 레이아웃에 포함해야 한다. 가드링은 소자의 바디와 같은 종류의 확산으로 형성된다.

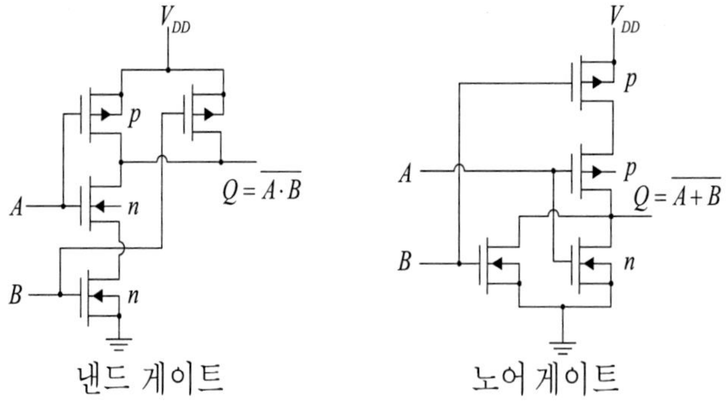

[그림 5-3] 2 입력 CMOS NAND 와 NOR 게이트

❑ 통과 게이트

많이 사용되는 회로 요소로 CMOS 특유의 통과 게이트가 그림 5-4에 보인다. 이것은 n채널과 p채널 소자가 병렬로 연결되어 구성된다. 두 소자가 동시에 도통 또는 차단 되게 반대 극성의 클락신호 C와 C'가 게이트에 연결된다. 각 소자가 따로 통과 게이트로 사용될 경우, 소스와 드레인 전압이 클락 전압에 접근하면 그것의 직렬저항은 급격히 증가한다(그림 5-4). 두 종류의 채널을 병렬로 연결하면 한 채널의 저항이 증가할 때 다른 채널의 저항은 감소한다. 그림에 통과 게이트의 순 저항의 결과를 보인다.

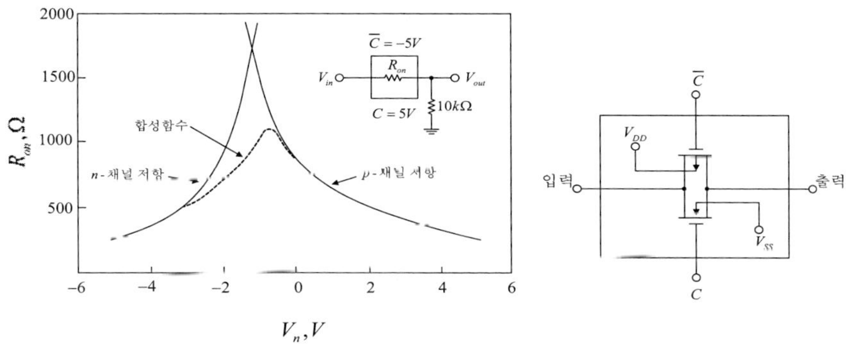

[그림 5-4] CMOS 통과 게이트와 직렬 저항

❑ CMOS 스태틱 램 셀

그림 5-5에 스태틱 램 셀(static RAM cell)을 보인다. 셀 당 6개의 트랜지스터로 구성되며 NMOS로 구성된 것과 같은 수의 트랜지스터 수이다. 그러나 매우 낮은 정적 전력 소모와 양방향 비트선 구동 능력의 큰 특성이 있다.

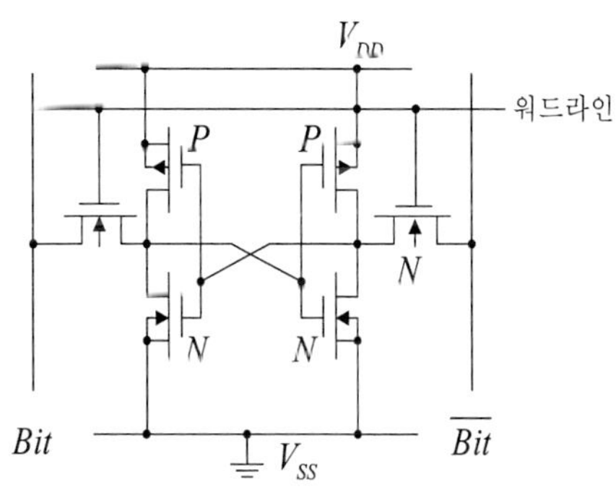

[그림 5-5] CMOS 스태틱 램 셀

5-3. CMOS 회로 분석

CMOS 는 종종 넓은 전압 공급 범위에서 사용되게 설계된다. 여러 공급전압에 대한 전달 특성곡선이 그림 5-6에 보인다. 스위칭 점(여러 곡선에서 $V_{in} = V_{out}$의 교차점)이 대략 전원전압의 일정 비임을 알 수 있다. 특히 천이점 또는 스위칭 점은 다음과 같이 주어진다.

$$(5\text{-}1) \quad V_{transition}(V_{in} = V_{out}) = (V_{dd} + V_{tp} + V_{tn}(B_n/B_p)^{1/2}/(1+(B_n/B_p)^{1/2}$$

$V_{in} = V_{out}$일 때, 두 소자의 게이트가 실제적으로 그들의 드레인에 연결된 것과 같다고 생각을 하면 식 (5-1)은 유도된다. 두 소자의 포화 전류가 같게 된다. $V_{tp} =- V_{tn}$이고 $B_n/B_p = 1$이면 $V_{transition}$은 $V_{dd}/2$가 된다. 이 때 1과 0의 잡음여유는 공급전압의 50%가 된다. n채널과 p채널 소자의 이득과 문턱전압이 온도에 대해 같이 변하므로 그림 5-6의 전달특성곡선은 온도에 대해 아주 작게 변하게 된다. V_{tp}와 V_{tn}은 각각 PMOS와 NMOS 트랜지스터의 문턱전압이고 B는 $C_0 \mu W/L$이다. p와 n은 각각 PMOS와 NMOS 트랜지스터를 나타낸다.

식 (5-1)은 천이점을 특별한 응용에 맞게 $V_{dd}/2$에서 임의로 바꿀 수 있음을 의미한다. 그림 5-7은 여러 n과 p채널의 B비에 대한 전달특성곡선을 보여준다. 예를 들어 B의 비가 10일 때, 스위칭 레벨이 1.2 V 인 TTL(트랜지스터-트랜지스터 로직)과 상호 연결하여 5 V CMOS 입력회로를 사용할 수 있음을 보여준다. CMOS회로를 구동할 때, 입력 레벨이 천이점 근처에서 유지되면 큰 직류 전류가 흐르게 되어 CMOS 사용의 장점을 없애게 되므로 주의하여야 한다.

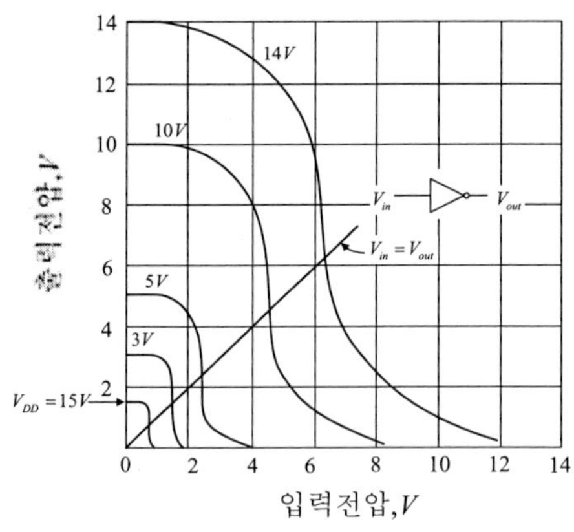

[그림 5-6] 여러 전원 전압의 전달특성

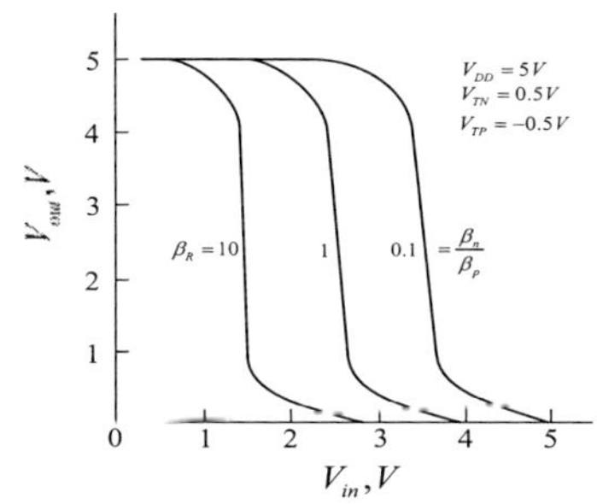

[그림 5-7] 여러 n 채널과 p채널의 β비에 대한 전달특성

5-4. 전력소비

CMOS 회로의 전력소비는 경우에 따라 중요성이 바뀌는 여러 구성요소를 가진나.

❑ 정적전력소비

MOS 회로의 정적전력소비는 매우 작아서 보통 10^{-6} W 정도이다. 전력소비는 오직 누설전류에 의해 생긴다. 그림 5-8에 인버터의 입력이 1일 때, n채널이 도통되었을 때 누설전류의 경로를 보여준다(입력이 0일 때의 결과도 유사하다). 한 경로는 누설전류 I_L이 역방향 바이어스 된 드레인 접합(이 경우, p채널소자)을 통해 도통된 n채널 소자로 흐르고 다른 경로는 역방향 바이어스 된 p-tub과 기판접합을 통한다. 텁의 면적이 크고 공핍층이 넓기 때문에 보통 텁의 누설전류는 크다. 정적전력소비는

(5-2) $P_s = I_L \cdot V_{dd}$가 된다.

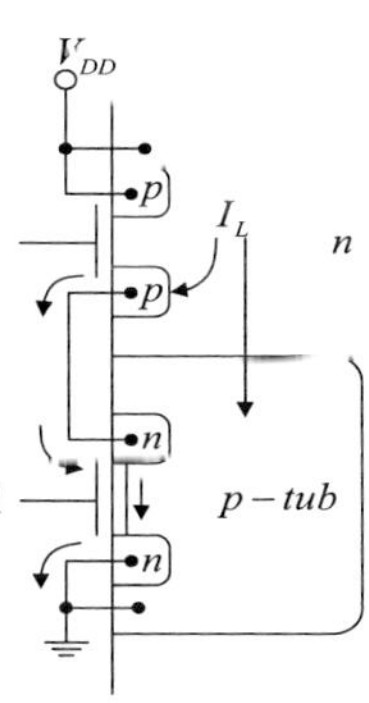

[그림 5-8] 정적 전력 소모를 결정하는 누설 경로

❑ 동적전력소비

동적전력소비는 다음과 같이 주어 진다.

(5-3) $P_d = CV_{dd}^2 f$

여기서 C는 인버터가 구동하는 부하 커패시턴스이고, f는 동작주파수이다. 식 (5-3)은 출력 커패시터가 1/2 CV_{dd}^2의 축적에너지를 가진다는 관찰에 기초를 둔다. 주파수 f로 에너지를 충전과 방전을 하며 소비되는 에너지는 식 (5-3)으로 주어진다. 약 1 MHz의 주파수에서 이 성분은 꽤 큼을 알 수 있다. TTL로 구성된 것과 비슷하다.

❑ 소자소비

입력이 0에서 1 또는 1에서 0으로 상태를 바꿀 때 전력소비의 다른 성분이 존재한다. 그림 5-9에 보이듯이 입력이 0과 1 사이에 있어 p와 n채널이 모두 도통되었을 때, 많은 전류가 흐르게 된다. 이 성분은 다음과 같이 기술된다.

(5-4) $P_d = \int V_{out} i dt$

입력 파형의 상승과 하강시간이 작을 때 이 성분은 무시된다. 또한 두 소자가 모두 도통된 경우일지라도, 커패시턴스 부하가 있어 출력전압이 접지 또는 V_{dd} 근처에 있을 때 전류흐름은 적어진다. 이 이유로 스위칭 조건에서 CMOS 회로의 전력소비는 주로 용량성 부하에 의해 좌우된다.

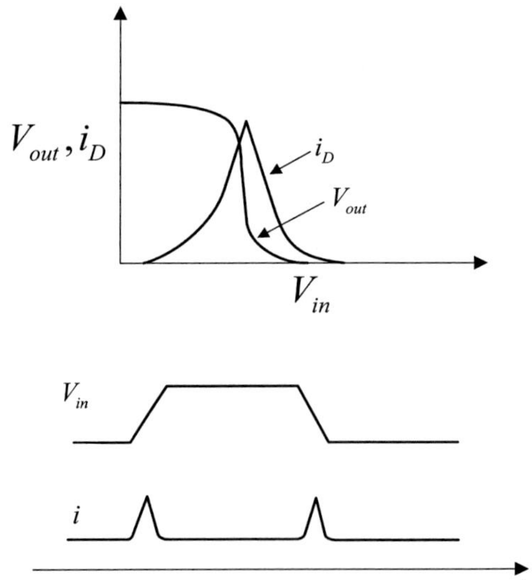

[그림 5-9] 인버터를 통한 직류전류 흐름

5-5. 공정 문제

CMOS 공정개발의 한 가지 문제는 n기판에 p웰(well)을 사용하는가 또는 p기판에 n웰을 사용하는가이다. p텁(tub)(웰) 공정의 사용은 PMOS 기술 발전의 자연적 선택으로 n기판을 사용하고 각각 분리된 p텁에 보다 덜 중요한 n채널 소자들을 만든다. 금속 게이트 CMOS가 많이 사용될 때, p텁은 확산에 의해 도핑되고 기판보나 항상 높게 도핑된다. n채널 소자가 증가형이 되기 위해서는 p텁 도핑이 높아야 하므로 적절한 공정이었다.

이온주입이나 실리콘 게이트 공정이 사용되면서 위의 제한은 필요 없게 되었다. 웰의 안이나 바깥쪽 기판의 도핑 농도를 독립적으로 조절하는 것이 가능하게 되었다. 따라서 원하는 문턱전압 조절이 가능하게 되었다. p기판에 n웰을 사용하는 것이 현실적이다. 기억소자와 같은 회로는 n채널 소자의 사용 비율이 높기 때문에 n웰 공정은 이런 회로를 NMOS에서 CMOS 공정으로 직접 바꾸는 것을 가능하게 한다. p채널 소자는 주변 입-출력회로에 주로 사용된다. 그러나 p채널 소자를 강하게 보상된 n웰 안에 두면 소자의 이동도가 감소한다. 이는 n채널 소자와의 이동도 차이를 더욱 크게 한다.

선형회로에서 n웰 공정은 p채널 소자의 소스가 바디와 연결됨을 의미한다. 어떤 회로 설계에서 이런 연결은 출력 버퍼에서 문턱전압 강하를 감소시키고 전원 간섭을 줄이는 기술에 사용된다.

p웰이나 n웰의 사용에 상관없이 인접한 소자의 웰을 합치는 것이 레이아웃 상 현실적이다. 접촉을 많이 형성하면 웰에서 흐르는 기생전류에 의한 전압강하를 줄여 레치업을 방지할 수 있다.

CMOS 공정의 두 번째 문제는 증가된 공정 복잡성을 정량화하는 것이다. 표 5-1은 NMOS 공정과 표준 실리콘 게이트 CMOS 공정의 마스크 스텝을 비교하였다. NMOS에서는 소스와 드레인의 이온주입에 마스크가 필요 없었으나 CMOS의 경우 2개의 마스크 스텝이 필요하다. 그러나 공정 흐름이 보다 복잡해짐에 따라 CMOS에서는 같은 성능을 얻기 위해 약간의 추가 공정이 필요하다. 전체적으로 대략 생각해 보면 한 가지 채널의 공정에 비해 CMOS에서는 약 20%의 비용이 더 들게 된다.

세 번째 문제는 p채널 소자 폴리실리콘의 도핑 극성이다. p형 폴리실리콘을 쓰면 p채널 소자의 문턱전압의 절대치를 낮추어 문턱전압 조절 이온주입이 필요 없게 된다. 그러나 p형과 n형의 폴리실리콘이 만나는 곳에 다이오드가 생기므로 이를 연결할 금속선이 필요하게 된다. 또한 폴리실리콘 속에 있는 붕소가 게이트 산화막을 뚫고 지나가 p채널 소자의 문턱전압이 불안해진다. n형 폴리를 사용하는 것이 일반적이다. 그러나 그림 5-11에 보이듯이 같은 도핑농도에서 n, p채널 소자의 문턱전압은 ϕ_{MS} 인하여 약 1.0 V 차이가 난다. n채널의 문턱전압은 올리고 p채널의 문턱전압의 절대값은 내려 비슷한 크기가 되게하기 위해 블랭킷 붕소 주입이 행하여진다. 그림 5-11에 보여진 방향으로 문턱전압이 조절된다.

[표 5-1] CMOS, NMOS, HMOS와 고성능 CMOS의 마스크 스탭의 비교

Basic flow		High Periomance	
NMOS	CMOS	HMOS	CMOS
	p−Tub		p−Tub
Active area	Active area	Active area	Active area
	n−Channel field	Depletion	
		implant	
Poly gate	Ploy gate		n−Channel field
	p+ Source and drain	Buried contact	Buried contact
	n+ Source and drain	Poly gate	Poly gate
Contacts	Contacts		p− Source and drain
Metal	Metal		n+ Source and drain
Passivation	Passivation	Contact	Contact
		Oversized contact	
5 masks	9 masks	Metal	Metal
		Passivation	Passivation
		8 masks	10 masks

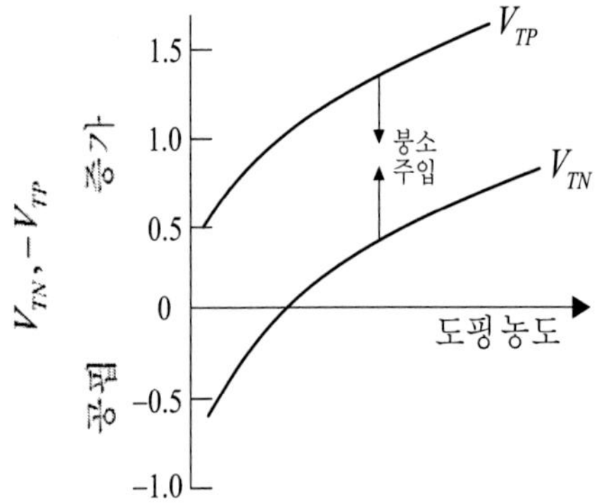

[그림 5-10] n^+도핑된 폴리실리콘에서 기판 도핑농도의 함수에 대한 문턱전압. ϕ_{MS}의 차이로 1.0 V 차이가 남을 볼 수 있다.

5-6. 래치업

pnpn의 4층 구조로 인하여 CMOS 회로는 레치업이 일어나기 쉽다. 래치업이 일어나는 중에는 CMOS 회로에서 전원과 접지가 연결되는 거의 단락상태이다. 외부의 조건에 의해 전류의 흐름이 제한되지 않으면 금속이나 확산 전류 통로는 타서 끊어진다. 만약 전류가 안전한 정도에서 제한된다면 전원전압을 끈 후 다시 전원을 연결하면 래치업 상태는 없어진다.

p텁(웰) 공정의 4층 구조는 p+ 소스와 드레인, n기판, p텁과 n+ 소스와 드레인으로 형성된다(그림 5-11참조). 정상적인 바이어스 상태에서는 모든 접합이 역방향 바이어스된다. 그러나 순간적으로 하나의 소스와 드레인 접합이 순방향으로 바이어스되면 내부이득이 전류를 증폭하여 래치업이 일어나게 한다. 출력 리드선에서의 전압 오버슛, 입력 리드선에서의 정전기 방전 또는 회로에 전원이 인가되기 전 신호가 리드선에 인가된 경우 순방향 바이어스 상태가 생긴다.

그림에 수직방향의 npn과 수평방향의 pnp 바이폴라 트랜지스터로 구성된 pnpn 구조의 등가회로를 보인다. 수평방향의 pnp 트랜지스터는 0.01에서 1의 낮은 전류이득을 갖는 반면 수직방향의 npn 트랜지스터는 80에서 500의 높은 전류이득을 갖는다. 래치업이 되기 위한 조건을 분석하기 위해 귀환 루프를 끊고 루프로 돌아오는 이득을 구한다. Bnpn = I_y/I_x이고 Bpnp = I_x/I_y'이다. Iy/Iy' >1이면 또는 Bnpn·Bpnp > 1이면 정귀환이 된다.

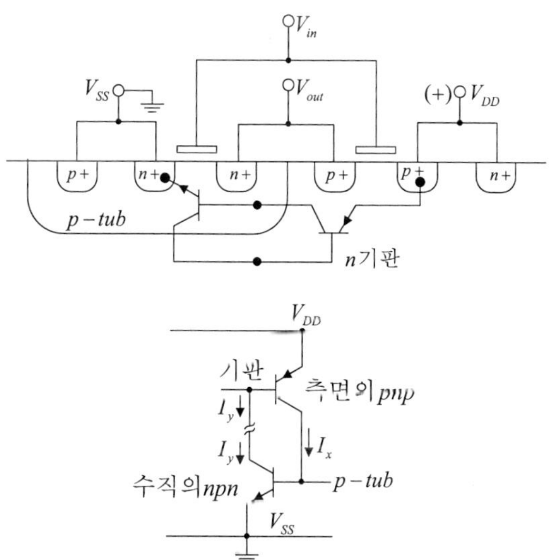

[그림 5-11] 래치업이 일어나기 쉬운 CMOS의 pnpn 구조, 등가 두 트랜지스터 모형

이 두 트랜지스터 모델은 그림 5-12의 전류경로에 존재하는 저항값을 고려하면 보다 정확해 진다. R_s와 R_w는 각각 기판과 웰의 저항이다. 그림에서 보면 수평방향의 pnp가

순방향 바이어스 되면 전류흐름은 주로 정공전류에 의한 것이고, 반면 수직방향의 npn이 순방향 바이어스 되면 전류흐름은 주로 전자전류에 기인한다. 이 모델을 사용하면 레이아웃 기술 또는 공정 변화를 이용하여 래치업을 막는 효과적인 방법을 생각할 수 있다.

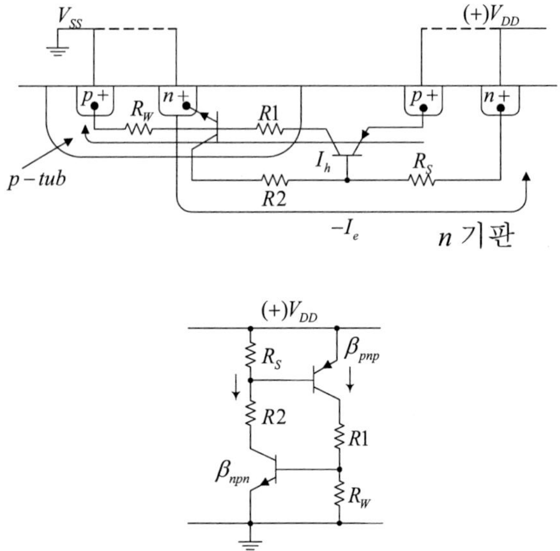

[그림 5-12] 전류경로에 있는 저항

❑ 레이아웃 기술에 의한 방지

입, 출력 회로의 레이아웃은 많은 주의를 요구하는데 이것은 이들이 레치업이 시작되는 곳에 위치하기 때문이다. 레이아웃의 첫 번째 해결책은 p채널 드레인과 주위의 p텁과의 간격을 넓히는 것이다. 이것의 목적은 래치업 유지전압을 높이기 위한 R1[그림 5-12]을 증가시키는 것 뿐만 아니라 수평방향의 전류이득을 줄이기 위함이다. 낮게 도핑된 베이스(기판)의 소수 전송자의 확산길이가 길어지기 때문에 수평방향의 전류이득은 거리에 대해 감소한다. 따라서 이 해결책이 유효하기 위해서는 이 간격이 75 μm 이상이 필요하다.

두 번째 레이아웃 해결책은 효과적인 가드링을 사용하는 것이다. n채널 드레인과 p텁의 가장자리 사이에 p+ 확산을 형성하여 텁에 접촉을 형성한다. 그림 5-13에 보이듯이 웰의 외곽 기판에 n+ 가드링을 접촉한다. 기판쪽에 가드링이 존재하면 수평방향의 전류이득을 크게 감소시킨다. 보다 중요한 것은 가드링이 R_s와 R_w에 병렬로 연결 된다. 래치업이 일어나기 위해서는 R_w와 R_s에 전압강하가 V_{be}가 되게 하는 더 큰 I_h 및 I_e가 각각 필요하다. 특히 절점 1과 2에서 합한 전류가 다음과 같으면 래치업이 일어난다.

(5-6a) $I_h = V_{be}(1/R_w + 1/R_{pgr} + 1/R_s B_{npn})$

(5-6b) $I_e = V_{be}(1/R_s + 1/R_{ngr} + 1/R_w B_{pnp})$

그림 5-13에 보이는 가드링의 저항 R_{pgr}과 R_{ngr}의 추가는 래치업이 일어나기 위한 전류 I_h와 I_e를 증가시킨다. 다시 말해, 래치업이 일어나기 위한 두 번째 트랜지스터의 V_{be} 전압 강하 형성을 가드링이 어렵게 한다.

같은 이유로 웰이나 기판에 접촉을 많이 만들면 웰이나 기판의 기생전류를 단락시켜 접합의 턴온(turn-on) 전압형성을 방해한다. 이와 같은 원리를 이용한 예가 그림 5-14의 입력보호회로에 나타난다. 보호 다이오드가 가드링에 의해 완전히 둘러싸이게 된다. 정전기 방전에 의해 보호 다이오드가 순방향 바이어스가 되면 전류흐름은 병렬 연결되거나 가드링에 모이게 되어 다른 트랜지스터의 베이스 전류가 되게 흘러나가는 것을 방지한다.

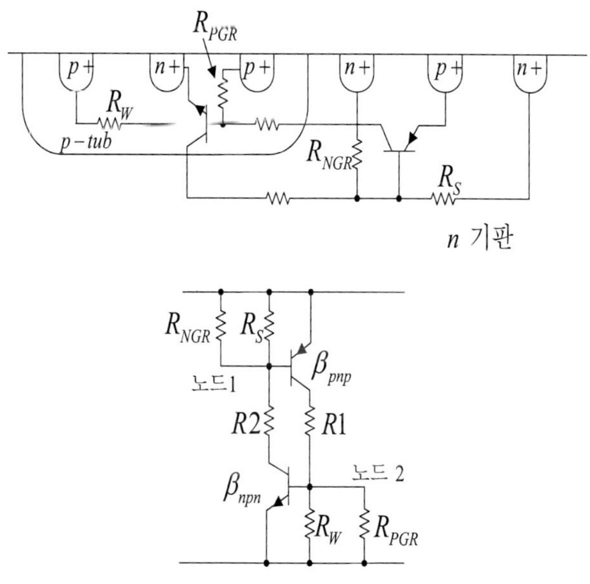

[그림 5-13] 가드링이 전원전압에 연결되고 n웰 가장자리에 있어 래치업을 감소

외부 공급원에 의해 접합이 순방향 바이어스가 되기 때문에 해결책은 래치업 전류를 따져보는 것이다. 칩의 내부에도 래치업 전류의 공급원이 있다. 하나의 전류 공급원은 드레인 근처에서 전송자 에벌랜치 증폭에 의한 기판전류이다. 이 문제는 전원 전압을 줄이지 않고 게이트 산화막 두께를 줄인 n채널 소자에서 심각하다. 그림 5-15는 이 기판전류의 특성을 보인다. 낮은 게이트전압에서 최대치가 있고 드레인 전압에 대해 급격히 증가한다. 같은 드레인 전압에 대해 산화막의 두께가 얇아질수록 최대값은 증가한다.

래치업 전류의 또 다른 공급원은 문턱전압 이상이 인가된 필드 트랜지스터이다. 그림 5-11에서 알 수 있듯이 p채널 필드 트랜지스터가 p+ 드레인에서 p텁으로 전류를 인가한다. 이 필드 트랜지스터는 수평방향의 pnp 트랜지스터와 병렬로 놓이게 된다. n채널 드레인과 기판사이에도 비슷한 경우가 존재한다. 이 모든 경우에 이중 가드링(p+ 와 n+ 가드링)의 사용과 기판과 웰에 많은 접촉을 형성하는 것이 해결책이다.

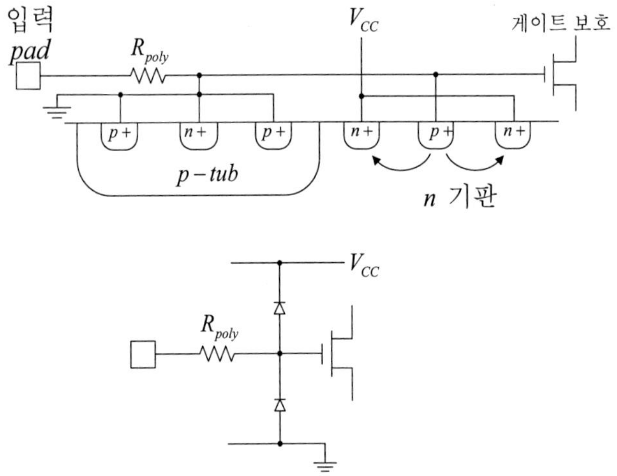

[그림 5-14] 래치업을 막기 위해 입력 보호회로를 둘러싸기 위해 가드링을 사용

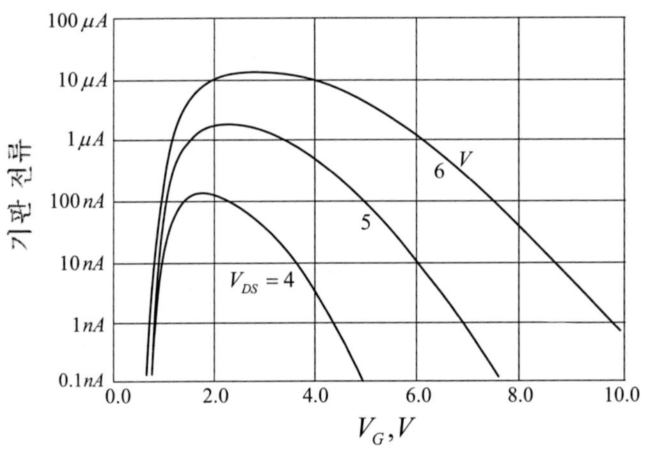

[그림 5-15] 낮은 게이트 전압에서 기판전류의 최대치가 있고 드레인 전압에 따라 증가한다.

❑ 공정 기술에 의한 방지

래치업에 대한 면역성은 공정 자체에서 만들 수 있다. 웰의 깊이를 깊게 하여 수직방향의 B(바이폴라 트랜지스터의 전류이득)를 줄이는 것은 간단한 방법이다. 그러나 레이아웃

밀도에서의 손실로 회로 설계자들이 이 방법을 받아들일 수 없게 한다. 아주 효과적인 방법은 텁과 기판 사이의 전류를 완전히 없앨 수 있는 실리콘 온 사파이어와 같은 절연 기판을 사용하는 방법이다. 금 도핑이나 중성자 조사에 의한 소수 전송자의 수명 감소도 유효한 방법이다. 그러나 이 방법은 누설전류가 많은 접합을 만들고 공정 제어가 어려운 문제가 있다.

유망한 방법은 그림 5-16에 보이듯이 낮은 저항률의 기판에 에피탁시 층을 사용하는 것 이다. 에피탁시층은 웰과 기판사이의 펀치스루를 막기 위해 충분히 두꺼워야 한다. 낮은 저항률의 기판은 기판 전류에 의한 전압 강하를 효과적으로 감소시킨다. 더욱 세련된 기술은 그림 5-17에 보이듯이 모든 웰 아래에 매립층을 사용하는 것이다. 매립층은 웰 저항을 효과적으로 감소시키고 수직방향 트랜지스터의 베이스를 강하게 도핑하여 수직방향의 전류 이득을 줄인다. 웰이 매립층과 접촉하기 위해 에피탁시 층의 두께가 얇아야 한다. 웰과 기판 사이의 높은 항복전압을 유지하기 위해 기판은 약하게 도핑되어야 한다.

레치업이 얼마나 잘 일어나는 지에 대한 시험은 잘 표준화가 되어 있지 않다. 내부회로를 시험하기 위해 래치업이 일어날 때까지 최대의 속도로 높은 전원 전압을 가한다. 온도가 높으면 바이폴라 트랜지스터의 전류이득이 증가하고 Vbe 전압 상하가 작으므로 래치업이 쉽게 일어난다.

입·출력 회로를 시험하기 위해서는 리드선에 전원전압(V_{dd})보다 큰 전압을 가해 전류를 리드선으로 넣거나 접지(V_{ss})보다 낮은 전압을 가해 전류를 리드선으로 부터 뽑아낸다. 만약 10 mA에서 200 mA 범위의 미리 정해진 전류를 넣거나 빼냈을 때 래치업이 일어나지 않으면 래치업에 면역이 있다고 간주된다.

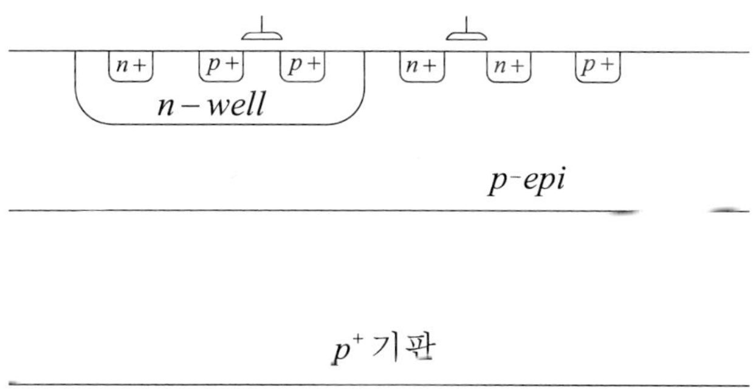

[그림 5-16] 래치업을 최소화하기 위해 낮은 저항률의 기판에 에피탁시 층을 사용

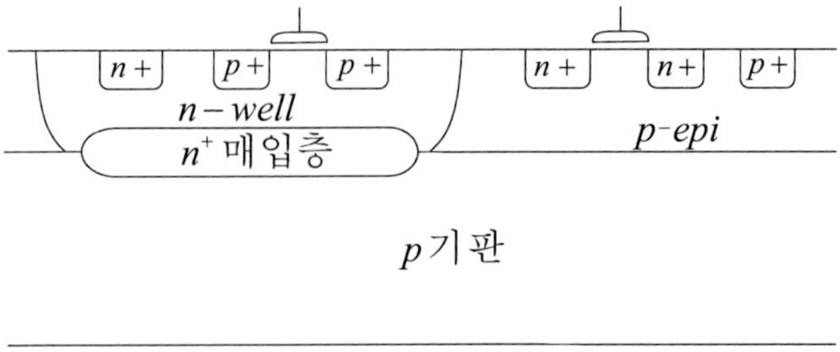

[그림 5-17] 래치업을 감소시키기 위한 매립층 및 에피탁시층의 사용

5-7. 실리콘 온 사파이어

특별히 논의될 가치가 있는 CMOS 공정 중의 하나가 실리콘 온 사파이어(SOS) 이다. CMOS 회로를 구성하기 위한 n과 p채널의 MOS 트랜지스터가 절연 기판 위에 제조된다. 격자 상수가 실리콘과 어느 정도 잘 맞기 때문에 사파이어(Al2O3) 기판이 선택된다. 사파이어 기판은 반투명하며 실리콘 웨이퍼 보다 잘 깨진다.

그림 5-18에 제작 순서를 보인다. 0.6 μm에서 1.0 μm의 실리콘 에피탁시 층이 사파이어 기판 위에 길러진다(스텝 a). 실리콘 층을 독립된 영역으로 분리하기 위해 등방성 식각을 한다(스텝 b). p, n, n+ 및 p+ 확산을 적절히 한다(스텝 c, d). 두꺼운 실리콘 산화물이 증착되고 게이트 부분의 산화막은 식각되어 약 100 nm의 게이트 산화막이 길러진다(스텝 e). 끝으로 접촉구멍이 열리고 금속을 얹고 패턴을 형성한다(스텝 f). 설명된 공정의 개선으로 등방성 식각을 LOCOS(LOCal Oxidation of Silicon))와 같은 필드 산화로 대치할 수 있다. 이 필드 산화막은 사파이어 기판까지 확장된다.

SOS에 형성된 트랜지스터는 플로팅된 자신의 바디(기판)를 갖는다. 그러나 기판 전압은 소스 전압 보다 Vbe 크게 또는 그 이하로 고정되어 문제가 되지 않는다.

모든 드레인 접합이 절연 기판에서 끝이 나기 때문에 드레인 정전용량은 매우 작다. 상호연결에 의한 기생용량이 거의 다 제거된다. 그 결과 회로 동작속도가 매우 증가한다. 100 Mhz 이상의 주파수에서 동작하는 카운터와 엑서스 시간이 18ns의 기억소자가 가능하다. 가드링이나 웰이 없으므로 SOS에서 소자는 작은 면적을 차지한다. 그러나 SOS의 가장 큰 장점은 CMOS에서 래치업이 없는 것이다. 이것은 방사선에 강한 CMOS 회로에 SOS를 사용하게 한다. 실리콘 웨이퍼를 사용한 공정에서 pn 접합을 가로질러 누설전류를 형성하고 로직 동작을 혼란케하는 순간적인 방사선에 SOS는 특히 면역성이 있다.

벌크 CMOS 공정에 비해 SOS에서는 소스와 드레인의 누설 전류가 크다. 실리콘과 사파이어의 계면이 완전하지 못하여 누설 전류의 원인이 된다. 에피탁시 층의 전송자의 수명이 벌크에서 보다 짧아 누설전류에 기여한다. SOS 트랜지스터의 전송자의 이동도가 벌크 트랜지스터에서 보다 작다. 그러나 최근에는 기술 개발로 이 차이는 별로 나지 않는다. 피할 수 없는 단점은 사파이어 기판이 비싼 점이다. 보통 실리콘 기판 보다 3에서 5배 비싸다.

SOS의 다른 대안은 절연체 위의 실리콘(SOI, Silicon On Insulator) 형성이다. 실리콘 위에 0.5 μm에서 1.0 μm의 산화막을 기르고 0.5 μm 두께의 다결정 실리콘을 증착한다. 이 다결정 실리콘은 레이져, 전자빔 어닐링, 램프 및 흑연 스트립 가열에 의해 재결정화되어 단결정으로 변한다. SOS에 비해 장점은 실리콘 웨이퍼를 사용한 낮은 가격과 실리콘과 산화막의 좋은 계면특성이다. 이 분야는 활발한 연구 중이었으나 지금은 벌크 실리콘을 이용한 CMOS 공정기술의 발달로 보다 작은 소자를 만들고 성능을 개선하는 노력이 집중되고 있다.

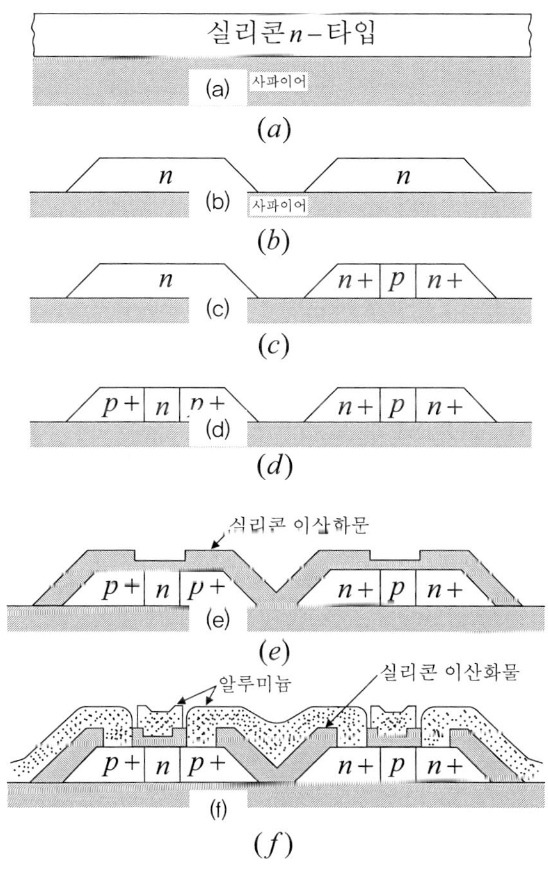

[그림 5-18] Silicon On Sapphire (SOS) CMOS 회로의 공정 순서

6장

디지털 집적회로 설계

6 디지털 집적회로 설계

6-1. MOS 디지털 집적회로의 구성 블록

디지털 집적회로는 구성 블록으로서 논리 게이트를 포함한다. MOS 디지털 집적회로의 경우에 논리 게이트는 오직 MOS 트랜지스터로 구성되어 있고 저항 부하는 없다. 이 경우, 저항이 같은 역할을 하는 트랜지스터보다 더 많은 영역을 차지하고 있기 때문에 MOS 디지털회로들이 쌍극성(biopolar) 트랜지스터 디지털 회로보다 집적도가 큰 주된 이유이다.

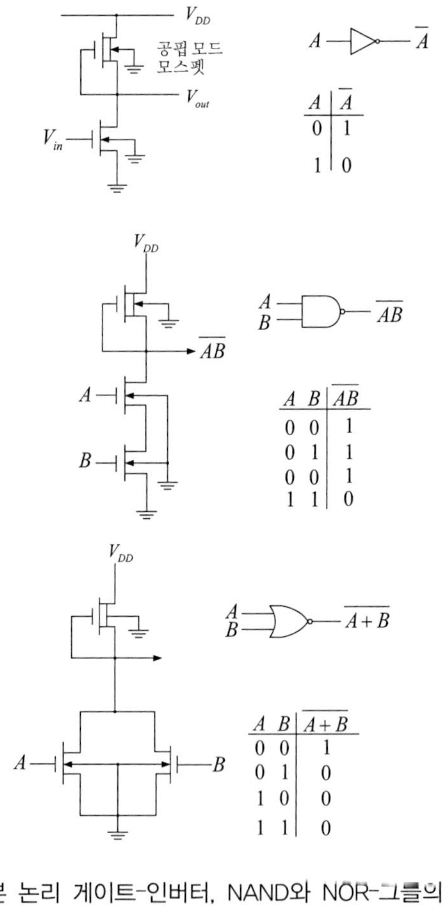

[그림 6-1] 3가지 기본 논리 게이트-인버터, NAND와 NOR-그들의 논리 심볼과 진리표

그림 6-1은 기본 논리 게이트인 인버터, NAND 게이트, NOR 게이트를 보인다, 그 각

각에 대한 논리 기호와 진리표를 함께 나타내었다. 진리표는 입력 상태의 모든 가능한 조합에 대한 출력 상태를 나타낸다. 인버터는 출력이 입력에 항상 반대되는 논리값을 가지도록 동작한다. 입력이 0이면 (낮은 전압, 거의 접지), 입력이 연결된 드라이버 또는 풀다운 소자는 차단상태가 된다. 따라서 출력 노드는 부하 저항이나 풀업 소자를 통해 1의 값(높은 전압, 거의 V_{DD})으로 충전된다. 반면에 입력이 1이면 드라이버 소자가 도통상태가 되며 부하 트랜지스터와 상대적인 이득을 조절하여 두 도통 트랜지스터의 전압 분배가 출력이 0(낮은 전압)이 되도록 설계 된다.

회로 구현과 관계되는 진리표를 통해 두 입력값이 1인 경우에만 NAND 게이트의 출력이 0이 된다는 것을 확인할 수 있다. 이와 유사하게 NOR 게이트의 출력은 하나 또는 두 개의 입력이 1이면 0이 된다. 만약 NAND 게이트의 입력 중에 하나가 0이면 다른 입력값의 변화에 상관없이 출력값은 1이 되는 흥미로운 사실을 알 수 있다. 그 하나의 입력은 그것이 1인 경우에만 출력변화를 하게 하는 허용입력으로서 작용한다. 0에 의해 허용입력으로 작용하는 경우에는 비슷한 결과가 NOR 게이트에도 적용된다.

모든 소자들의 기판은 공통이고 접지로 연결된 것을 그림 6-1에서 볼 수 있다. 이것은 출력노드가 접지로부터 올라갈 때 부하 소자의 소스와 기판 사이에 역 바이어스를 가하게 됨을 알 수 있다. 위 세 가지 논리 구성 블록의 분석은 단일 인버터의 분석으로 귀착된다. 하나 이상의 구동소자가 도통 되면 구동소자는 하나의 등가 소자로서 취급될 수 있다. 모든 나머지 소자들이 차단 되면 관심 밖이 된다. 그러므로 인버터는 면밀한 해석을 할 필요가 있다. 이 해석은 보통 직류(DC)와 과도 해석(transient analysis)으로 나누어 진다.

6-2. 인버터의 직류해석

인버터는 부하소자에 직렬로 연결된 구동소자로 구성된다. 인버터를 구현하기 위한 4가지 방법은 어떤 부하소자가 사용되는가에 따라 그림 6-2에 나타내었다. 다섯 번째 종류는 CMOS 인버터 인데 CMOS 장에서 설명된다.

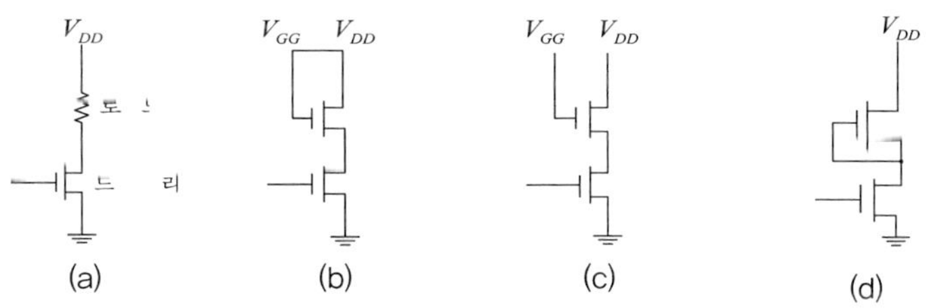

[그림 6-2] 부하에 4가지의 기본형을 사용한 MOS 인버터 : (a) 선형저항 (b) 포화된 증가형 MOS, $V_{GG} = V_{DD}$ (c) 포화되지 않은 증가형 MOS, $V_{GG} - V_T \geq V_{DD}$ (d) 공핍형 MOS

첫 번째 방법은 저항을 부하로 사용한 것이다. 두 번째는 게이트가 드레인에 연결(포화형)된 증가형 모드 트랜지스터이다. 세 번째는 게이트를 드레인 보다 높은 전위로 연결한 증가형 소자로 선형영역에서 동작한다. 네 번째는 게이트를 소스에 연결한 공핍형 소자이다.

❑ 저항 부하

부하 소자로서 수동 선형저항을 가진 기본 인버터를 그림 6-3에 나타내었다. 드라이버 소자의 드레인 특성에 여러 가지 부하 저항들의 부하선 들을 중첩시킨 것을 그림 6-4에 나타내었다. 입력 게이트 전압이 최소에서 최대로 변할 때 출력 V_{DS}는 단일 부하 선을 따라 최대($V_{DD} = 6\,\mathrm{V}$인 경우)에서 최소까지 바뀌도록 제한된다.

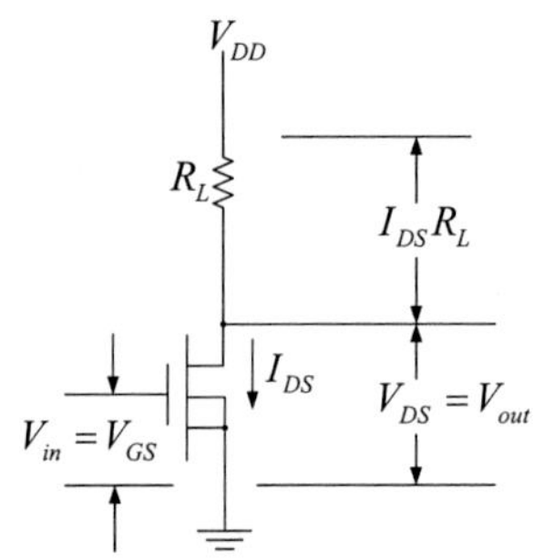

[그림 6-3] 부하로서 수동저항을 가진 인버터

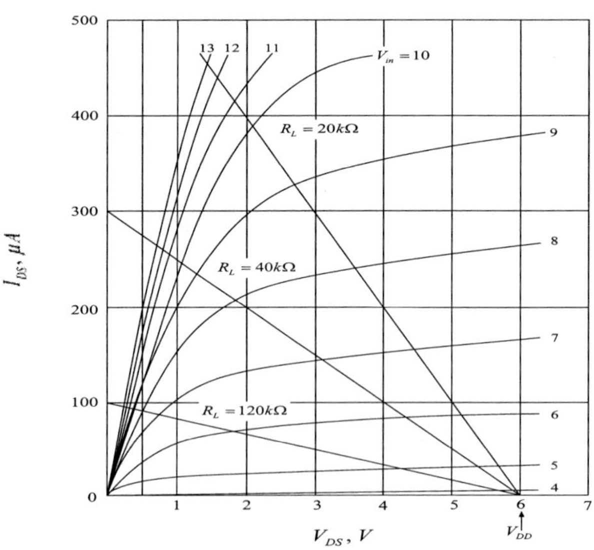

[그림 6-4] 여러 가지 부하저항을 가진 MOS 인버터의 드레인 특성곡선

출력 전압이 입력 전압의 함수로 그려진다면 그림 6-5의 전달 특성곡선이 얻어진다. 입력이 문턱전압($V_T = 1\,\text{V}$) 이하이면 구동소자는 차단 되고 출력은 완전한 공급전압에 있게 된다. 입력 전압이 1로 증가할 때 출력은 0으로 감소한다. 출력 전압은 부하 저항과 구동소자의 도통 저항의 전압 분배의 결과이기에 입력 1의 값에 대해 부하 저항값이 높을수록 출력전압은 낮아진다.

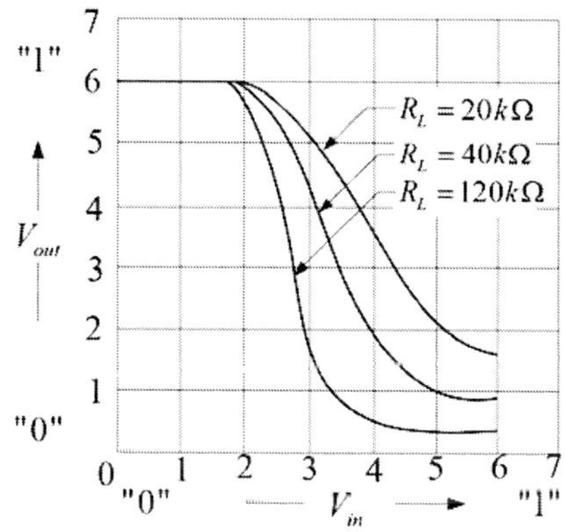

[그림 6-5] 여러 가지 부하 저항을 가진 MOS 인버터의 전달 특성곡선

❑ 포화 증가형 트랜지스터 부하

포화 증가형 트랜지스터가 부하로 사용되었을 때 구동소자의 이득(W/L비)은 부하소자의 이득보다 10~20배 더 크게 된다. 이것은 부하선과 중첩으로 그려진 그림 6-6과 같은 결과를 나타낸다. 포화된 트랜지스터에 대한 부하선은 비선형이지만 디지털 회로에서는 중요하지 않다. 부하선은 포화된 소자의 두 단자 특성 곡선에 따라 제곱법칙(square law)에 따른다.

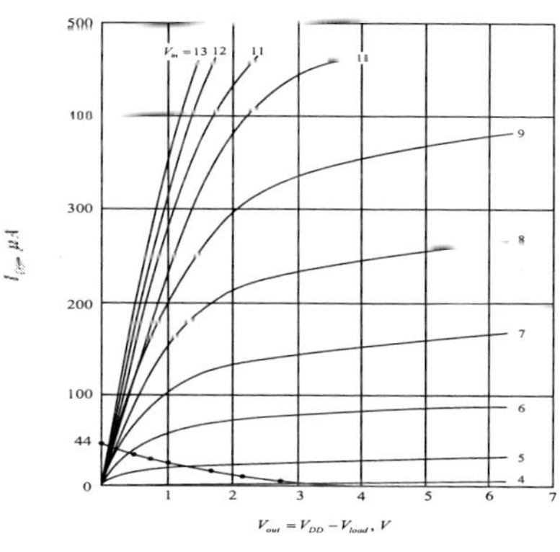

[그림 6-6] 포화된 부하소자의 부하선을 가진 MOS 구동 소자의 드레인 특성곡선

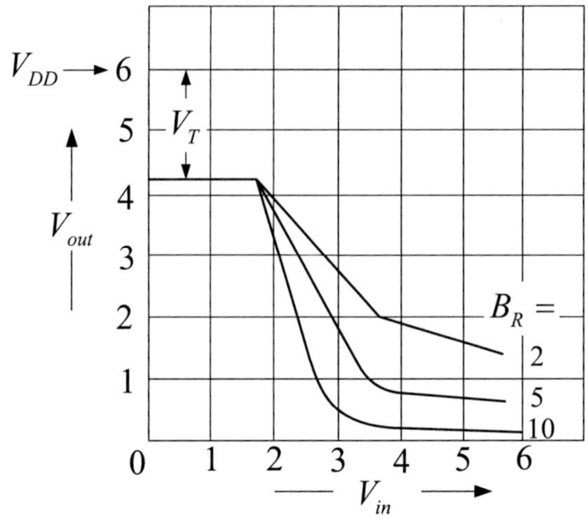

[그림 6-7] 포화된 부하소자를 가진 인버터의 전달 특성곡선

구동소자의 입력이 변할 때 부하선과 만나는 점의 V_{DS} 가 출력이 되며 이로부터 구한 전달 특성곡선은 그림 6-7에 나타내었다. 하나의 구별되는 특징은 출력이 V_{DD}까지 가지 않고 문턱전압만큼 적어진다는 것이다. 벡 게이트(back gate) 바이어스 효과 때문에 문턱전압이 ΔV_T 만큼 증가하고 부하 소자는 기판에 대해 역방향으로 바이어스된 소스를 가지고 있기 때문에 출력 전압은 문턱전압보다도 더 낮게 된다.

$$\beta_R = \frac{W/L\ driver}{W/L\ \ load} \tag{6-1}$$

위 식에서 β_R (이득비)이 증가하면 출력 전압의 0 전압(V_{out} low)이 낮아진다.

❑ 선형 증가형 트랜지스터 부하

부하소자의 게이트 전압이 V_{DD} 보다 높은 전압에 연결되면 부하소자[그림 6-2(c)]는 항상 선형영역에 있게 된다. 이것은 그림 6-8의 부하소자의 V-I 곡선에서 보여 진다. 포화된 부하소자와 비교해보면 출력은 V_{DD}에 도달함을 알 수 있다. 부하소자의 도통 저항이 낮기 때문에 1의 입력값에 대한 0의 출력 전압은 포화된 부하 소자보다 더 높다. 입력이 1에서 낮은 0의 출력 전압을 얻기 위해서 더 높은 β_R이 필요하다.

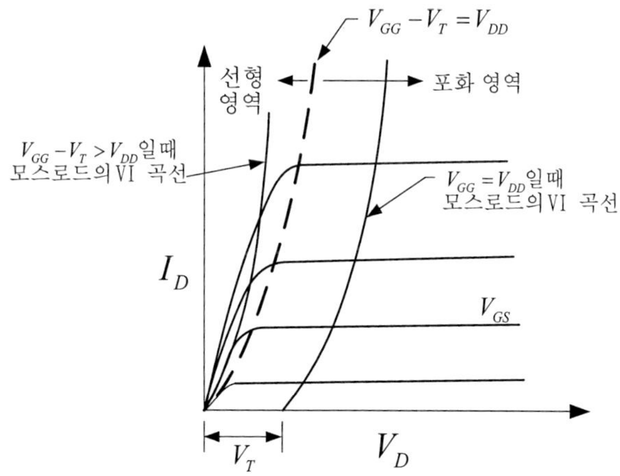

[그림 6-8] 중첩된 두 단자 V-I 곡선을 가진 MOS 부하소자의 드레인 특성곡선

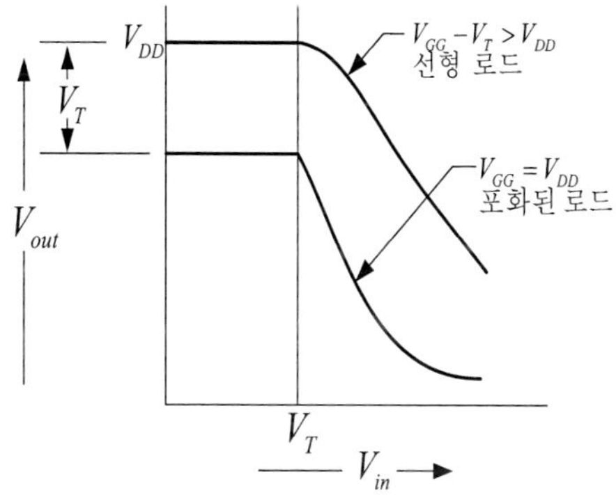

[그림 6-9] 선형과 포화영역에서 동작하는 부하를 가진 인버터의 전달 특성곡선

❑ 공핍형 트렌지스터 부하

이온 주입법의 출현으로 공핍형 소자는 증가형 소자와 같은 웨이퍼 위에 제작될 수 있다. 이러한 인버터의 전달 특성곡선은 그림 6-10에 보여진다. 부하소자의 게이트가 소스에 연결되어 있어 부하 소자는 항상 도통 되어있기 때문에 출력전압은 V_{DD}에 갈 수 있음에 주의하라. 이런 인버터의 또 다른 장점은 스위칭 속도를 개선할 수 있는 것이고 다음 장의 과도응답 분석에서 설명될 것이다. 인버터의 전달 특성을 유도하는 과정은 대략적으로 설명한다. 입력이 0V에서 V_T로 증가할 때까지 구동 소자는 차단 상태가 된다. 출력은 최대값에서 변하지 않는 상태로 유지할 것이다.

입력이 V_T를 넘어서면, 부하소자는 높은 이득의 선형영역(그림 6-10의 출력의 급격한 천이 영역)으로 들어가고 구동 소자는 포화영역에 있게 된다. 결국 입력이 더욱더 증가하면 부하소자의 이득은 급격히 감소하고 구동 소자가 선형영역으로 들어간다. 이 시점에서, 구동소자가 강하게 도통 되고 모든 전압은 실제적으로 부하 소자에 걸리게 된다. 인버터에 흐르는 전류는 이 조건에서 최대가 되고, 단지 부하 소자의 크기에 의해 결정된다. 직류 상태에서 어떤 주어진 출력 전압에서 부하소자를 통한 전류는 구동 소자를 통해 흘러야 한다. 구동소자 전류(선형 또는 포화)에 대한 적절한 표현을 선택하고 부하 전류에 대한 식과 같게 두면 V_{in}과 V_{out}사이의 관계를 유도할 수 있다. 이것이 전달특성곡선이다. 몇 개의 곡선들은 β_R의 다른 값들에 대한 결과이다. 더 정확한 결과를 얻기 위해서 벡 게이트 바이어스를 고려한 부하 소자의 문턱전압에 대해 새로 바뀌는 V_{out}에 대해 계산되어야 한다. 기생 커패시턴스에 의해 클록이나 다른 신호선으로 부터 입력 노드에 결합되는 잡음 스파이크를 줄이기 위해 충분한 잡음 여유를 가지도록 설계되어야 한다.

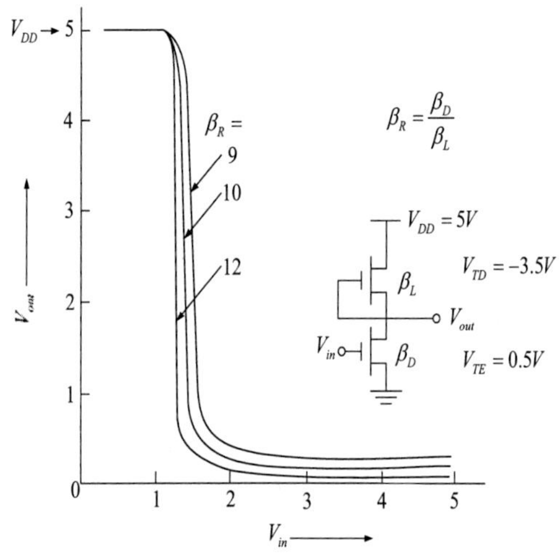

[그림 6-10] 공핍형 부하 소자를 가진 인버터의 전달 특성곡선

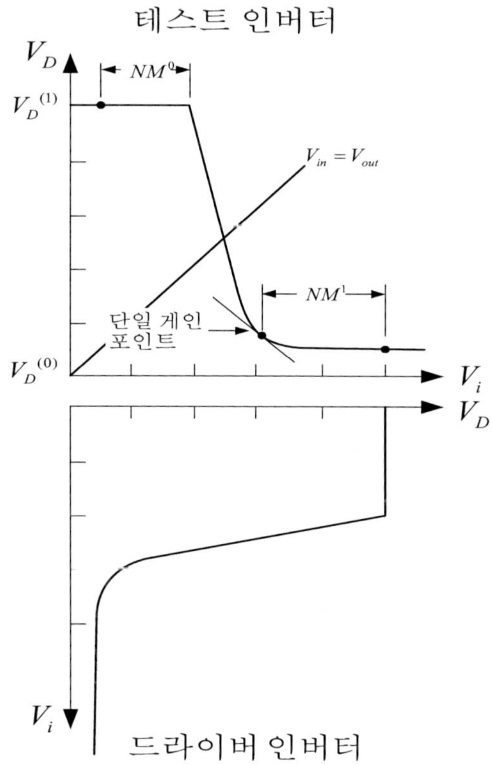

[그림 6-11] 전달특성곡선으로 부터 측정된 잡음 여유

잡음 여유는 그림 6-11에서와 같은 직류 전달특성으로부터 그래프적으로 결정된다. 이것은 특성곡선에서 동작점과 단위 이득점 사이에 입력전압 차이로 정의된다. 개별적인 잡음 여유는 0과 1의 입력에 대해 정의된다. 이 정의로부터 잡음 여유보다 적은 잡음 스파이크는 인버터를 통해 감소될 것이나. 덜 보수적인 접근은 잡음 여유를 동자점과 $V_{in} = V_{out}$ 신의 교차선 사이의 진입 차이로 성의한다. 이에 대한 논거는 잡음 스파이크가 입력을 $V_{in} = V_{out}$ 점을 지나가게 하지 않으면 출력은 상태가 변하지 않는다는 것이다. 인버터의 0의 출력이 다음 인버터 입력에 좋은 잡음 여유를 줄 수 있게 충분히 낮은 전압을 가질 수 있도록 인버터는 큰 β_R을 가지도록 설계되어야 한다. 2입력 NAND 게이터의 경우에는 두 게이트 입력이 모두 도통 되었을 때 적당한 0의 출력 수준을 유지하기 위해서는 직렬로 연결된 두 구동소자는 단일 소자와 같은 도통 저항을 가지고 있어야 한다. 이를 위해 드라이버의 W/L비가 두 배가 되게 하여야 한다.

6-3. 인버터의 과도해석

직류관점에서 다음 단 논리 게이트를 스위치할 수 있는 적절한 출력범위를 제공하도록 인버터는 설계되어야 한다. 또한 특정된 시간내에서 상태가 변해야 한다, 이것이 과도해석의 목적이다. 과도해석에 대한 등가회로는 그림 6-12에 주어진다,

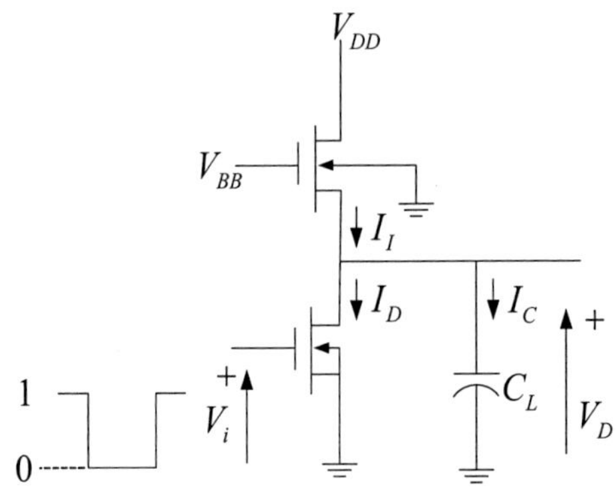

[그림 6-12] 인버터의 과도해석에 대한 등가회로

출력 부하는 하나의 커패시터로 표현된다. 입력 노드는 구형파의 여기에 순간적으로 응답하지만 출력 응답은 출력 커패시턴스를 충·방전 하는 인버터의 능력에 의해 제한된다.

첫 번째 천이에서 입력이 1에서 0으로 변할 때 구동소자가 곧바로 차단상태로 된다. 이때 출력 노드는 어떤 상승시간을 가지고 V_{DD}로 올라간다. 상승시간은 오직 부하소자와 출력 커패시턴스에 의해 결정된다. 포화된 증가형 MOS소자($V_{GG} = V_{DD}$)일 때 부하 소자는 출력이 완전히 V_{DD}로 충전되기 전에 차단되고, V_{DD}에서 V_T만큼 낮아진 전압이 된다. 그림 6-13은 충전 특성을 보인다.

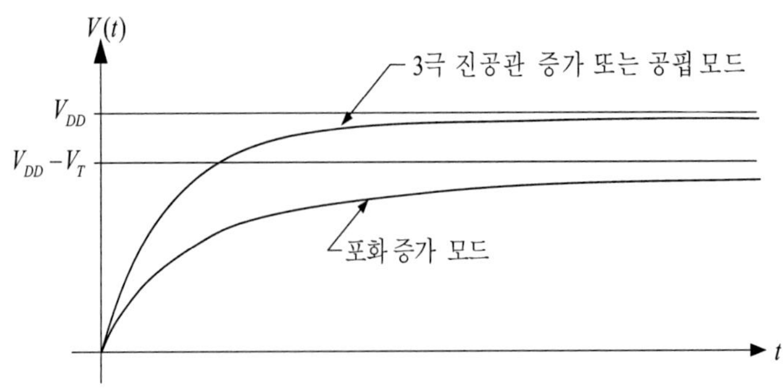

[그림 6-13] 출력 상승시간 특성곡선

선형 증가형 MOS($V_{GG} - V_T > V_{DD}$) 또는 공핍형 MOS 부하에서 부하소자는 켜진 상태이고 출력은 V_{DD}로 완전히 충전된다. 그렇지만 이 모든 경우의 충전과정에서 부하소자를 통해 흐를 수 있는 전류는 출력 전압이 증가하면 감소하게 되어 출력이 V_{DD}로 갈수록 충전이 천천히 되게 한다. 이 결과는 RC 구성의 지수함수적 충전과 유사하다. 벡 게이트 바이어스 효과는 부하소자의 문턱전압을 높여 부하소자에 흐르는 전류를 더욱 작게 만들어 이상적인 경우의 응답보다 더 느리게 한다.

그림 6-12의 두 번째 천이에서 입력이 0에서 1로 바뀔 때, 구동소자는 커패시터를 접지로 방전하기 위해서 도통 된다. 첫 번째 근사에서 부하소자가 무시되고 커패시터는 구동소자를 통해 방전된다. 부하소자 전류는 구동 소자가 커패시터를 방전하기 위해 공급할 수 있는 전체전류의 작은 부분이기 때문에 이 근사는 유효하다. 구동소자는 출력 전압(구동소자의 드레인 전압)이 1에서 0으로 떨어지면 처음의 포화영역에서 차츰 선형영역으로 변하게 된다.

전형적인 응답을 그림 6-14에서 나타내었다. 그림 6-13과 비교 했을 때 구동소자 이득 β_D가 부하소자 이득 β_L 보다 보통 10배 더 크기 때문에 하강시간이 상승시간보나 일반적으로 수배 더 빠르다. 따라서 하강시간에 대응하는 시정수는 짧게 된다. 전달특성, 상승과 하강시간의 과도 응답을 구하기 위해 컴퓨터 시뮬레이션을 사용하는 것이 일반적이다.

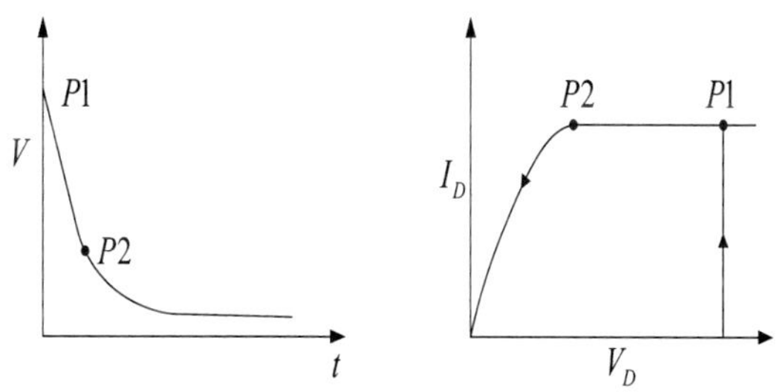

[그림 6-14] 출력의 하강시간 특성곡선

컴퓨터 시뮬레이션은 지금까지 소개했던 것보다 더 정밀한 소자 모델의 사용을 가능케 한다. 입력 파형이 유한한 상승과 하강시간을 가질 때 과도해석 회로 시뮬레이션이 종종 요구된다. 이런 경우에 전달지연(propagation delay)은 관심거리이다. 전달지연은 입력과 출력파형 사이의 지연시간(delay time)이고 파형의 50% 지점에서 측정한다.

그림 6-15는 출력이 감소할 때 전달지연(t_{pd}^-)은 구동 소자에 의해 결정되고 출력이 올라갈 때 전달지연(t_{pd}^+)은 부하 소자에 의해 결정된다는 것을 보여준다.

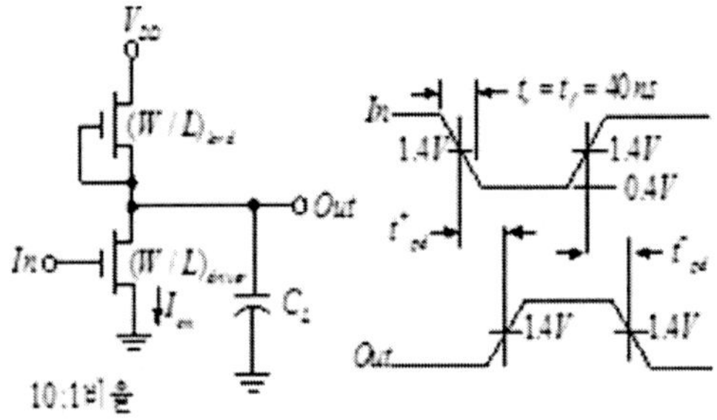

[그림 6-15] 인버터의 전달지연

6-4. MOS 논리 회로

❑ 조합된 AND-OR 기능

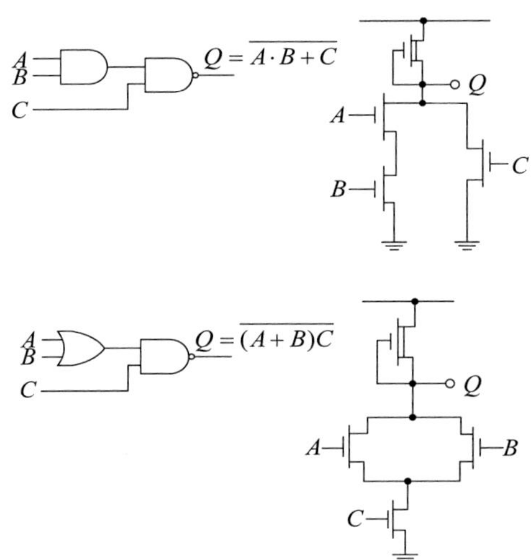

[그림 6-16] 최소 소자로 2단계 논리의 구현

인버터, NAND 게이트와 NOR 게이트를 가진 논리 회로의 쉬운 구현을 제외하고도 MOS 회로는 하나 이상의 논리 단계를 결합하는 유연성을 제공한다. 그림 6-16은 4개의 소자를 가지고 2단계 논리를 구현하는 예를 보여준다. 각각의 입력에 대해 하나의 부하 소자와 하나의 구동소자로 구성된다. 이러한 기술은 레이아웃 면적, 전력손실, 전달지연에서 유용하다.

❑ RS 플립 플롭(flip-flop)

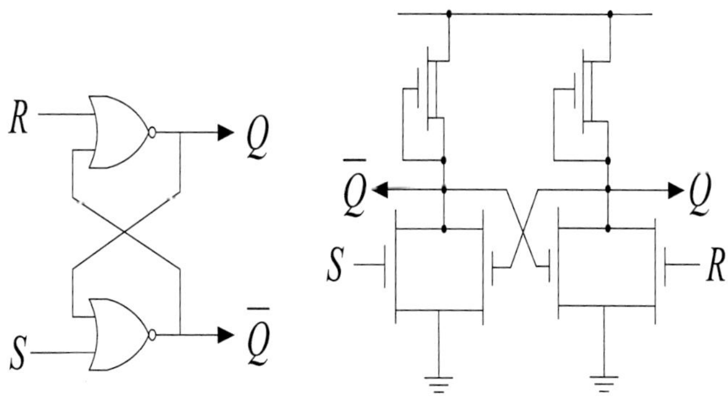

입력		출력
R	S	Q_N
0	0	Q_{N-1}
1	0	0
0	1	1
1	1	-

[그림 6-17] RS(reset-set) 플립 플롭

매우 유용하고 기본적인 회로 구성은 플립 플롭이며 두 개의 가능한 논리 상태 중 하나의 상태를 가지는 논리변수의 상태를 저장하는데 사용된다. 그림 6-17은 RS 플립 플롭의 특수한 형태를 보여준다. 효과적인 면적의 MOS 트랜지스터 구현은 2 입력 NOR-게이트를 서로 연결하여 사용한다. 진리표는 2 입력인 R(resent)과 S(set)가 0일 때 출력 Q와 $\bar{Q}$가 이전의 상태로부터 변하지 않게 됨을 보여준다. R 하나만 1일 때, 플립 플롭은 Reset된다. 즉, 출력 Q는 0이 되고 출력 Q는 1이 된다. S 하나만 1이면 플립 플롭은 Set 된다. 즉, 출력Q는 1이 되고 출력 $\bar{Q}$는 0이 된다. R과 S가 모두 1이면 Q와 $\bar{Q}$가 0이 된다. 엄격히 말해서 이것은 Q가 더 이상 $\bar{Q}$이 반대값을 가지지 않기 때문에 미결정 상태가 되고 논리회로로 사용될 수 없게 된다. 따라서 이 상태는 입력되지 말아야한다. 그러나 소자는 잘 정의된 출력값을 제공한다.

❑ 래치(Latch)

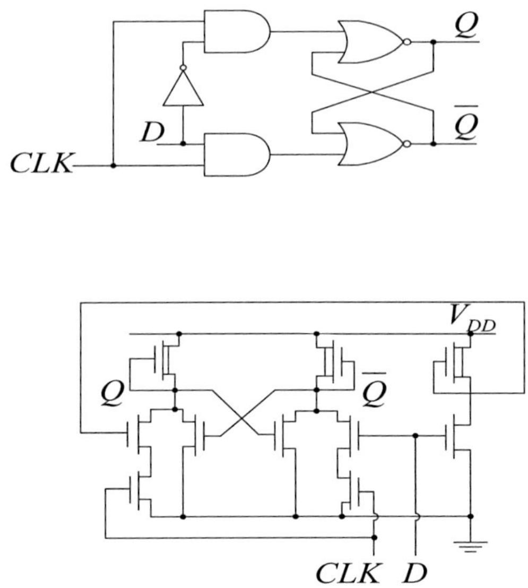

[그림 6-18] CLK이 high이면 출력 Q는 data선을 따르는 래치회로

그림 6-18의 회로에서 CLK(clock)이 1이면 데이터 선에 존재하는 정보가 출력으로 전달되고 출력 Q는 D의 값에 따른다. 그러나 CLK이 0으로 바뀌면 CLK이 다시 1로 갈 때까지 정보를 플립 플롭에서 보존(기억)한다. 그림 6-18은 단일 부하소자를 사용하여 두 단계 논리를 구현함을 보여준다.

❑ T 플립플롭

T(Toggle) 플립플롭은 T가 0에서 1로 바뀔 때마다 상태가 변한다. 그래서 이것은 T가 0에서 1로 두 번 바뀔 때마다 Q는 한 주기가 바뀌기 때문에 다운 카운터 회로에 사용된다. 이 기능의 논리 구현은 그림 6-19에서 주어진다. T가 0이면 4개의 AND-게이트는 불능이고 두 개의 서로 연결된 NOR-게이트의 set과 reset 입력을 0으로 가진 RS 플립플롭이 된다. T가 1로 변하고, $\overline{T}$가 0으로 갈 때까지 전달지연 동안 출력 Q 와 $\overline{Q}$는 처음의 상태와 상반된 상태로 플립플롭을 바꾸는 방식으로 귀환된다. 허가(Enable) 신호로 T 와 $\overline{T}$(T에서 유도됨)를 동시에 사용하는 것은 T의 천이에만 변하는 모서리 트리거(edge-triggered) 회로를 만든다. 회로 구현은 그림 6-19에 보인다. T가 0이고 $\overline{T}$가 1이면 출력은 샘플되고 기생 커패시턴스를 가진 dynamic 노드에 저장된다. T가 올라가는 모서리에서 플립플롭은 상태가 변하게 된다. 전달지연 후, $\overline{T}$는 0으로 가고 T가 1인 동안 플립 플롭이 계속 토글(toggle) 되는 것을 막는다.

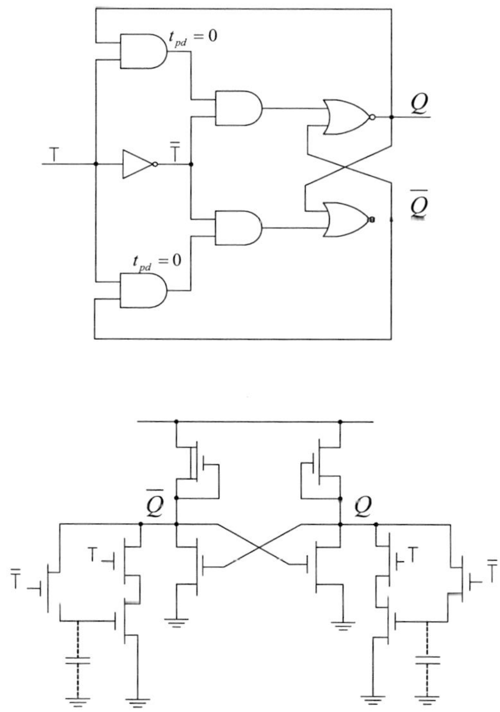

[그림 6-19] T(Toggle) 플립 플롭

❑ D 플립 플롭과 시프트 레지스터

D-형 플립 플롭은 클록의 시작 시 입력선으로 부터 데이터를 받아 정보를 잠시 저장하여 다음 클록의 시작 시에 데이터를 출력에 전달해주는 회로이다. 이것의 구현을 그림 6-20 (a)에 나타내었다. 클록주기의 시작 시에 $\Phi 1$이 high이고 $\Phi 2$가 low이다. 데이터는 왼쪽의 첫 번째 인버터에 전달된다. 이것은 두 번째 인버터와 연결되어 있지 않다. 두 번째 인버터가 종(slave)으로서 동작하고 이전 데이터를 출력 Q에 전달하는 반면에 첫 번째 인버터는 주(master)로서 동작하고 데이터를 받아들이는 주종(master-slave)관계가 존재한다.

두 번째 인버터는 게이트 커패시턴스에 남은 전하에 의해 이전 데이터를 가지게 된다. 클록의 두 번째 반주기에 $\Phi 1$이 low이고 $\Phi 2$가 high일 때 D-형 플립 플롭은 입력으로부터 끊어지고, 두 인버터는 master에서 slave로 효율적으로 데이터를 전달하도록 서로 연결된다. 전달 방향을 왼쪽에서 오른쪽으로 하기 위해 채널 길이 L을 증가하여 귀환 트랜지스터가 더 낮은 이득을 가지게 해야 한다. 데이터의 직접 통과를 막기 위해 $\Phi 1$과 $\Phi 2$가 겹쳐지지 않게 하여야 한다. 즉, 동시에 high가 되지 말아야 한다[그림 6-20 (a) 참조].

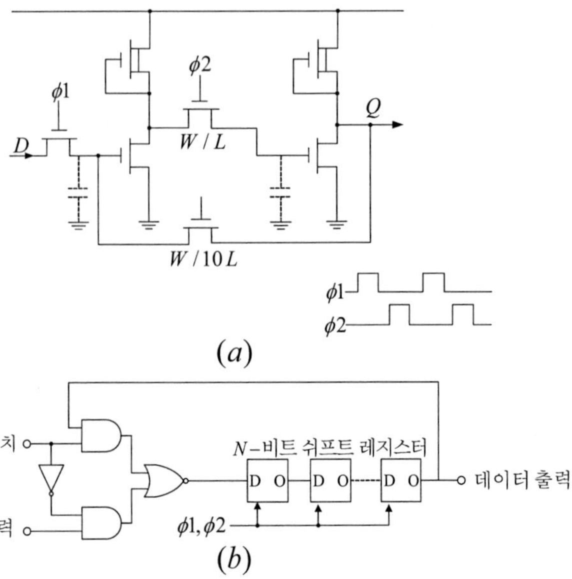

[그림 6-20] (a) D 플립 플롭 (b) 순한 기억소자의 shift register를 형성하기 위한 직렬연결

D 플립 플롭은 일련의 데이터가 통과하며 저장되는 shift register를 형성하기 위해 직렬로 연결될 수 있다. 부가적인 제어회로로 재순환 기억소자를 만든다[그림 6-20(b)]. 기억장치라고 쓰여진 선이 1일 때 데이터는 shift register를 통해 순환된다. 기억장치가 0일 때 새로운 데이터는 shift register로 전달된다. shift register의 사용은 데이터 시작이 register의 어디에 있는지 추적하기 위해 카운터를 필요로 한다.

❑ Exclusive-OR 기능

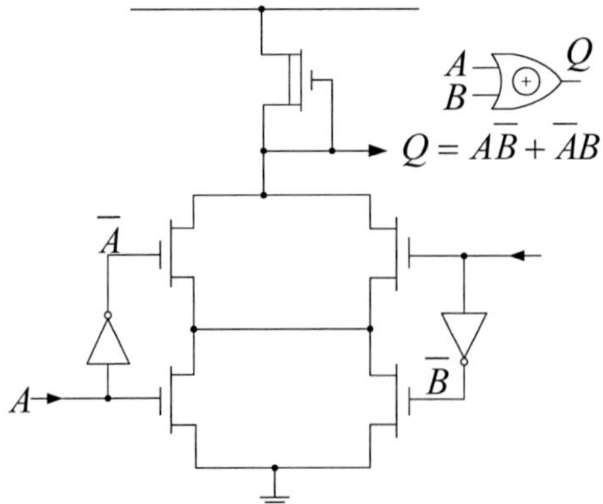

입력		출력
A	B	Q
0	0	0
1	0	1
0	1	1
1	1	0

[그림 6-21] Exclusive-OR 회로

Exclusive-OR 기능은 두 입력의 하나만이 1인 경우에 출력이 1이 되는 기능을 하는 회로이다. 그림 6-21에 진리표를 나타내었다. 다음과 같이 표현된다.

(6-2) $A \oplus B = \overline{A}\cdot B + A\cdot\overline{B}$

$= \overline{(A+\overline{B})\,(\overline{A}+B)}$: [De Morgan's 법칙]

식 (6-2)의 마지막 표현은 논리 등가에 드 모르간(De Morgan) 이론을 적용한 것으로 이 식에 대한 표현을 그림 6-21의 회로로 구현하였다. 진리표에서 2개의 입력이 다를 때 출력이 1이 됨을 알 수 있다.

❑ 슈미트 트리거(schmitt trigger)

슈미트 트리거는 천천히 변하는 입력이 특정한 트리거 수준을 통과할 때 매우 빠른 출력 천이를 제공한다. 이 회로의 중요한 부분은 전달특성곡선에서 이력현상(hysteresis)을 가지게 된다는 것이다. 입력이 한쪽 방향에서 트리거점을 지나 출력에 변화를 준 뒤 입력이 역방향으로 되면 출력이 다시 돌아오기에는 특정한 양만큼 변환된 트리거점을 통과해야 한다. 이것은 트리거점 근처에서 입력에 잡음이 인가되는 현상(jitter 현상)이 일어나면 출력이 0으로 되었다가 1로 되었다 하는 토글링(toggling)을 막아준다.

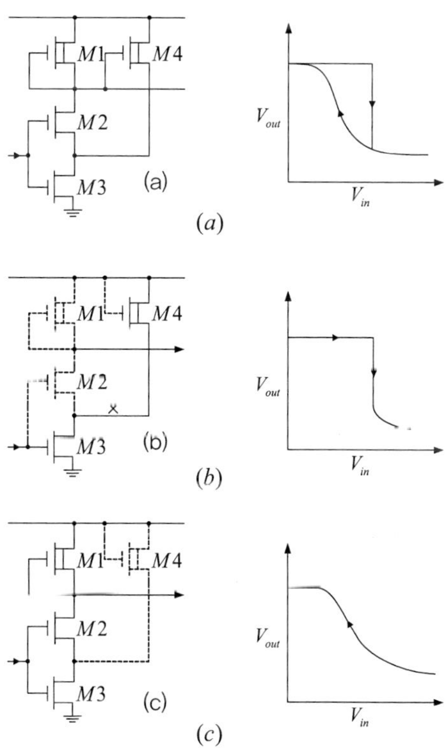

[그림 6-22] (a) Schmitt trigger회로 (b) 입력이 0에서 1로, (c) 입력이 1에서 0으로 바뀜

MOS에서 슈미트 트리거회로의 구현은 이력을 보여주는 전달 곡선과 함께 그림 6-22 (a)에 보여 진다. 회로의 동작을 이해하기 위해서 입력이 0 V에서 시작하여 V_{DD}로 가는 첫 번째 경우를 생각하자. 처음에는 모든 트랜지스터는 차단되고 출력은 1이 된다. 입력이 V_T 이상일 때 M3가 도통 되고 부하로서 M4를 가진다[그림 6-22 (b)].

출력, X 점은 M2의 소스이고 약간 큰 전압으로 벡 게이트 바이어스 효과로 M2의 문턱 전압은 V_T 보다 커져 M2가 차단 되게 한다. 입력이 더욱 증가하게 되면 X 점의 전압이 감소하고 M2의 문턱전압이 감소하여 M2가 ON이 된다. $V_{in} - V_X = V_T$이면 정귀환이 되어 M2를 도통 되게 하고 출력은 급격히 0으로 가게 된다. 입력이 1에서 0으로 가면 회로는 두 개의 NAND-게이트와 같은 동작을 하고 그림 6-22 (c)에 응답을 나타내었다.

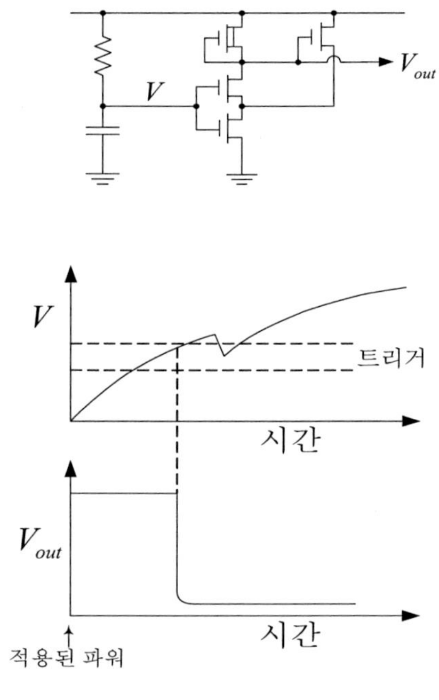

[그림 6-23] 슈미트 트리거회로를 사용한 power-on clear 회로

슈미트 트리거회로는 그림 6-23에서 나타낸 것처럼 power-on clear 회로에 주로 사용된다. 천천히 올라가는 입력 전압은 칩에 전력이 공급된 후 어떤 시간 주기를 지나 reset 신호를 만드는데 사용된다. 이 reset 신호는 모든 것이 알려진 reset 상태에서 작어빙 시작되도록하기 위해 칩의 모든 회로에 연결되어 있다.

❑ 다이나믹 논리회로(dynamic logic)

지금까지 설명된 논리 기능의 MOS 회로 구현은 기본 형성 블록으로서 인버터를 사용했다. 인버터는 구동소자와 부하소자 사이에 특정한 β 비율을 가진다. 이런 회로를 "static ratioed logic"이라 한다. 다른 종류의 회로는 부하소자가 클록 신호에 의해서 스위칭 되도록 설계될 수 있다. 하나의 게이트에서 다음 게이트로 논리 신호의 전송이 스태틱 논리회로와 유사하게 이루어진다. 부하소자와 구동소자가 동시에 도통 되지 않기 때문에 그들은 둘 다 최소 크기로 설계될 수 있다. 이런 회로를 "dymamic ratioless logic"이라 한다. 클록 주기 사이의 데이터는 용량성 전하저장에 의해서 보존된다.

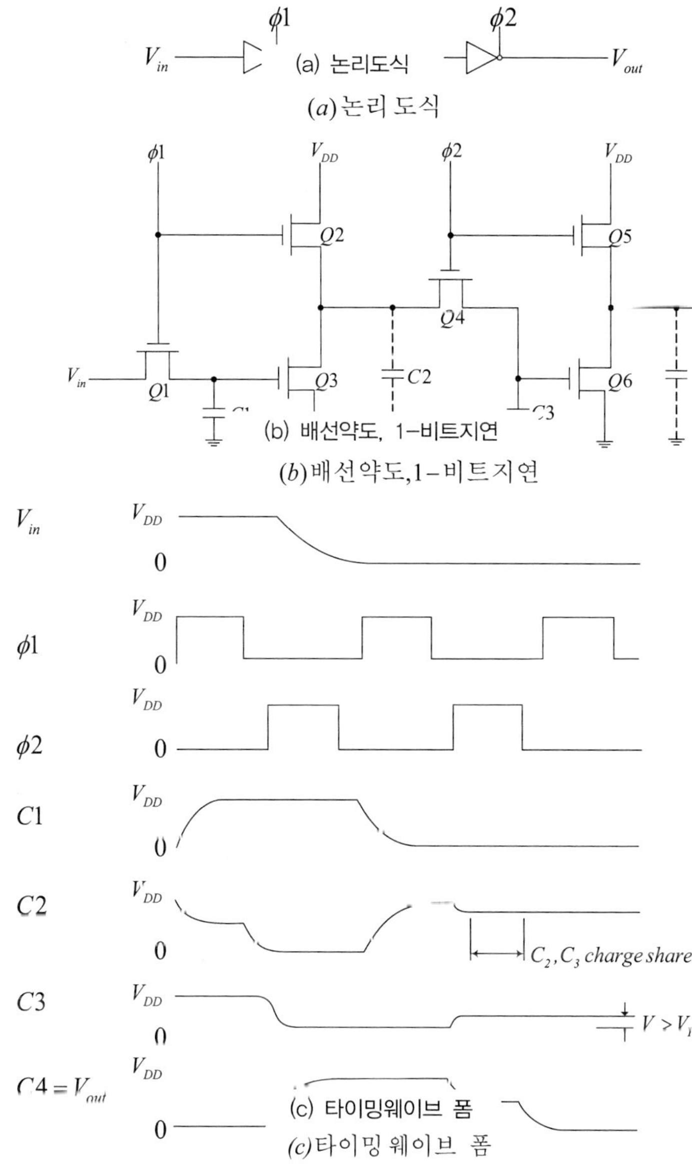

[그림 6-24] 1-bit 지연의 dynamic 논리 구현

❑ dynamic ratioless 논리의 장점

- 전력 공급에서 접지까지 직접적인 방전 경로가 없기 때문에 전력손실이 적다.
- 작은 면적의 소자를 사용함으로서 칩의 면적이 작아진다.
- 고유의 동기식 동작은 모든 신호 전달이 시스템 클록과 속도를 맞추므로 신호 전달 시간차 문제를 최소화 할 수 있다.

그림 6-24는 dynamic ratioless 논리회로의 예이다. 이 회로는 두 단계의 반전을 통해 1-bit 지연을 공급한다. 일어나는 순서는 다음에서 설명되고 그림 6-24에서 시간순서도(timing diagram)로 나타내었다.

동작을 설명하면 다음과 같다.

$\Phi1$ 과 $\Phi2$는 클록이 겹치지 않고 동시에 high로 가지 않는다. $\Phi1$이 1일 때 입력 전압 “1”이 통과 트랜지스터 Q1를 통해 C1에 연결되고 Q3를 도통 시킨다. Q2와 Q3가 도통되기 때문에 C2는 V_{DD}와 접지 사이의 전압 분배된 레벨로 충전된다.

$\Phi1$이 0으로 바뀌면 Q1과 Q2는 차단 되고 C1에 남은 전하는 Q3를 도통 시키고 C2를 접지로 방전시킨다. 클록의 두 번째 반주기는 $\Phi2$가 1로 바뀌면 Q4와 Q5는 ON이 된다. C3는 Q4와 Q3를 통해 접지로 방전되고 Q6는 차단 되고 C4는 1로 가게 된다. “1”은 한 클록 주기에 입력에서 출력까지 전달되었다.

$\Phi1$이 1로 갈 때 입력이 0이면 C1은 접지되고 Q3를 차단 시킨다. Q2가 도통 되기 때문에 C2는 거의 V_{DD}로 충전된다. $\Phi1$이 0으로 바뀔 때 Q2는 차단 되고 C2는 floating 된다.

$\Phi2$가 1로 갈 때 Q4와 Q5는 도통 되고 C2는 C3와 전하를 나누어 가진다. C2와 C3의 적절한 비율의 선택은 Q6를 도통 시키도록 C3에 충분한 전압을 공급한다. C4는 V_{DD}와 접지사이에 전압 분배된 레벨에 있지만 $\Phi2$가 접지로 갈 때 C4는 Q6를 통해 0으로 방전된다. 따라서 “0”은 한 클록 주기에 입력에서 출력까지 전달되었다. 이 예에서, V_{DD}와 접지사이에 직류 경로가 있으므로 직류 전력을 소모하게 된다. 다른 차단 트랜지스터를 첨가하는 것으로 이런 단점을 피할 수 있다.

6-5. 기억 회로

기억 회로는 디지털 시스템에서 중요한 부분을 형성한다. 디지털 시스템에서 메모리 회로의 사용은 계속 가속화되고 더 집적도가 높은 메모리칩을 공급하는 기술에 의해 큰 규모로 유지되고 있다. 높은 집적도는 비용을 낮추고 속도를 더 개선한다. 표준 기억소자의 생산량은 다른 형태의 MOS 회로의 생산량보다 많다. 기억회로는 마이크로 프로세서와 같은 논리 칩내에 탑재된다.

❑ RAM(Rancom Access Memory)

6-4절의 다른 메모리 위치에 있는 데이터의 액세스 시간이 변하는 "Shift Registers"에서 직렬 메모리는 설명되었다. RAM에서는 주소선에 적당한 주소(1과 0이 조합)를 공급함으로서 정보의 각 비트는 개별적으로 접근될 수 있다. 액세스 시간은 주소(address)가 인가된 후 출력에 유효 데이터가 나올 때까지의 시간이다. 이것은 중요한 사양 변수이고 모든 비트에 실제적으로 같다. RAM은 Static RAM과 Dynamic RAM으로 나누어진다.

❑ Static RAM(SRAM)

Static RAM은 전력이 인가되는 동안 클록이 없어도 데이터를 유지하고 있다. 그림 6-25는 6개의 트랜지스터를 사용한 가장 일반적인 회로 구현을 나타낸다. 특정한 셀이 선택되면 워드선(word line, 보통 연속적인 polysilicon 선)은 Q1과 Q6를 도통 시키고 BIT와 $\overline{BIT}$ line을 플립플롭에 의해 미리 충전된 high 상태로 유지하게 하거나 low 상태로 방전되게 한다. 이때 플립플롭 상태의 차동 검출이 가능하다. 선택된 셀에 데이터를 쓰는 것은 BIT와 $\overline{BIT}$를 다른 WRITE 회로에 의해서 high나 low로 가게 한다. 보통 0으로 가는 쪽이 플립 플롭의 상태를 변화시키는데 더 구동력이 강하다.

완전한 스태틱 메모리의 동작 방법은 그림 6-26에서 가상적인 16bit RAM으로 가장 잘 설명된다. 셀은 XY 사각형의 형태로 물리적으로 배열되어 있다. 주소 bits의 반(A_o, A_1)은 네 개의 워드선(rows)중에 하나를 선택하도록 디코딩(decoding)된다. 주소 bits의 나머지 반(A_2, A_3)은 네 쌍의 비트선(columns)중에 하나를 선택하도록 사용된다. WRITE 동작 동안에 적절한 row와 column이 선택된 후에 data-in 선, DI가 BSC(Bit Select Columns)와 $\overline{BSC}$를 적당한 전압 레벨로 가게 하여 플립 플롭을 원하는 상태로 되게 한다. READ 동작 동안에 적절한 셀이 선택된 후에 BSC와 $\overline{BSC}$신호는 검출 증폭기에 연결된다.

그림에서 검출 증폭기는 세 개의 차동 증폭 단의 직렬연결로 구성된다. 이 단은 전압 변화의 속도를 빠르게 하는 이득과 직류 레벨 천이를 공급하고 DO 출력버퍼를 구동한다. 완전한 기능의 메모리 회로에 필요한 나머지 선들은 Write와 Read 모드를 선택하는 WE(Write-enable)이고, 1일 때 검출 증폭기와 출력을 불능하게 하는 $\overline{CE}$(Chip enable)이다.

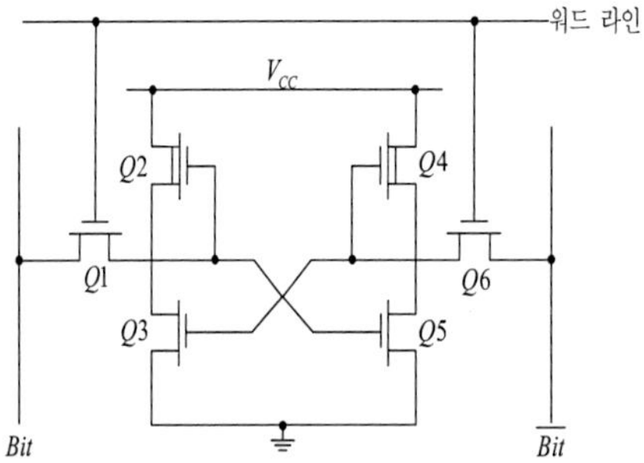

[그림 6-25] 6개의 트랜지스터로 구성된 static RAM 셀

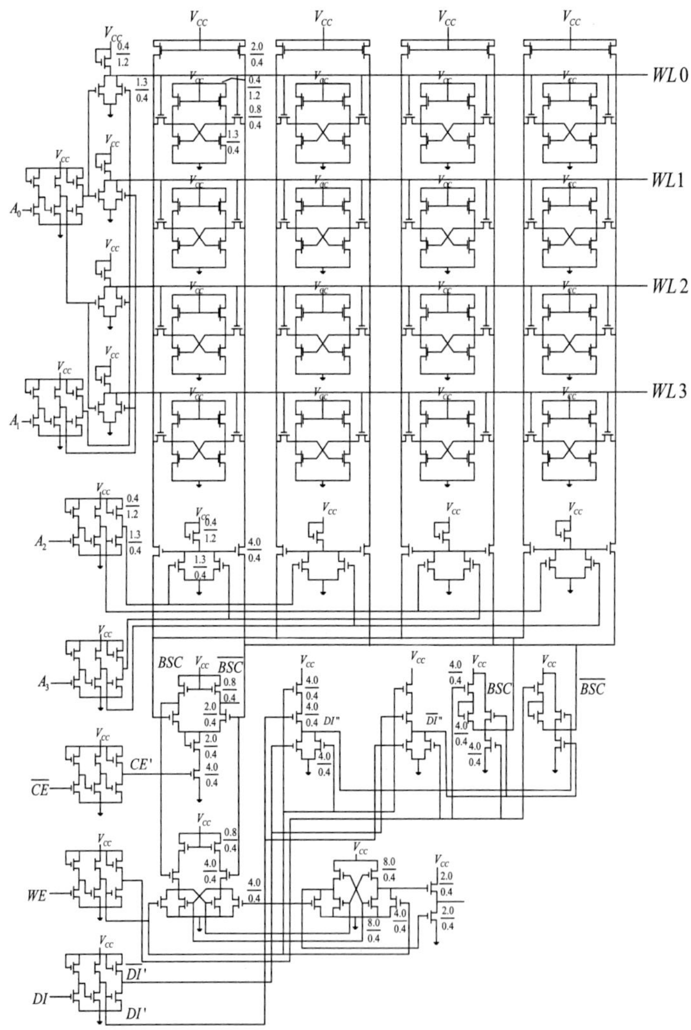

[그림 6-26] 가상의 16-bit RAM 회로

❑ Dynamic RAMS(DRAM)

Dynamic RAM은 커패시터에 전하로서 데이터를 저장한다. 전력이 중단되지 않아도 전하가 다양한 누설전류 경로 때문에 누설될 수 있어 데이터는 수 밀리 초(msec)마다 리프레시(refresh)될 필요가 있다. 그림 6-27 (a)는 데이터 저장 커패시터와 직렬로 연결된 하나의 트랜지스터로 구성된 가장 간단한 다이나믹 메모리 셀을 나티내있다.

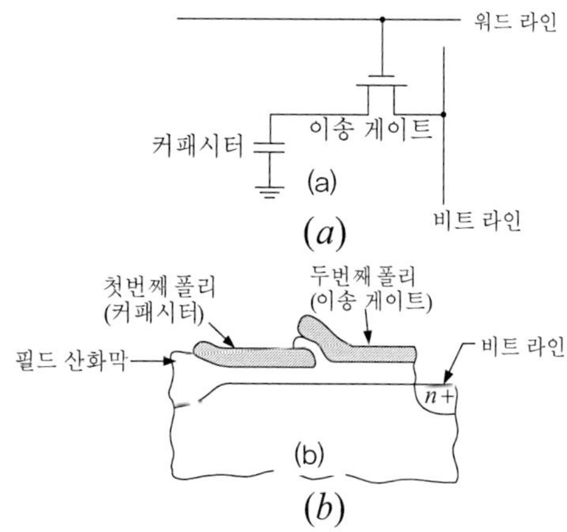

[그림 6-27] 1개의 트랜지스터 셀 dynamic RAM (a) 회로 (b) 구현

개별 셀의 접근은 전달(이송) 게이트 트랜지스터를 도통시키는 워드선(row)의 선택과 데이터가 놓여있는, 비트선(column)의 선택을 요구한다. Read 주기 동안에 저장 커패시턴스는 비트선 커패시터와 전하를 공유한다. 두 커패시턴스의 비(ratio)는 결과 전압이 검출 증폭기로 검출되도록하기 위해 적당하게 선택되어야 한다. Static 메모리와는 달리 이 경우에 읽기는 보통 데이터를 파괴하므로 쓰기 사이클이 뒤따라야 한다. 그렇지만 현재의 회로 설계는 검출 증폭기에서 데이터를 래치(latch)하게 하여 자동적으로 셀에 다시 씀(rewrite) 수 있도록 하므로 부수적인 쓰기 사이클은 필요 없게 된다.

순서대로 각각의 셀을 규칙적으로 읽기하는 것과 셀에 정보를 자동적으로 다시 쓰기하는 것이 refresh cycle을 구성한다. 더 새로운 설계는 이 refresh cycle을 칩의 내부 논리에 의해 자동적으로 실행되도록 한다. 매우 정밀한 메모리 셀을 레이아웃하기 위한 하나의 방법을 그림 6-27 (b)에 나타내었고 이것은 중첩된 폴리실리콘의 2 층을 사용한다. 두 번째 이층은 진달 트랜지스터의 게이트를 형성하고 데이터는 첫 번째 층 폴리실리콘-MOS 커패시터에서 반전 전하로 저장된다. 이것은 전하 결합소자에서 전하 전달, 저장과 비슷하다. 첫 번째 폴리실리콘 층은 어떤 직류 전압으로 고정된다. Dynamic 메모리에서 데이터는 100fF 보다 작은 커패시턴스에 저장되므로 α-입자에 의해 데이터가 손상될 수도 있다. α

-입자는 패키지를 밀봉하는데 사용되는 유리와 같은 IC 패키지에서 자연 방사능으로부터 발산된다. 이 입자들은 MOS 커패시터의 공핍층을 통과할 때 전자-정공쌍을 만들고 이 중에 전자들이 표면을 향해 확산되어 모이게 된다. 이 결과는 완전한 파괴가 아니고 "소프트 에러(soft errors)"라고 하여 오류비를 $10^3 \sim 10^5$정도 증가시킨다. 효과적인 해결방법은 무기 polyimide의 두꺼운 층으로 메모리칩을 코팅하거나 더 좋은 것은 절연체로서 질화막을 사용하는 것과 같이 높은 저장 커패시턴스를 가지도록 설계하는 것이 알려져 있다.

❑ ROM(Read-Only Memory)

메모리에 저장된 정보가 쉽게 변하지 않는 곳에 ROM이 사용된다. 그렇지 않으면 어드레스가 인가되었을 때 출력에 한 비트의 정보가 나타나는 일반적인 메모리처럼 동작한다. RAM과 달리 ROM은 전원이 꺼지더라도 데이터를 유지한다. 마이크로 프로세서 시스템이 BIOS 해석기와 같은 프로그램 수행을 위한 시작 프로그램(microinstruction)을 ROM에 저장하는 것은 당연하다. 왜냐하면 전력이 인가되는 순간 이런 프로그램이 사용될 수 있어야 하기 때문이다.

그림 6-28은 ROM의 구성을 보인다. 행(row)을 선택하기 위해 주소 비트의 일부가 사용된다. 트랜지스터의 유무가 ROM의 코딩에 사용되고 열(coulumn)선에 데이터가 나오게 한다. 열선은 여러 입력 NOR gate의 출력이 되고 남은 주소 비트는 출력으로 적절한 열선을 선택한다. ROM은 출력으로 여러 비트가 나옴을 볼 수 있다. 즉, 입력 주소가 출력 워드를 내어 줌을 알 수 있다.

트랜지스터의 유무는 공핍, 확산, 접촉, 금속선 마스크를 프로그램하여 구현된다. 공핍과 확산은 밀도 높은 레이아웃에 유용하고 접촉과 금속선 프로그램은 개발 시간을 짧게 하는데 유용하다.

ROM은 코드변환기, 함수를 발생하는 look-up table에 유용하게 사용되며 주소가 n 비트이고 출력이 m 비트이면 저장용량은 $m \cdot 2^n$이 된다.

ROM은 또한 임의의 논리(random logic) 구현에도 유용하다. 조합 로직은 보통 F = ABC + DE + FG처럼 minterm(AND)의 합(OR)으로 표시되는데 PLA(Plogrammable Logic Array)의 기본 개념으로 그림 6-29에 보인다. AND 는 인버터된 입력의 NOR로 구현됨은 드 모르간의 법칙으로 알 수 있다. OR는 NOR의 인버팅를 통해 구현할 수 있으므로 그림 6-29에서처럼 원하는 로직을 구현할 수 있다.

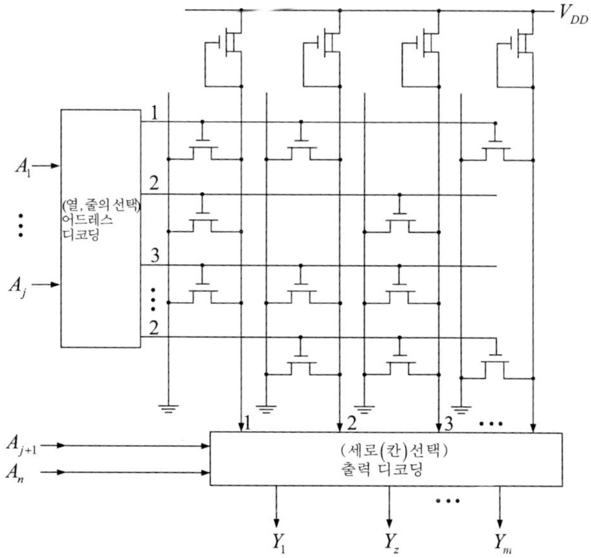

[그림 6-28] Read-only memory(ROM)

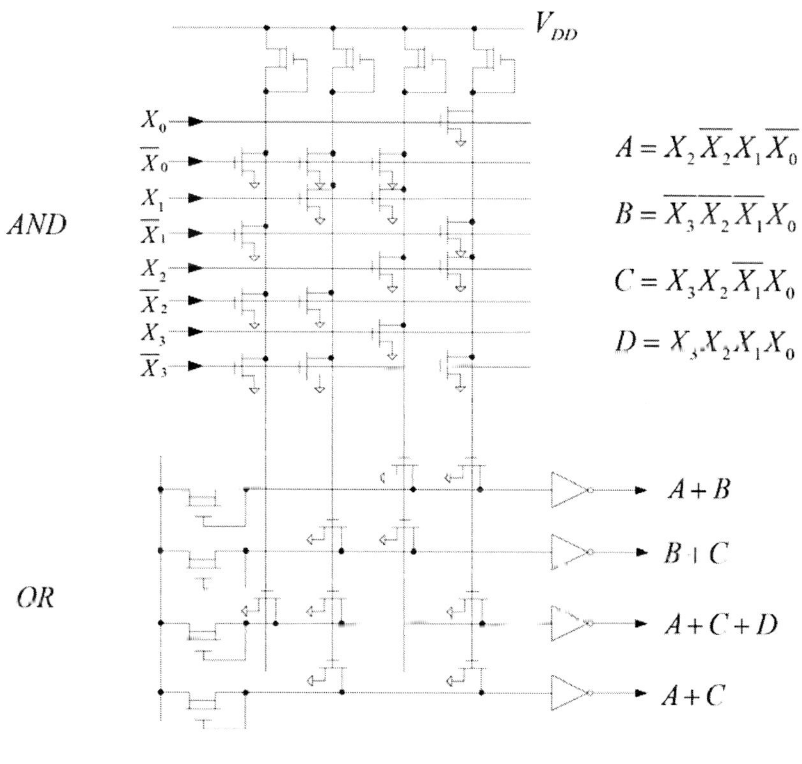

[그림 6-29] PLA(Programmable Logic Array)의 예

❑ PROM(Programmable Read-Only Memory)

표준 ROM은 제작하는 동안에 어떤 마스크 레벨에서 암호화된(encoded) 정보에 의해서 프로그램 될 수 있다. ROM 암호화(encoding)의 특성에 의해 프로그래밍은 영구적이다. 일반적으로 쌍극성 트랜지스터 기술에서 ROM은 사용자가 니크롬이나 폴리 실리콘과 같은 가용성 결합을 끊어지게 하여 코드를 프로그램하도록 한다. 이것을 "PROM"이라고 하고 한번 프로그램 되면 바꿀 수 없고, 이 장에서 논의할 내용은 아니다. 마지막 사용자가 이전의 정보를 지우고 새로운 데이터를 프로그램하도록 하는 다른 종류의 ROM에 대해 논의를 한다. 이런 소자의 형태는 MOS 트랜지스터 기술에서 구현될 수 있다. 개별적인 지움 주기(cycle)는 데이터가 자주 변하지 않는 응용 분야에 가장 적합하다. 그렇지 않으면 RAM이 더 적합할 것이다. PROM은 불휘발성의 장점을 가지고 있다. 즉, 전원이 공급되지 않아도 정보를 기억하고 있다는 뜻이다.

PROM 두 가지 형태는 EPROM(Electrically Programmable ROM)과 EEPROM (Electrically Erasable PROM)이 있다.

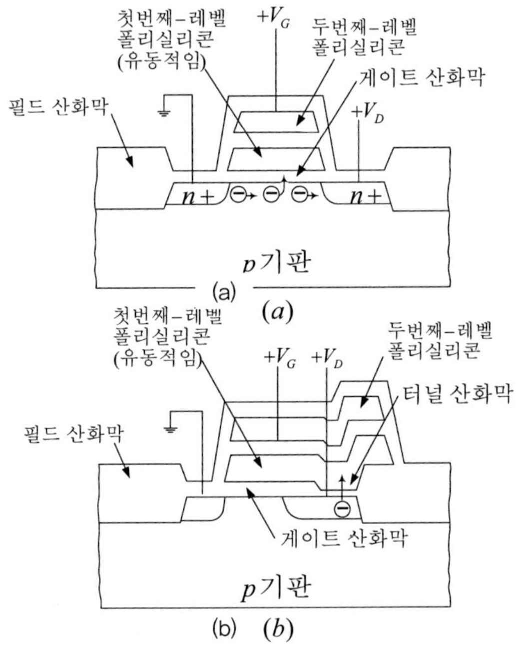

[그림 6-30] (a) EPROM소자 (b) EEPROM 소자

❑ EPROM(Electrically Programmable ROM)

EPROM은 고에너지(hot) 전자들이 부동 게이트에 주입 되고 문턱 전압을 상당히 변화시키는 것에 의해 프로그램 되어진다.

이것의 하나는 FAMOS(Floating gate Avalanche-injection MOS) 소자이고, 그림 6-30 (a)에 나타내었다. 높은 게이트와 드레인 전압에서 전자들은 Si-SiO_2 에너지 장벽을 뛰어넘을 수 있는 에너지를 얻고, 산화막을 침투하여 산화막으로 완전히 둘러싸인 부동(floating) 게이트로 주입되어 들어간다. 주입된 전자들은 소자의 문턱전압을 5~10 V 증가시켜 5 V READ 전압이 게이트에 인가되었을 때 도통에서 차단상태로 변화되게 한다. 한번 프로그램 되면 하나의 셀은 10~100년까지 전하를 가지고 있다. 읽고 쓰는 사이클(cycle)은 네 개의 단일 트랜지스터 셀들로 나타낸 그림 6-31의 도움으로 설명될 수 있다.

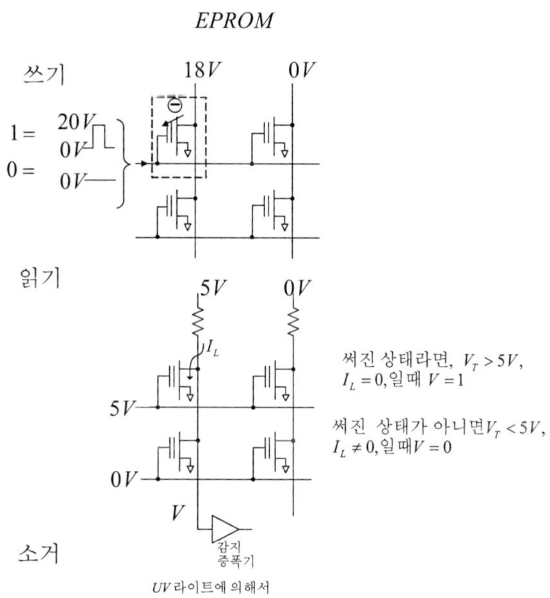

[그림 6-31] EPROM에서 WRITE, READ, ERASE cycle

맨 위의 왼쪽 셀에 쓰기(전자 주입)는 해당되는 드레인 행 선을 18 V로 올리는 동안 열 선택 선에는 10 ms 동안 20 V이 프로그래밍 전압으로 펄스를 가한다. 선택되지 않는 열과 행들은 0 V이다. 읽기는 선택된 열과 행에 5 V를 인가한다. 데이터가 쓰여진 셀에는 전류의 흐름이 없고, 행 선을 1로 가게 한다. EPROM 메모리에서 데이터를 지우기 위해서는 소켓에서 IC를 뽑아 20분 동안 강한 자외선에 노출시켜야 한다. 투명한 석영 창이 이런 목적을 위해서 IC 패키지의 맨 위쪽에 만들어져 있다. 프로그래밍(writing)은 다른 프로그래밍 도구에서 실행된다. 프로그램을 변화시키는데 이런 불편함과 지연 때문에 EPROM은 시스템을 시작품과 디버깅(debugging, 프로그램의 잘못을 찾아내어 수정하는 것)하는 동안에 자주 프로그램을 바꾸는 설계자들에게 개발 도구로서 처음에는 상상되었다. 현재 EPROM은 많은 버전과 개정이 요구되는 생산 장비에 자주 사용된다. 이런 경우에 각 버전에 대한 생산량은 마스크 프로그램된 ROM에 대한 시간과 비용을 정당화하지 않는다. EPROM 메모리는 수 백번 이상 지우고 쓸 수 있다.

❑ EEPROM(Electrically Erasable PROM)

EEPROM은 전기적인 방법으로 데이터를 지울 수 있는데 회로 내(in-circuit reprogramming)에서 다시 프로그래밍 할 수 있는 유연성을 준다.

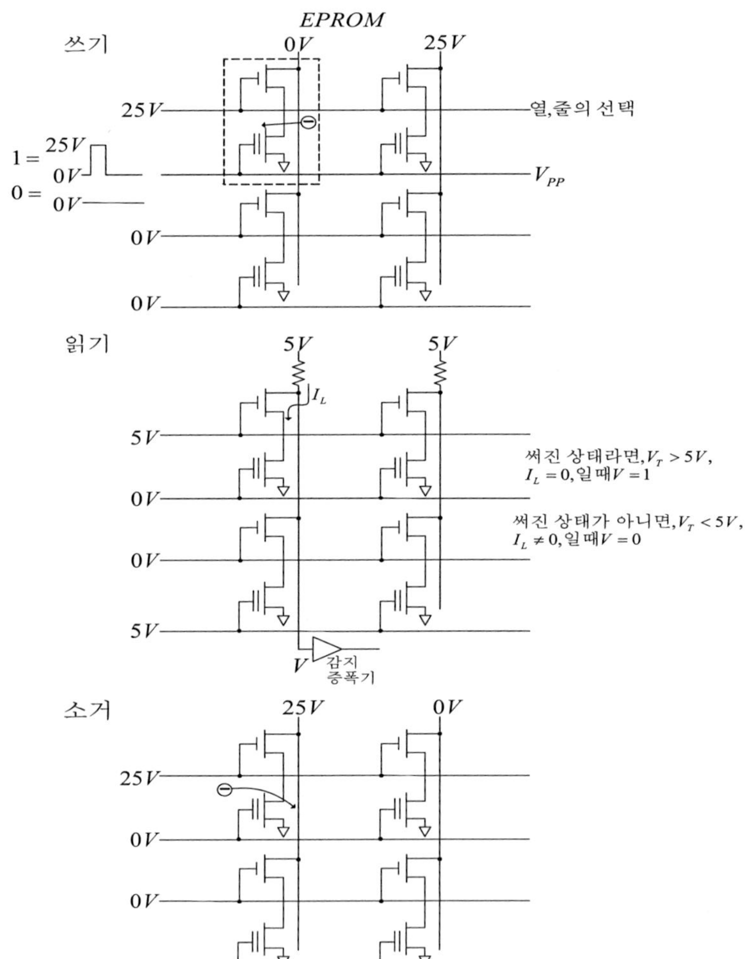

[그림 6-32] EEPROM에서 WRITE, READ, EARASE cycle

EEPROM 셀에서는 10 nm보다 얇은 게이트 산화막에 대해서 10^7(V/cm)이상의 게이트 전계를 인가하며 이때 산화막 속으로 전자의 Fower–Nordheim 터널링(tunneling)이 일어난다. 터널링된 전하는 문턱전압을 5 V~10 V 만큼 변하게 한다. 터널링은 양방향성이므로 데이터를 지우기 위해서는 게이트 전계가 반전된다.

EEPROM의 한 형태는 질화막 층을 게이트 산화막 위에 올려놓은 것으로 터널링된 전자들은 산화막-질화막 계면에 모이게 되는 MNOS(Metal Nitride Oxide Silicon) 소자이다. 소자의 이런 형태는 EAROM(electrically alterable ROM–전기적으로 바꿀 수 있는 ROM)으로 더 일반적으로 불린다. EEPROM의 다른 구현은 그림 6–30 (b)에 보여진 부동 게이트를 사용한다. 이 소자는 게이트와 드레인 사이의 작은 터널 산화막영역을 제외하면 FAMOS구조와 비슷하다. 터널 산화막 영역을 적게 제한하는 것은 전체 게이트 산화막의 보존성을 유지하는데 도움을 준다.

쓰기-읽기-지우기 주기(cycle)는 그림 6–32에서 나타낸 네 개 셀의 도움으로 설명될 수 있다. 셀당 두 개의 트랜지스터가 필요하다. 쓰기 동안에 맨 위의 왼쪽 셀은 열 선택 선에 25V를, 행 선에 접지를 가하며 선택된다. 전자들은 10 ms, 25 V 펄스가 V_{PP}리인에 공급되면 부동 게이트로 터널링 된다. 같은 열의 다른 셀들은 EEPROM셀의 드레인에 대한 게이트 전위를 0을 유지하면서 행 선을 25 V로 올리면 프로그램될 수 없다. 선택되지 않은 열들은 프로그래밍 라인을 0V에 유지 시킨다. 읽기 하는 동안 5 V가 열 선택 선과 행 선에 인가된다. 프로그램된 셀들은 5 V보다 큰 문턱전압을 가지며 전류는 0이고 행 선은 1이 된다. 역으로 프로그램 되지 않은 셀은 도통되고 행 선을 0로 만든다.

지우기(ERASE)하는 동안에 선택된 행과 열에 25 V를 인가하고 프로그램밍 선에 0 V를 가하면 전자들을 부동 게이트에서 드레인으로 터널링 되어 나오게 된다.

한 번에 한 비트씩 작업하는 것보다 대부분의 EEPROM 메모리들은 한 번에 한 개 행 이상을 처리하는 "byte–wide" ERASE와 WRITE를 허용한다. EPROM도 byte로 쓰여질 수 있지만 ERASE 과정은 블록 지우기이다.

EEPROM에서 셀의 쓰기와 지우기에 대한 전류흐름의 방향은 정해지지 않는다. 여기에 채택된 방향은 EPROM에 대한 것과 같다. 즉, 쓰기는 전자들을 부동 게이트로 밀어 넣는 것이다. 이런 역방향 약속은 "ERASE(지우기)" 라고 불리고 모든 부동 게이트로부터 전자들을 밀어내어 셀을 방전하여 선택적으로 0을 쓰게 하는 것이다.

❑ 플래시(Flash) 메모리

종래의 EEPROM은 1비트 당 2개의 트랜지스터로 이루어져 비휘발성 반도체 메모리의 가격이 높았다. 이를 해결하기 위하여 하나의 트랜지스터로 구성된 EEPROM이 일본에서 처음으로 고안되었고 이를 플래시 메모리라 이름하게 되었다.

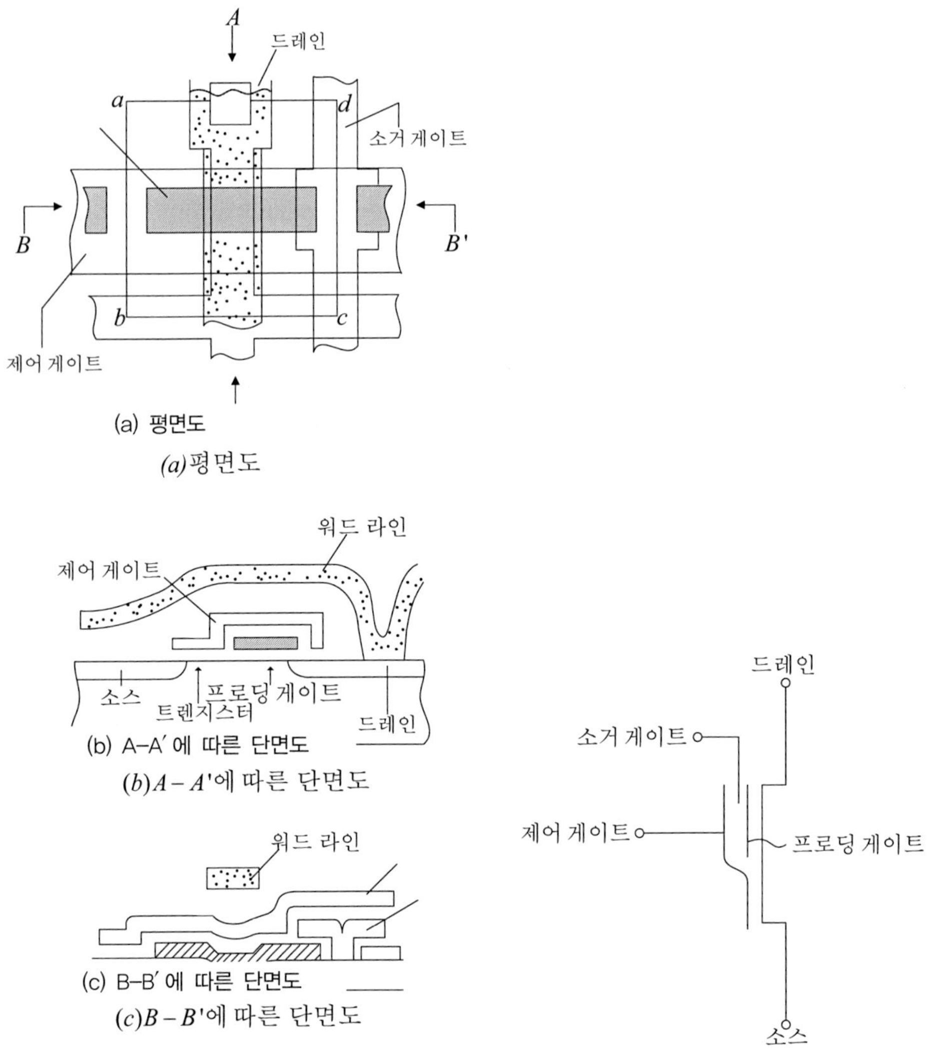

[그림 6–33] 3층 다결정실리콘을 이용한 플래시 메모리

플래시 메모리는 구조상 크게 3가지가 소개되고 있는데 3층 다결정실리콘을 이용한 플래시 메모리, 2층 다결정실리콘을 이용한 플래시 메모리 및 NAND형 플래시 메모리로 구분된다. 그림 6-33은 3층 다결정실리콘을 이용한 플래시 메모리의 셀 구조를 보이며 이 셀의 등가회로를 보인다. 부유게이트, 제어게이트 및 소거게이트의 3층 다결정실리콘이 사용되며 제어게이트에 의해 선택트랜지스터가 형성됨을 볼 수 있다.

[표 6-1] 3층 다결정 실리콘형 플래시 메모리 셀의 동작전압

모드	V_D	V_S	V_{EG}	V_{CG}	전자의 이동
써넣기	8 V	0 V	3 V	12 V	프로딩게이트에 전자를 주입
소거	–	0 V	20 V	0 V	프로딩게이트에 전자를 산출
읽어냄	1 V	0 V	0 V	5 V	–

표 6-1에 이 셀의 쓰기 및 소거 동안에 셀의 동작전압을 보이는데 쓰기 때에는 핫(hot) 전자가 산화막의 에너지 장벽을 넘어 부유게이트로 주입되고 이 결과 셀의 문턱전압은 높아진다. 소거때에는 부유게이트와 소거게이트 사이의 전계에 의한 F-N (Fowler-Nordheim) 터널 전류가 흘러 전자가 소거게이트로 이동한다. 이 결과 셀의 문턱전압은 낮아진다. 이 때 부유게이트의 다결정실리콘에는 소거게이트 쪽으로 요철을 형성하여 전계가 집중되어 전류가 용이하게 흐르게 하고 그 역방향으로는 전류가 흐르기 어렵게 한다. 그림 6-34에는 메모리 셀의 쓰기와 소거 때에 전압(V_G) 전류(I_d) 특성을 보이는데 문턱전압의 변화에 주의하기 바란다.

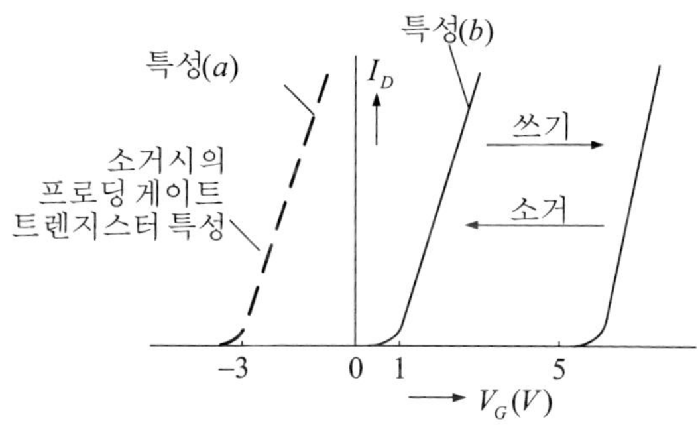

[그림 6-34] 메모리 셀의 전압 전류 특성

소거 때 부유게이트에는 과잉 정공이 들어가고 곡선 (a)와 같은 공핍형 트랜지스터의 특성을 보인다. (b)는 선택트랜지스터의 특성으로 약 1 V의 문턱전압을 갖는 증가형 트랜지스터이다. (c)는 써넣기에 의해 부유게이트에 전자가 주입되어 부유게이트 트랜지스터의 문턱전압이 약 7 V가 됨을 볼 수 있다. 읽기에는 제어 게이트에 0 V 전압을 가하고 드레인과 소스 사이의 전류 흐름을 조사한다. 만약 부유게이트가 프로그램된 경우(전자가 부유게이트에 주입된 경우), 소스와 드레인 사이에 전류는 흐르지 않아 '1'을 나타내고 소거된 경우는 전류가 흘러 '0'을 나타낸다.

2층 다결정실리콘을 사용한 플래시 메모리는 그림 6-35에 보인 적층형이 주로 사용된다. 셀의 기본구조는 EEPROM의 구조와 거의 같고 고집적화에 적합하다.

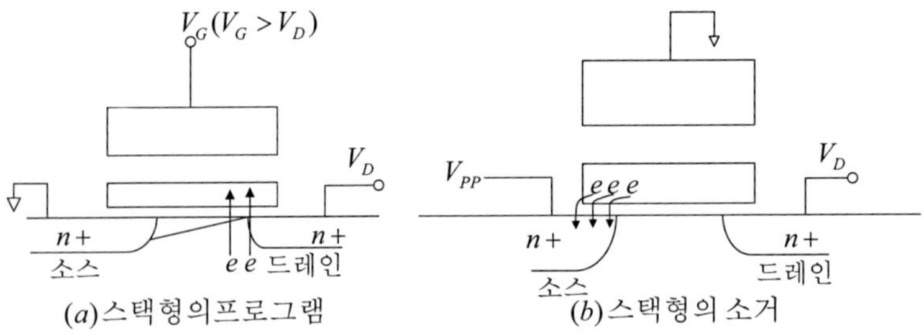

[그림 6-35] 적층형 플래시 메모리

그림 6-35의 (a)에 보이듯이 프로그램은 자외선 소거형 EEPROM에서와 같이 드레인 부근에서 발생한 hot 전자를 부유게이트에 주입한다. 부유게이트로 전자가 주입되어 셀의 문턱 전압은 증가한다. 소거는 그림 6-35의 (b)와 같이 제어게이트를 접지하고 소스에는 높은 전압을 인가하여 소스와 부유게이트 사이에 F-N터널 전류에 의해 전자를 부유게이트에서 제거한다. 따라서 셀의 문턱전압은 감소하게 된다. F-N터널 전류를 이용하기 위해서는 실리콘 위의 게이트 산화막 두께는 10 nm 보다 적어야 한다. 읽기는 3층 다결정실리콘의 경우와 마찬가지로 게이트 전압이 '0'일 때 소스와 드레인 사이의 전류 흐름으로 데이터를 확인한다.

NAND형 플래시 메모리의 기본구조는 그림 6-36에 보이는데 p웰 안에 부유 게이트를 형성하고 웰과 부유게이트 사이에 전자의 주입, 방출에 의해 쓰기 및 소거를 한다.

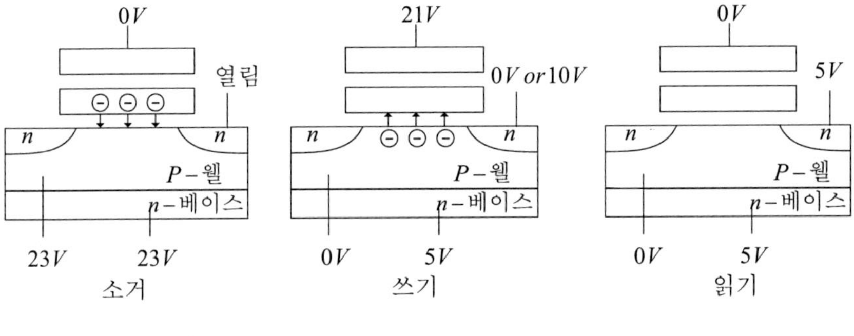

[그림 6-36] NAND형 플래시 메모리

소거 때에는 제어게이트를 0 V, p웰을 23 V로 한다. 이때, 전자는 부유게이트에서 채널 전면으로 방출되고 셀의 문턱전압은 −3 V 정도로 된다. 쓰기에는 제어게이트를 21 V, p웰을 0 V로 하며, '0'의 데이터를 쓸 경우, 드레인 전압을 0 V로 한다. 전자는 채널 전면으로부터 부유게이트로 주입되고 셀의 문턱전압은 2 V 정도로 된다. '1'의 데이터를 쓸 경우는 드레인에 10 V 전압을 가하여 터널링 산화막에 걸리는 전계를 감소시켜 셀의 문턱전압을 거의 변화시키지 않아 소거 시의 문턱전압을 유지한다. 읽을 때는 드레인에 5 V를 선충전(precharge)시키고 제어게이트를 0 V로 하여 메모리 셀의 문턱전압이 양 또는 음인 것에 의해. 즉, 셀에 전류가 흐르지 않음 또는 흐름에 의해 드레인 전압이 결정되는 것을 이용하여 데이터가 '1' 또는 '0'임을 판단한다.

6-6. 다른 회로 기술

❑ 출력 버퍼

출력 용량성 부하를 구동하는 간단한 인버터에서 상승시간과 하강시간은 같지 않다. 상승시간을 개선하기 위해 부하 트랜지스터를 크게 하면 직류전력 소모와 인버터의 면적이 지나치게 증가하게 된다.

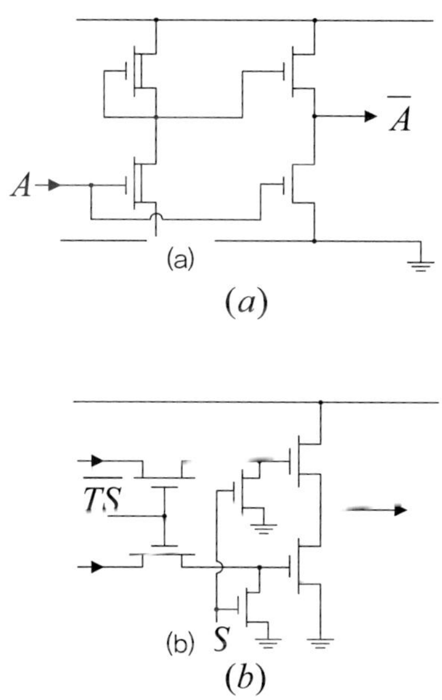

[그림 6-37] (a) 출력 버퍼의 반전 버전 (b) tristate를 위한 부가 회로

한 가지 해결방법은 입력 신호를 반전 시키는 그림 6-37(a)에서 나타낸 것처럼 push-pull 출력 구동기를 사용하는 것이다. 출력 pull-down 소자가 ON이 되었을 때 pull-up 소자는 동시에 OFF 된다. 반대로 pull-up 소자가 ON이 되었을 때 pull-down

소자는 OFF 된다. 이러한 비율이 필요치 없는 구성은 대칭적인 파형을 위해 소자 크기의 조절을 개별적으로 할 수 있게 한다.

다른 push-pull 버퍼는 tristate 출력 상태를 가지고 있고, 세 번째 상태는 두 전력 공급 경로에 높은 임피던스 경로를 제공한다. 그림 6-37 (b)는 TS(tristate 선)가 high로 갈 때 두 개의 push-pull 소자는 OFF되고, 출력단이 부동되는 것을 나타낸다. Tristate에 있는 출력단은 IC간에 최소 상호작용으로 다른 칩에 의해서 제어될 수 있다. 회로 속도는 pull-up 소자로 증가소자 대신에 공핍소자를 사용하여 개선될 수 있다. 그렇지만 tristate 특성은 추가될 수 없다. 비반전 구성은 pull-up과 pull-down 소자에 대한 연결을 반대로 하면 된다. 반전과 비반전 구성에서 두 개의 출력 소자가 ON 되었을 때 큰 전류 스파이크가 짧은 주기동안 흐를 수 있다.

❑ 부트스트랩(Bootstrap) 회로

인버터의 부하 소자를 항상 ON시켜 출력 상승시간을 줄일 수 있음을 보였다. 상승시간은 부하 소자의 게이트에 높은 전압을 인가하여 더욱 개선될 수 있다, 비록 순간적으로 일어날지라도 어떤 노드 전압이 보통의 레벨보다 높게 스스로 결합되기 때문에 이런 회로를 “bootstrap” 회로라고 한다. 이 회로가 그림 6-38에 보인다.

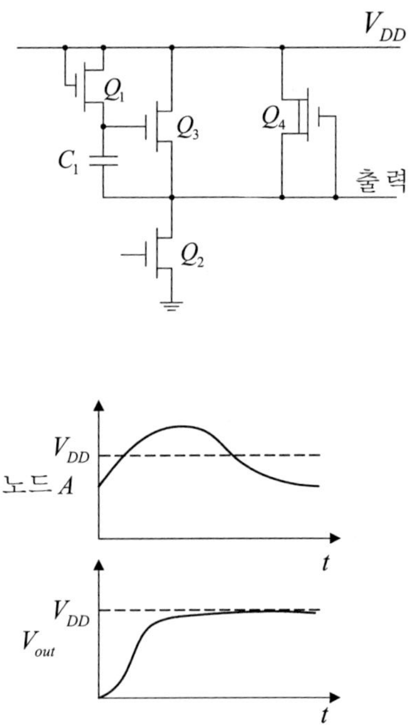

[그림 6-38] 출력 상승시간을 개선하기 위한 bootstrap 회로

트랜지스터 Q2가 ON되면 C1의 양단전압은 $V_{DD} - V_T$로 된다. 입력 전압이 Q2를 OFF 시키면, 출력 전압은 V_{DD}로 올라가기 시작한다. C1에 저장된 전하는 노드 A의 전압을 V_{DD} 이상 되게 한다. 이것은 Q3에 overdrive를 제공한다. 여분의 전력소비 없이 속도의 증가를 얻었다. 그림 6-38은 수 ms 후에 커패시터에 연결된 접합의 누설 전류로 저장된 전하가 방전하는 것을 보여준다. 그러나 속도 증가는 이미 일어났다. 긴 채널 길이의 공핍 소자(Q4)는 마지막 pull-up을 V_{DD} 레벨로 공급하기 위해 출력에 연결된다. 노드 A에 나타난 높은 전압으로 접합 항복 전압이나 트랜지스터의 punch-through가 생기지 않도록 주의해야 한다. 노드 A에 연결된 기생 커패시턴스는 bootstrapping 작용을 줄일 수 있으므로 최소화 되어야 한다.

❑ 기판 바이어스 발생기

소오스(system ground)에 대해 기판에 back-bias를 걸어주면 많은 회로 이점들을 제공한다. 소사의 문턱전압이 증가하지만 필드 문턱전압은 더 많은 양으로 증가하게 된다. 드레인 접합 커패시턴스는 작아지게 되어 속도가 향상된다. 이온 주입법의 사용은 문턱전압의 조징을 쉽게 만들었지만 드레인 커패시턴스의 감소는 바람직한 동작모드이다. 기판 바이어스 발생기를 칩에 만드는 것이 가능한 것은 계속적으로 back-bias를 사용하게 한다. 기판 바이어스 발생기는 그림 6-39에 보인다. 구형파 발진기는 입력에 0 V와 5 V 신호를 제공한다. 양의 상승 끝단에 트랜지스터 Q1(다이오드처럼 동작)이 ON되고 접지보다 문턱 전압만큼 높게 노드 A의 전압을 클램프(clamp)한다. 5 V 신호의 나머지는 그림에 보여진 방향으로 C1 양단에 걸린다. 음으로 가는 끝단에서 Q1은 OFF되고, 노드 A는 음으로 끌려가고 함께 기판도 음이 된다. 다이오드 D1과 커패시터 C2는 노드 A가 다시 양으로 바뀔 때 기판을 음의 전위로 유지한다. 역방향 바이어스 발생기는 접합 누설전류와 다른 누설전류들을 공급해야 한다. 그림 6-39에 보여진 회로의 구현은 회로의 여러 부품을 합치는 것을 가능케 한다. 더 좋은 성능 위해서 다이오드 D1은 Q1처럼 다이오드로 연결된 트랜지스터로 바꿀 수 있다. 이런 경우에 다른 결합 연결을 드레인에서 기판까지 할 필요가 있다.

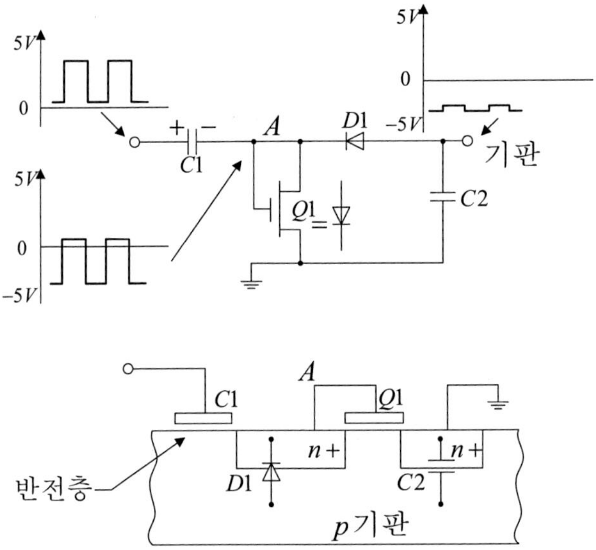

[그림 6-39] 기판 바이어스 발생기

7장

반도체 제조 공정

7 MOS 집적회로 제조

7-1. 산화

실리콘 표면에 이산화실리콘 (SiO_2) 층을 형성하는 공정이 산화이다. 산화시키는 물질은 이미 형성된 산화막을 확산하여 Si-SiO_2 계면에서 실리콘과 반응한다. 그림 7-1에 보이듯이, 길러진 산화막 두께 tox에서 산화막 표면은 원래의 실리콘 표면에서 0.54tox 위에 존재하게 되고 산화막-실리콘 계면은 0.46 tox 낮게 된다.

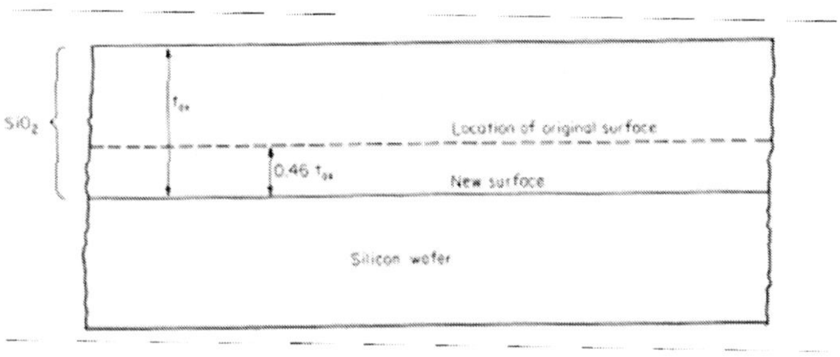

[그림 7-1] 산화 후 새롭게 형성된 실리콘 표면

산화에 대한 일반적 식은 아래와 같다.

(7-1) $tox2 + A\ tox = B(t + \tau)$

또는

(7-2) $tox = \frac{A}{2}\left(\sqrt{1+\frac{t+\tau}{A^2/4B}} - 1\right)$

여기서 t_{ox} 는 산화막 두께

B는 포물선 비례 상수

B/A 는 선형 비례 상수

t 는 산화 시간

τ 는 시작 변수

식 (7-1)의 일반적 의미는 그림 7-2에 잘 보이는데 여러 산화조건의 결과를 다음의 정규화된 축에 대하여 그렸다. $t_{ox}/(A/2)$를 $(t + \tau)/(A^2/4B)$ 대하여 그렸다.

그림에는 두 영역이 존재한다. 얇은 산화막이나 낮은 온도에서는 성장률은 $Si-SiO_2$ 계면에서 표면 반응률에 의해 제한이 되고 산화막 두께는 산화 시간에 선형적으로 바뀐다.

(7-3) $tox = \frac{B}{A}(t + \tau)$

높은 온도에서 두꺼운 산화막의 경우, 산화반응은 이미 형성된 산화막을 확산해 통과하는 산화 물질에 의해 제한된다. 이 경우 산화막의 두께는 산화 시간의 제곱근에 비례한다.

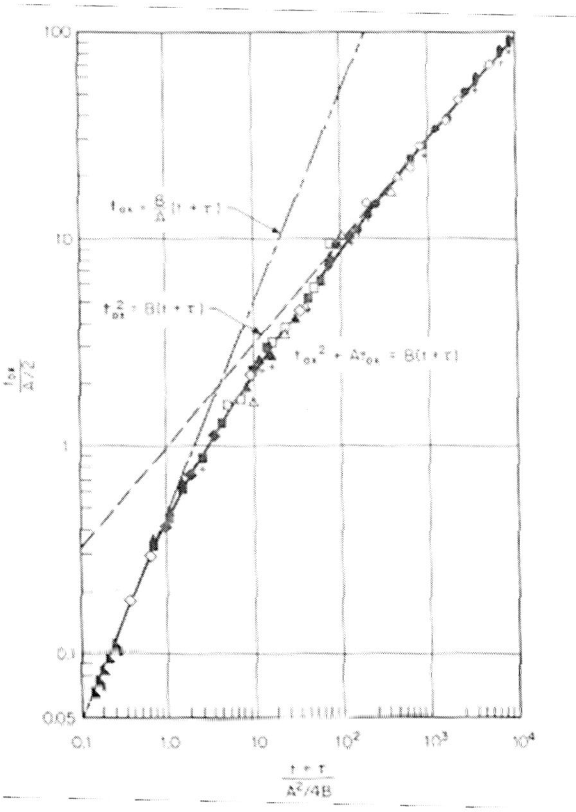

[그림 7-2] 실리콘의 열산화에 대한 일반적 관계식

(●,1300℃ ; ○,●,1200℃ ; △,▲,1100℃ ; □,■,1000℃ ;◇,◆,920℃,⬆,800℃ ; □.) 채워진 것은 O_2에서, 비워진 것은 H_2O에서 산화됨을 의미함

$$(7-4)\ t_{ox} = \sqrt{B(t+\tau)} \approx \sqrt{Bt}$$

산화막은 건식(dry) 또는 습식(wet) 산화로 길러진다. 건식산화는 산화분위기 가스로 건조한 O_2를 사용한다. 길러진 산화막은 좋은 유전 특성을 보이고 결함밀도가 낮아 게이트 산화막 같은 중요한 공정에 사용된다. 그림 7-3에 여러 산화 온도에 대하여 산화 시간의 변화에 대한 산화막 두께를 보여준다.

습식산화는 97℃ 의 끓는 점 근처에서 유지되는 증류수를 통과한 거품의 산소 또는 산화로에서 수소와 산소를 태워 산화를 행한다. 습식산화는 성장률이 매우 빠른데 이는 H_2O가 순수한 O_2 보다 산화막 내에서 매우 빨리 확산하기 때문이다. 이로 인해 짧은 산화 시간에 두꺼운 산화막을 얻을 수 있다. 반면, 낮은 온도에서 충분히 긴 시간 산화를 하여도 두꺼운 산화막을 얻을 수 있는데 이렇게 하면 실리콘에 이미 존재하는 불순물의 재분포를 적게 할 수 있다. 이런 이유로 종종 습식산화는 액티브 소자 사이의 두꺼운 필드산화막을 기르는 데 사용된다. 그림 7-4에 수증기 분위기에서 길러진 습식산화막 두께 특성을 보여준다.

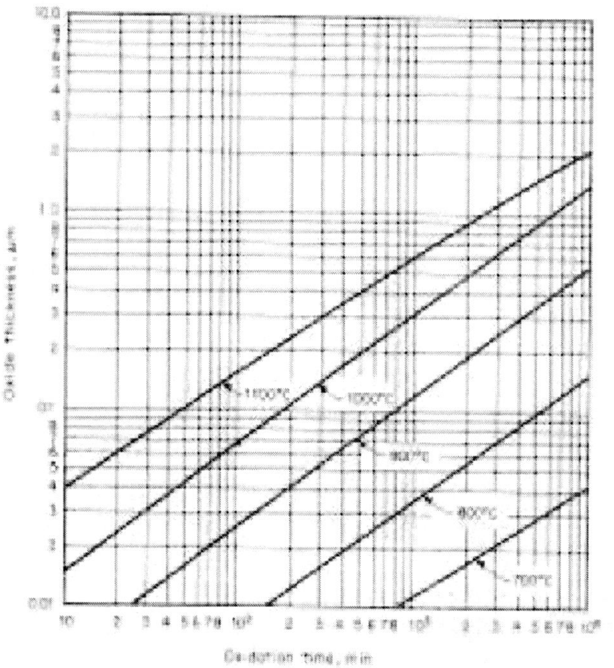

그림 7-3 (100) 실리콘에 건식산화로 산화막 성장

웨이프에 이미 길러진 산화막 층이 존재할 때 다시 산화막이 길러진다면 기존의 산화막 두께는 등가 산화 시간으로 환산되어 사용된다. 추가 산화 시간에 환산된 산화 시간이 더해져 총 산화 시간이 된다. 아래의 예를 보자.

예) 900℃에서 40분 습식산화된 웨이퍼가 1000℃에서 700분간 건식산화를 하면 최종 산화막의 두께는 어떻게 되는가?

풀이) 그림 7-4의 습식 산화에서 900℃에서 40분은 100nm 두께의 산화막을 형성한다. 그림 7-3의 건식 산화에서 100nm를 얻기 위해서는 1000℃에서 200분간 산화를 하면 됨을 알 수 있다. 따라서 추가 700분은 총 900분의 산화 시간이 된다. 그림 7-3에서 1000℃에서 900분간 건식산화는 300nm가 됨을 알 수 있다.

수 퍼센트(체적 비로 1에서 9%)의 HCl을 산화할 때 첨가하면 산화막에서 나트륨을 게터링(비활성화)하는 역할을 하여 산화막의 성질을 개선하고 소자의 여러 특성을 개선한다. 이런 이유로 게이트 산화막 성장 시 HCl이나 트리클로로에틸렌과 같은 염소를 함유한 물질을 첨가한다. 산화막 성장 시 HCl을 첨가하면 산화막 성장이 약 30% 증가한다. 그림 7-5에서 HCl의 변화에 대한 산화공정을 보인다.

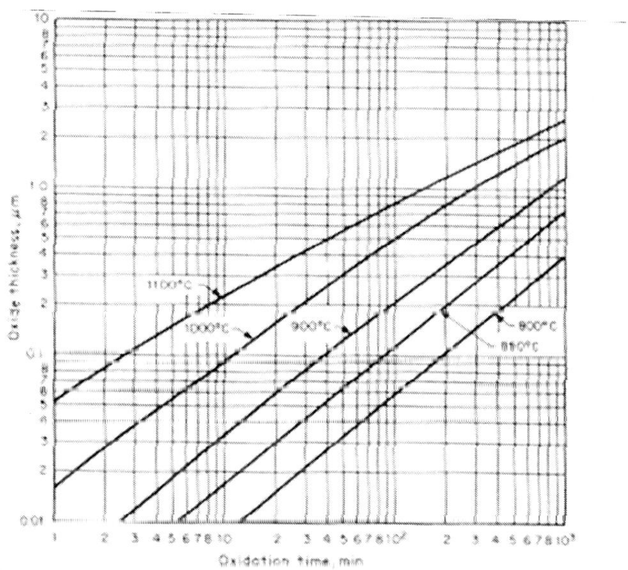

그림 7-4 (100) 실리콘 웨이퍼에 수증기에 의한 습식산화로 길러진 산화막 두께

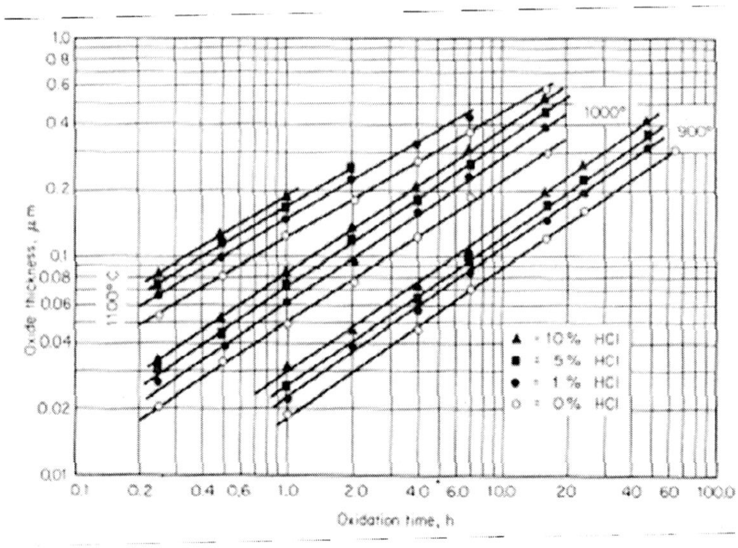

그림 7-5 (100) 실리콘 산화에 HCl 첨가 효과

○ 산화과정 중 불순물의 재분포

도핑된 실리콘 웨이퍼를 산화하게 되면 표면에서 불순물 농도가 재분포하게 된다. 재분포의 방식이나 정도는 아래와 같이 정의되는 분리상수, m에 의해 결정된다.

m = (실리콘에서 불순물의 평형농도)/(SiO_2 에서 불순물의 평형농도)

m 〈 1 인, 천천히 확산하는 붕소와 같은 불순물은 산화막의 성장시 산화막으로 들어가 실리콘 표면에서 붕소의 공핍이 일어난다. m 〉 1 인, 또 다른 천천히 확산하는 인과 같은 불순물은 산화막의 성장시 산화막이 불순물을 밀어내어 실리콘 표면에서 인의 축적이 일어난다. m=1 인 경우에도 불순물의 재분포는 일어나게 된다. 산화시 실리콘의 체적보다 산화막의 체적이 커짐으로 인하여 같은 양의 불순물이 큰 체적에 재분포하게 되어 표면 근처에서의 불순물 농도는 낮아진다. 그림 7-6은 여러 산화온도에서 붕소 농도의 재분포를 보여준다. 그림 7-7은 여러 산화온도에서 인 농도의 재분포를 보여준다. 표면과 안쪽에서의 농도차이는 낮은온도 산화와 습식산화에서 커진다. 그림 7-6과 7-7은 정상상태를 나타내며 산화시간과 산화막 두께에 무관하다.

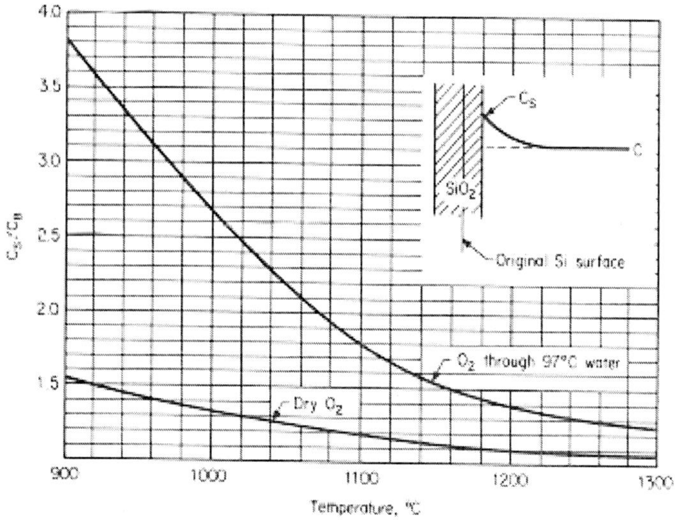

[그림 7-6] 열산화 시 붕소의 재분포, CB ≈ 1016 cm-3

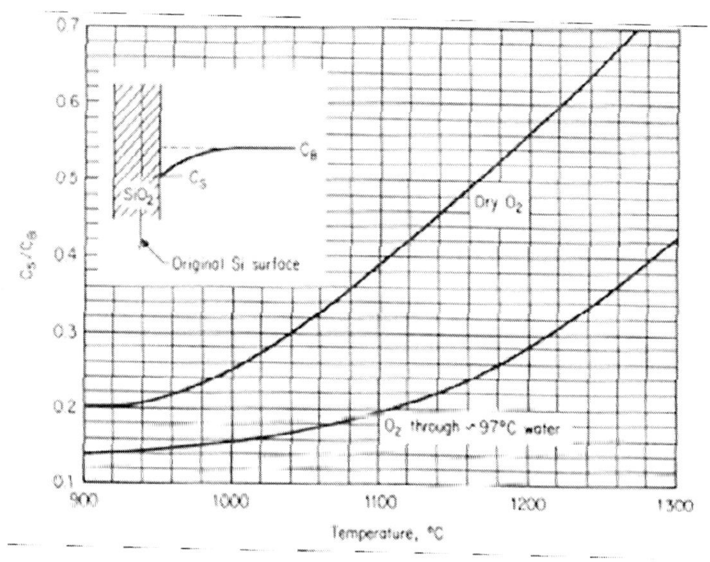

그림 7-7 열산화 시 인의 재분포, CB ~ 1016 cm-3

○ 고압 산화

1기압 이상의 고압에서 산화가 행해지면 산화막 성장률은 압력에 직접 비례한다. 이는 먼저 확산된 불순물의 재분포를 심하게 하지 않는 낮은 온도에서 두꺼운 산화막을 기르는

데 유용하다. 이렇게 낮은 온도에서 기른 산화막은 굴절률이 높고 식각률이 낮은 조밀한 산화막 특성을 보인다. 고압 산화는 산화 기인 스택킹 폴트(oxidation-induced stacking fault, OSF)의 길이와 밀도를 낮춘다. OSF는 실리콘 내에 있는 결함으로 과잉의 원자간(interstitial) 실리콘 원자가 다른 원자면을 형성하기 위해 만들어진다. 이 결함은 산화막이 제거되면 보이고 실리콘 표면은 특정 방향의 이방성 식각특성을 보인다. 이 OSF는 염색이 되어 쉽게 특정할 수 있으며 수십 마이크론 길이의 아령 모양 구조이다. 이는 과도한 접합 누설전류, 과도한 잡음과 소자 열화를 만든다. 고압 산화는 큰 누설전류의 감소를 보였는데 MOS DRAM(dynamic random access memory) 리프레시에서 2배의 향상을 보였다.

고압 산화는 LOCOS(선택적 국부산화) 공정에도 잘 적용될 수 있다. 새부리형상(bird's beak)이 침투하는 것은 높은 온도와 질화막과 아래 산화막의 높은 비에 의해 작아지는데 이는 산화 시 압력에 영향을 받지 않는다. 고압 산화 시 질화막이 더 많이 산화되나 산화막-반도체 계면의 전하와 같은 소자 특성은 상압 산화 시와 같다.

고압 산화는 기존의 석영 튜브 산화로에서 행해지나 로 전체가 긴 금속 통으로 봉해져야 한다. 500기압까지 연구가 되었으나 안전을 위해 상업적으로는 6에서 25 기압으로 제한된다.

7-2. 확산

매질에서 입자 군의 확산을 기술하기 위해 다음의 정의를 생각해보자.
Fick 의 1법칙은 입자의 플럭스 밀도는 입자밀도의 기울기와 관련된 것으로 아래와 같다.

(7-5) $f = -D \nabla N$

N = 입자밀도
D = 확산상수
f = 입자 플럭스 밀도

1차원의 경우에는 다음과 같다.

(7-6) $f = -D\, dN/dx$

Fick 의 2법칙은 입자밀도의 시간에 대한 변화는 입자플럭스 밀도의 발산과 관련된다.

(7-7) dN/dt = $-\nabla \cdot f$

1차원의 경우에는

(7-8) dN/dt = -df/dx
로 되고, 식 (7-6)과 (7-8)을 이용하면

(7-9) dN/dt = -d/dx(-D dN/dx) = D d2N/dx2

식(7-9)를 풀기 위해 두 가지 특별한 경우의 경계조건이 적용된다.

초기증착(predeposition)에서는 웨이퍼 표면에 도핑할 원자가 증착된다. 도핑 소스는 가스, 액체, 고체 상태로 존재한다. 소스는 무한대로 도판트를 공급한다고 생각되나 실리콘에 용해될 수 있는 최대 농도가 존재한다. 이 최대치를 고체용해도, No 라하고 불순물의 종류에 따라 달라지나 온도의 넓은 범위에서는 상대적으로 일정하다. 붕소의 경우 No 는 5.0 x 1020 cm-3, 인의 경우는 1.0 x 1021 cm-3, 비소의 경우 No 는 1.5 x 1021 cm-3 이고 1050℃ 에서 1250℃에서 유효하다. 초기증착의 경우 t=0, x=0에서 경계조건은 각각

(7-10) N(x, 0) = 0, N(x, t) 〈 No
(7-11) N(0, t) = No u(t)

여기서 u(t)는 스텝함수이다. 그림 7-8은 경계조건을 보여준다. 경계조건을 적용한 해는

(7-12) N(x, t) = No erfc($\frac{x}{2\sqrt{Dt}}$)

상보오차함수(erfc)는 다음과 같이 정의된다.

(7-13) erfc(y) = 1 - erf(y) = 1 - $\frac{2}{\pi}\int_0^y e^{-\lambda^2} d\lambda$

다시 쓰면

$$(7\text{-}14)\ N(x,\ t) = N_o(1 - \frac{2}{\pi}\int_0^{\frac{x}{2\sqrt{Dt}}} e^{-\lambda^2} d\lambda)$$

그림 7-9는 식(7-12)의 정규화된 도선을 보여준다.
초기증착 시간 tp 동안 단위 면적 당 도판트 원자를 계산하면

$$(7\text{-}15)\ Q(\ t = tp\ ) = \int_0^{\infty} N(x, t_p)dx$$

$$= N_o \int_0^{\infty} erfc(\frac{x}{2\sqrt{Dt_p}})dx$$

적분 테이블을 참조하면

$$\int_0^{\infty} erfc(y)dy = \frac{1}{\sqrt{\pi}}$$

따라서

$$(7\text{-}16)\quad Q(tp) = \frac{2N_o}{\sqrt{\pi}}\sqrt{Dt_p}$$

초기증착에서 얇은 층의 불순물이 증착된 후, 불순물 소스는 제거되고 웨이퍼는 높은 온도로 가열되어 불순물이 깊게 들어간다. 이를 후확산 또는 drive-in 이라 한다. 드라이브인 공정은 표면 농도를 No 보다 낮게 하거나 또는 접합깊이를 초기증착보다 깊게 하기 위해 사용된다. CMOS에서 p-tub이 좋은 예이다.

드라이브인은 산소 분위기에서 공정이 진행되기도 하는데 이는 다음 PR 작업에 산화막 층이 필요하기 때문이다.

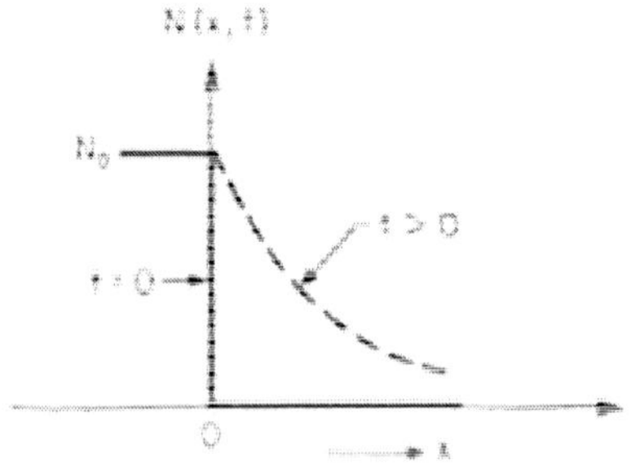

그림 7-8 초기증착에 대한 경계조건

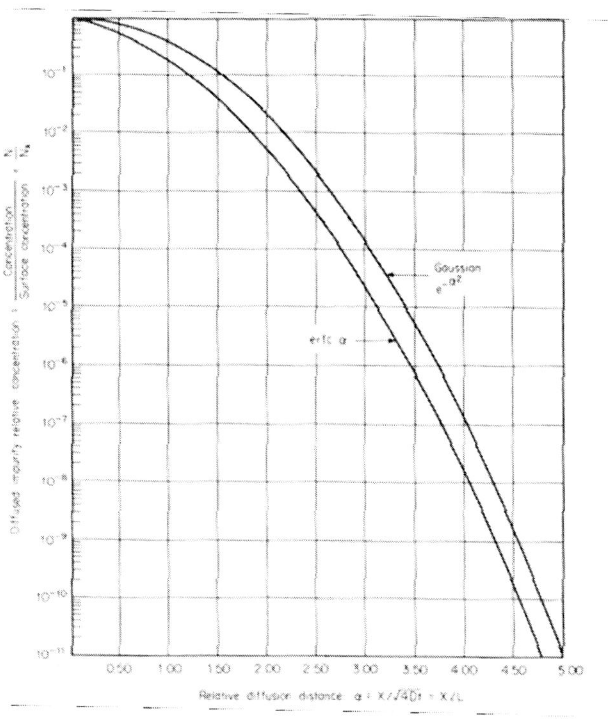

[그림 7-9] 초기증착과 드라이브인 확산에서 erfc(α) 와 e-α 2 의 정규화된 곡선

드라이브인 확산에서 경계조건은

N(∞, t) = 0, 웨이퍼는 거의 무한대 두께로 가정

표면에서 불순물이 나가지 않는다. 증착확산된 불순물이 웨이퍼에 남는다고 가정

(7-17) −D dN(0, t)/dx = 0

3. 경계조건을 보다 단순화한 것으로 증착확산된 불순물이 표면에 델타함수로 존재한다고 가정

(7-18) N(x,0) = Q(tp) δ (x)

드라이브인에 대한 해는 가우스함수 형태로 주어진다.

(7-19) N(x, t) = $\frac{Q(t_p)}{\sqrt{\pi Dt}} exp(\frac{-x^2}{4Dt})$

식(7-19)의 정규화된 형태가 그림 7-9에 보인다. 두 곡선은 x에 대하여 2√(Dt)로 정규화되었다. 그러나 두 경우 D와 t는 다른 값들임에 유의하라. 초기증착 후, 드라이브인을 할 경우 식(7-19)의 Q(tp) 는 식(7-16)에서 주어진다.

전형적인 초기증착 후 드라이브인을 한 경우, 접합깊이는 초기증착의 접합 깊이 보다 매우 커 3번째 가정인 초기증착이 델타함수임을 정당화한다.

확산계수 D는 μ m2/sec의 단위를 갖는다. 그림 7-10에서 보았듯이 확산계수는 온도에 크게 의존하며 다음 형태의 관계를 갖는다.

(7-20) D = D0 exp(-Ea/kT)

여기서 D0는 비례상수이고 Ea는 활성화 에너지이다. 만약 웨이퍼가 각각 Di, ti 의 여러 열처리를 받는다면 등가 Dt 는 각각의 Diti 를 더하면 된다. 이는 확산식의 해에서 평균 확산계수는 다음과 같이 주어지기 때문이다.

$$(7\text{-}21)\quad \overline{D}t = \left(\frac{\sum_i D_i t_i}{\sum_i t_i}\right)\sum_i t_i = \sum_i D_i t_i$$

확산공정을 모니터하기 위해 테스트 웨이퍼가 같이 공정에 투입된다. 확산공정은 테스터 웨이프를 사용하여 평가되고 파괴측정을 동반하기도 한다. 가장 흔히 사용되는 테스트는 접합깊이와 면저항 측정이다.

그림 7-11 (a)에 보이듯이 접합깊이는 약 1도의 경사각으로 갈아 측정한다. 강한 빛에서 농축된 HF로 착색하면 p+ 영역은 n+ 영역보다 어둡게 된다. 단색광이 부분반사 거울을 통해 쬐어지면 간섭패턴이 생긴다. 웨이퍼 표면에서 접합까지의 가장자리수에 반파장을 곱하면 접합깊이가 된다. P+ 의 공핍층 가장자리에 착색이 되며 합금접합에 착색되지 않

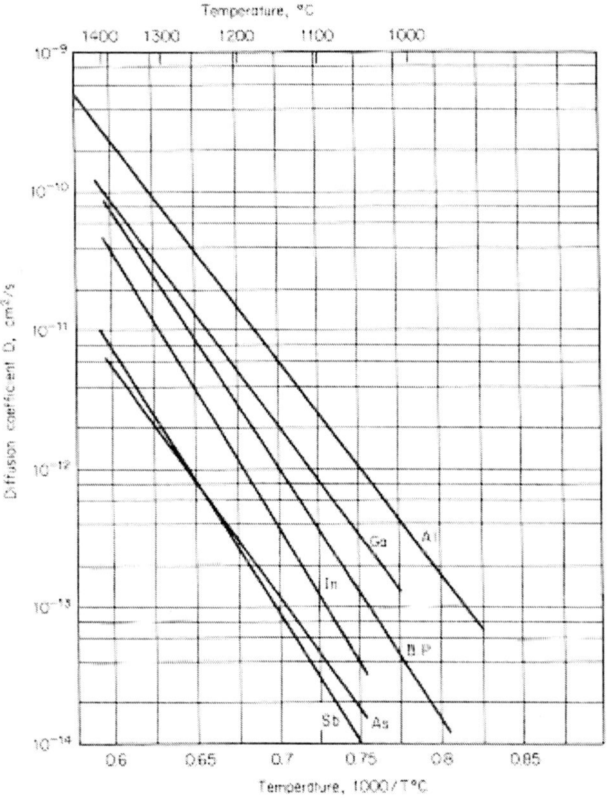

[그림 7-10] 온도에 대한 확산계수

음에 주의하라. 이 기법은 경사각에 무관함이 밝혀졌고 따라서 작은 경사각으로 가는 수고를 하지 않는 홈파기(groove)와 착색 기술을 가져왔다. 특수 마모 휠로 웨이퍼 내에 홈파기를 하면 된다. 그림 7-11(b)에 결과 구조를 보이며 간섭패턴으로부터 접합깊이를 알 수 있다.

확산공정에서 다음으로 중요한 모니터는 면저항의 측정이다. 4점 프로브 방식이 가장 흔히 사용된다. 같은 간격으로 조밀하게 있는 4개의 프로브가 모니터 웨이퍼에 내려진다. 그림 7-12에 보이듯이 전류는 외부의 두 프로브로 흐르고 안쪽 프로브로 전압을 측정한다. 프로브 간격또는 측정할 층의 두께보다 웨이퍼 직경이 큰 경우, 면저항, ρ_s 는 다음과 같다.

(7-22) $\rho_s = \pi / \ln 2 \; V/I = 4.53 \; V/I$

2점 전압-전류 측정에 영향을 미치는 직렬 접촉저항의 문제를 4점 프로브 기법은 극복할 수 있다.

면저항 측정 패턴이 테스터 웨이퍼보다는 완성된 칩에서 측정을 하기 위해 집적회로에 포함될 수 있다. 그림 7-13 왼쪽에 보이듯이 확산 패턴은 2단자 사각형 띠 모양으로 단순히 될 수 있다. 측정된 저항은 면저항과 다음과 같이 연관된다.

(7–23) $R = V/I = \rho_s L/W$

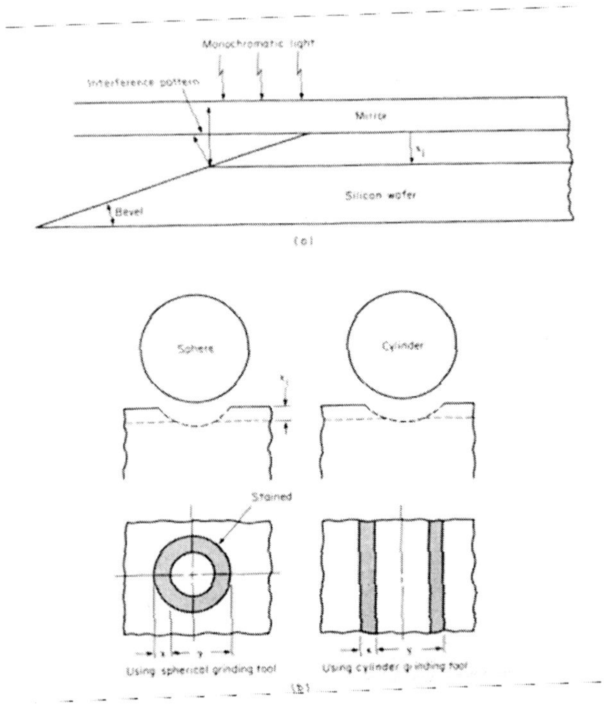

그림 7–11 접합깊이를 측정하기 위한 (a) 경사갈기, (b) 홈파기

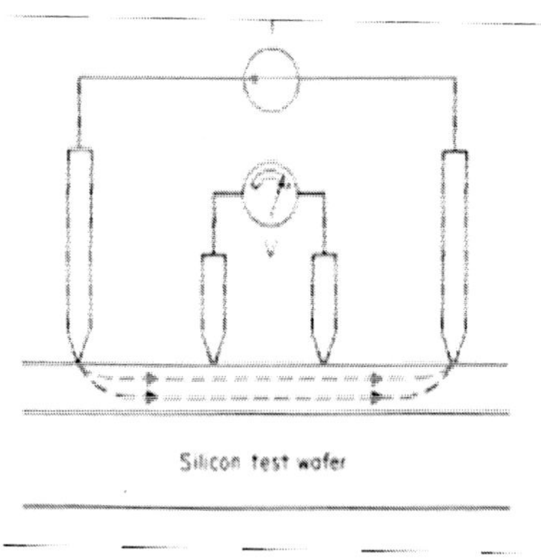

그림 7–12 4점 프로브기법으로 면저항 측정

L/W의 비는 패턴에서 정사각형의 수이다. 접촉저항이 문제가 되면 사각 띠에 여분의 두 점을 내어 4점 프로브 방식을 사용하면 된다. 이 경우 내부 접촉 사이의 L/W를 측정하여 식 (7-23)을 사용하면 된다.

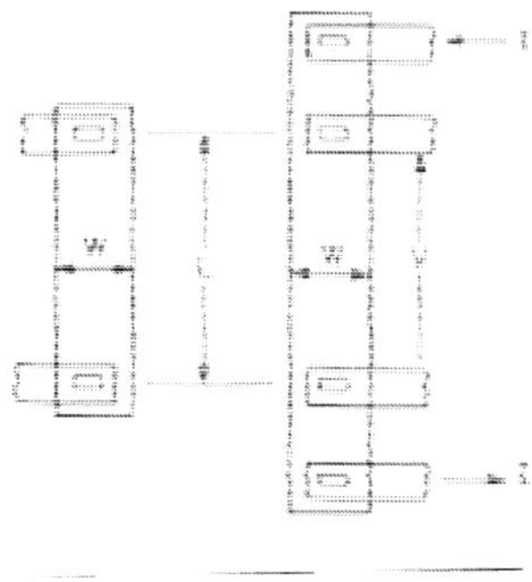

그림 7-13 면저항 측정 패턴

7-3. 이온 주입

이온 주입은 실리콘 웨이퍼로 불순물을 정밀하게 조절하며 넣을 수 있는 방법이다. 따라서 확산과 같은 기능을 한다. 그러나 MOS 공정에서 널리 사용됨으로 분리된 장으로 여기서 다룬다. 이온 주입은 IC 기술의 역사에서 비교적 빠른 시기에 제안되었다. 윌리암 쇼클리는 트랜지스터의 특허가 나오고 7년 뒤인 1954년에 이온주입 기본 특허를 받았다. 지금은 필드 문턱전압 세어, 증가형과 공핍형 트랜지스터 문턱전압 조정 CMOS 텁(tub) 이나 기판 도핑, 다결정 실리콘, 소스, 드레인 도핑에 이온 주입이 사용된다. 현재의 MOS 회로의 100%가 웨이퍼 표면에 최소한 이온주입공정을 한 번 이상 받았다고 해도 맞을 것이다. 웨이퍼 뒷면에도 게터링을 위해 아르곤을 주입하기도 한다.

기존의 열확산에 비해 이온 주입의 장점은 다음과 같다.

정확한 도핑 제어: 실리콘 웨이퍼로 들어가는 불순물의 양이 전기적으로 제어됨으로 매우 정밀하다. 5% 보다 나은 정확도를 얻기가 쉽다. 이온 주입된 저항이나 소자의 문턱전압에서 재현성이 뛰어나다. 특히 주입되는 불순물 양이 적을 때 이온 주입은 꼭 필요하다. 예를 들어 문턱전압을 조절하기 위해 센티미터 제곱당 1011 도판트 원자를 사용하는데 반면 화학 확산의 최소 제한은 1013 cm-2 이다.

상온 공정: 이온 주입은 상온에서 행해진다. 이것의 가장 큰 결과는 PR 패턴이 불순물 마스크 역할을 하는 것이다. PR은 150℃ 까지 견딘다. 확산이 필요할 때 PR은 산화막 식각 마스크로 사용되고 이 산화막이 확산 마스크로 사용된다. 산화막의 성장, 식각, 마스킹 후의 제거와 같은 공정이 이온 주입에서는 필요하지 않다.

얇은 층을 통한 주입: 확산은 표면에 산화막이나 질화막이 없어야 되나 막이 충분히 얇으면 이온주입은 그런 막을 관통할 수 있다. 좋은 예는 게이트 산화막을 통한 문턱전압 조절 이온주입이다. 얇은 산화층을 통해 이온주입 하는 것은 흔한 일이다. 이렇게 하면 실리콘 표면이 오염으로부터 보호된다. 또한 입사되는 이온 빔을 흩트리면 균일성이 향상된다.

불순물 프로파일 제어: 확산에서는 최대 농도가 표면에 있게 되는 제한이 있다. 이온 주입에서는 최대 농도를 표면 아래 둘 수 있는 자유도가 있다. 예를 들면 짧은 채널 소자에서 펀치스루를 막기 위해 채널 아래부분에 부분적으로 기판의 농도를 높힐 수 있다.

이온주입공정에서 특정 도판트는 전계에 의해 가속되고 완전한 모멘텀 천이에 의해 실리콘으로 물리적으로 박히게 된다. 그림 7-14에 이온주입기가 보인다. 이온의 소스는 가스 또는 나중에 기화될 액체이다. 소스 원자는 플라즈마 챔버에서 이온화되고 초기 가속을 받게 된다. 질량에 대한 전하의 비에 의해 강력한 자석이 원하는 이온 종류를 분리한다. 이온 빔은 집속되고 최종 가속된다. 장비의 끝에 이 빔을 받기 위한 웨이퍼가 놓여진다. 웨이퍼 내에 이 빔을 스캔하기 위해 xy 래스터 스캔으로 전자적으로 빔의 방향을 바꾸거나 일정한 빔에 웨이퍼를 회전한다. 웨이퍼에 입사되는 이온의 수는 패러데이 컵으로 정확히 측정된다. 전 시스템이 진공에 있고 양으로 대전된 이온은 -30kV에서 -200kV 로 가속된다. 안전을 위해 사람과 접촉하는 장비 끝의 웨이퍼 취급 쪽은 땅과 접지를 유지한다.

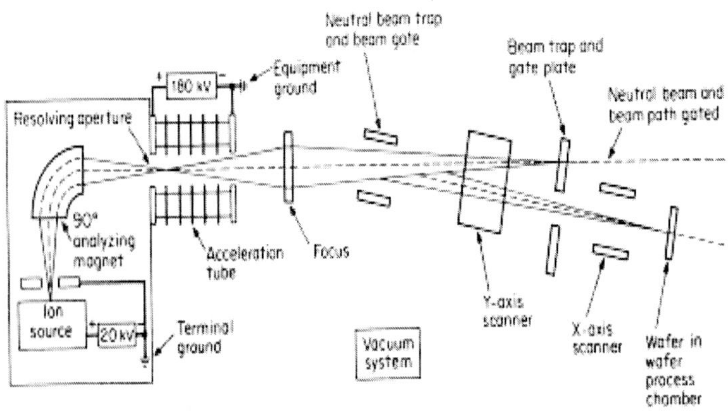

그림 7-14 이온주입기

우선 관심을 끄는 설계 변수는 이온 종류, 이온이 가속되는 전압, 단위 면적 당 실리콘 표면에 입사하는 이온의 수인 도즈이다. 이온 종류의 선택 폭은 꽤 넓다. B+ 처럼 1가로 대전 된 기본 이온, B++ 처럼 2가로 대전 된 이온, BF2 같은 분자로 구성된다. 1가로 대전 된 이온이 100kV로 가속되면 100keV의 에너지를 얻게 된다. 2가로 대전 된 이온은 200keV의 에너지를 얻게 된다. 같은 에너지에서 질량이 작은 이온은 실리콘에 더 깊게 침투한다. MOS 공정에 사용되는 이온주입의 전형적인 도즈는 표 7-1에 주어진다.

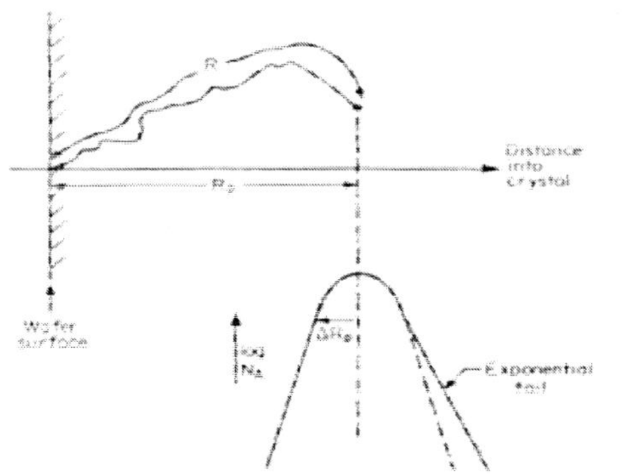

그림 7-15 이온 주입에서 사정거리와 표준편차의 정의

[표 7-1] MOS 공정에 사용되는 이온주입의 전형적인 도즈

Process step	Unique feature	Approx. range of dose, cm^{-2}
p-Tub	Dose control	10^{13}
Field implant	Dopant peak below surface	10^{13}
Threshold adjust	Control and low dose	10^{11}
Anti-punch-through	Profile control	10^{11}
Depletion implant	Control and low dose	10^{12}
Source and drain	Self-aligned	10^{15}
Getter	No phosphorus contamination	10^{15}

침투깊이는 사정거리 Rp로 정량화 된다. 어떤 하나의 이온도 실리콘 내를 직선으로 지나가지 않고 실리콘 핵과 충돌하며 임의의 지그재그 경로로 이동하며 정지하게 된다. 그러나 전체적으로 보면 그림 7-15에 보이듯이 모든 이온이 표면으로부터 평균적인 거리 Rp에서 정지한다. 1차적 근사에서 프로파일의 분포는 표준편차 ΔRp인 가우시안 이다. 그림 7-16에 3가지 가장 흔한 이온인 붕소, 인, 비소에 대하여 에너지의 함수로 Rp, ΔRp를 보여준다. 실리콘 외 다른 기판에 대해서도 컴퓨터에 의해 생성된 여러 이온의 Rp, ΔRp 를 알 수 있다. 주입 에너지가 증가하면 Rp, ΔRp 가 증가한다. 이것은 주어진 도즈에서 주입이 깊이 될수록 많이 퍼지고 최대 농도가 감소함을 의미한다.

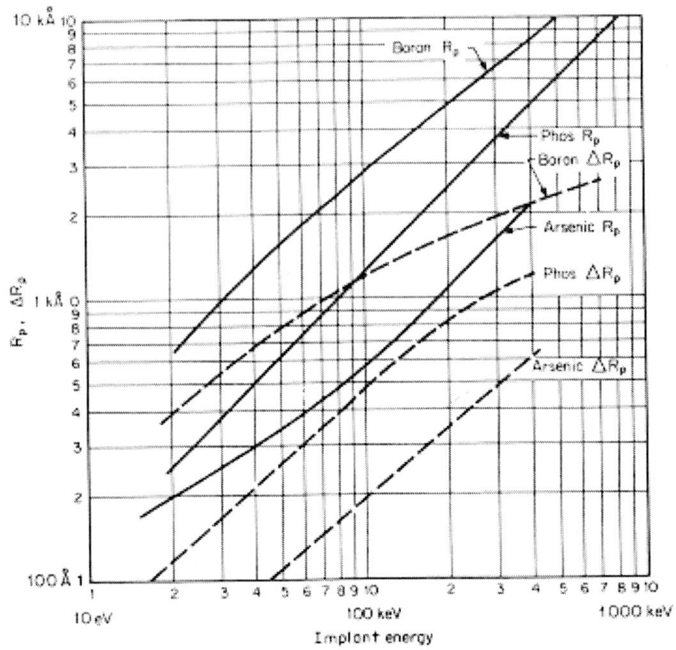

그림 7-16 이온 주입에서 사정거리와 표준편차, Rp: 실선, △Rp: 점선

주입된 도판트의 공간상 분포는 1차적 근사에서 가우시안 분포를 따른다. 그러나 붕소의 경우 그림 7-15처럼 눈에 띄게 지수함수 꼬리를 갖는다. 많은 도판트가 예상한 것보다 깊게 들어간다. 이것은 "채널링" 이라는 현상 때문이다. 결정 실리콘에서 특정한 방향에서는 실리콘 원자가 완벽히 줄을 서고 이때 입사 이온은 긴 빈 채널을 보게 된다. 또한 실리콘 원자의 척력으로 도판트는 채널 깊이 들어가게 유도된다. 작은 수의 이온이 이 채널 안에서 발견되고 큰 Rp에서 정지한다. 채널링은 제어하는데 어려움이 있어 실제 바람직하지 않다. 채널링을 방지하기 위해 이온빔에 수직에서 7° 벗어나게 웨이퍼를 유지한다.

가우시안 분포는 주입된 이온을 다음과 같이 나타낸다.

(7-24) $N = N_{peak}\exp[-\frac{1}{2}(\frac{x-R_p}{\Delta R_p})^2]$

가우시안 곡선에서 면적에 해당하는 도즈는 Npeak 과 연관된다.

(7-25) $N_{peak} = \frac{D_s}{\Delta R_p\sqrt{2\pi}}$

예제: 5x1015 cm-3 인 n형 기판에 붕소가 100keV, 1x1013 cm-2 의 도즈로 이온 주입되면 이온 주입 직후 접합깊이를 구하시오.

풀이: 표 7-2에서 100keV에서 Rp = 0.3μ m, ΔRp = 0.07μ m

(7-26) Npeak = 1x1013 cm-2 /[(0.07 x 10-4 cm)$\sqrt{2\pi}$]

= 5.7x1017 cm-3

xj = Rp + $\sqrt{2}\Delta$Rp $\sqrt{}$(ln Npeak/NB)

= 0.30 + $\sqrt{2}$ 0.07 $\sqrt{}$(ln 5.7x1017/5x1015) = 0.52μ m

앞에서도 언급되었듯이 이온주입의 중요 이점은 사이 층을 통해 도판트를 주입할 수 있는 능력이다. 그런 사이 층의 효과는 등가 실리콘의 두께로 환산되어 취급된다.

(7-27) teq = tlayer (실리콘에서 Rp / 사이 층에서 Rp)

실리콘 이외의 물질에 대한 사정거리는 표7-2에서 표 7-4에 주어진다. 이 원리는 사이 층을 침투하여 실리콘에서 정지하는 도즈의 비율을 결정하게 한다. 비율, fsi 은 teq 부터 무한대까지 가우시안 분포를 적분하고 총 도즈로 나누면 된다. 결과는 오차함수로 주어지고 그림 7-17의 확률곡선으로 알 수 있다. 관계식은 다음과 같다.

(7-28) fsi = $$\frac{\int_{teq}^{\infty} N(x)dx}{D_s}$$

$$= \frac{\int_{teq}^{\infty} N_{peak}\exp[\frac{-1}{2}\frac{(x-R_p)}{\Delta R_p}]}{N_{peak}\Delta R_p\sqrt{2\pi}}$$

$$= 1/2[1+erf(\frac{R_p \quad teq}{\sqrt{2}\Delta R_p})]$$

[표 7-2] 실리콘이 아닌 기판에서 붕소의 사정거리와 표준편차

	B in Si		B in SiO_2		B in Si_3N_4	
Energy, keV	Projected range, μm	Projected standard deviation, μm	Projected range, μm	Projected standard deviation, μm	Projected range, μm	Projected standard deviation, μm
10	0.0333	0.0171	0.0298	0.0143	0.0230	0.0111
20	0.0662	0.0283	0.0622	0.0252	0.0480	0.0196
30	0.0987	0.0371	0.0954	0.0342	0.0736	0.0267
40	0.1302	0.0443	0.1283	0.0418	0.0990	0.0326
50	0.1608	0.0504	0.1606	0.0483	0.1239	0.0377
60	0.1903	0.0556	0.1921	0.0540	0.1482	0.0422
70	0.2188	0.0601	0.2228	0.0590	0.1719	0.0461
80	0.2465	0.0641	0.2528	0.0634	0.1950	0.0496
90	0.2733	0.0677	0.2819	0.0674	0.2176	0.0527
100	0.2994	0.0710	0.3104	0.0710	0.2396	0.0555
110	0.3248	0.0739	0.3382	0.0743	0.2610	0.0581
120	0.3496	0.0766	0.3653	0.0774	0.2820	0.0605
130	0.3737	0.0790	0.3919	0.0801	0.3025	0.0627
140	0.3974	0.0813	0.4179	0.0827	0.3226	0.0647
150	0.4205	0.0834	0.4434	0.0851	0.3424	0.0666
160	0.4432	0.0854	0.4685	0.0874	0.3617	0.0684
170	0.4654	0.0872	0.4930	0.0895	0.3807	0.0700
180	0.4872	0.0890	0.5172	0.0914	0.3994	0.0716
190	0.5086	0.0906	0.5409	0.0933	0.4178	0.0731
200	0.5297	0.0921	0.5643	0.0951	0.4358	0.0744

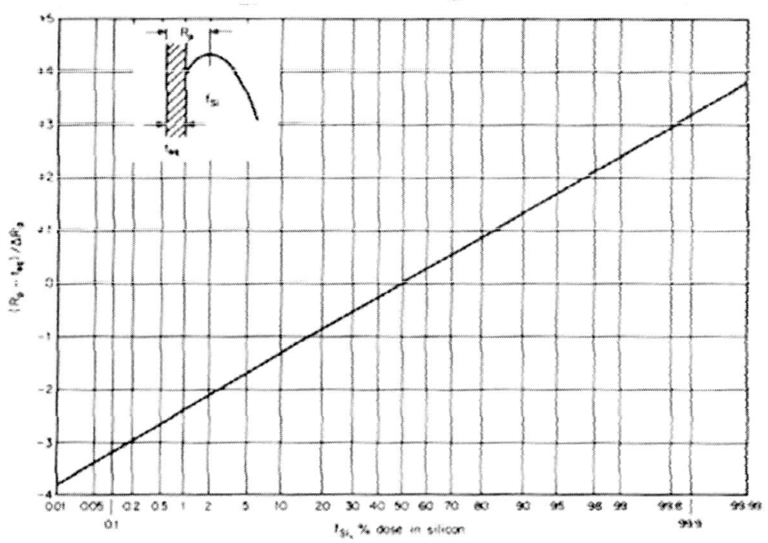

그림 7-17 어떤 층을 통해 주입될 때 실리콘 내에 들어가는 도즈의 비

그림 7-17에 따르면 Rp 가 teq 보다 크면 주입된 50% 이상의 도즈가 실리콘에 남게 된다. 오차함수의 부호와 관련하여 합리적인 체크가 가능하다.

이온주입은 두께가 충분히 두꺼우면 PR 이나 다른 물질로 마스킹될 수 있다. Rp + 3

ΔRp 점이 마스킹 막 내에 있으면 마스킹은 유효하다고 할 수 있다. 그림 7-18은 100keV로 주입할 경우, 마스크로 필요한 막의 두께를 보여준다. 여러 마스킹 물질이 포함되어 있다.

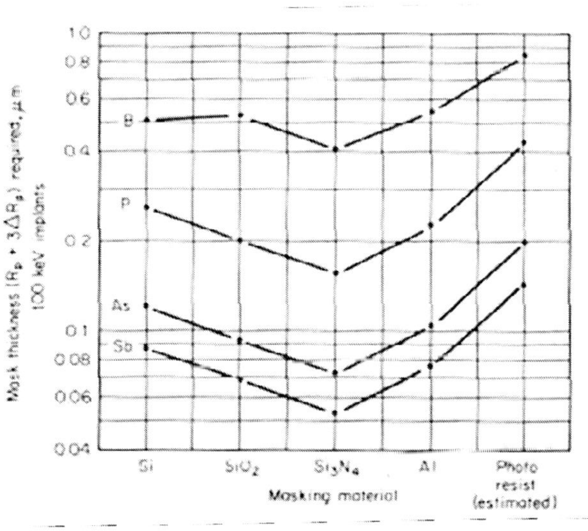

그림 7-18 100keV로 주입할 경우 마스크로 필요한 막의 두께

실리콘 내에서 주입된 이온이 정지하게 될 때, 실리콘 원자는 원래 위치에서 벗어나 충격받은 원자의 괘적을 남기게 된다. 사실, 높은 도즈의 주입에서 이런 훼손 괘적은 엉기어 비정질 층을 형성한다. 따라서 실리콘 격자 무질서나 임의의 훼손을 어닐(anneal) 할 필요가 있다. 어닐이 완료되면 주입된 이온은 실리콘의 치환위치로 가게 되고 전기적으로 활성화된다. 실리콘은 이온주입 이전의 결정성을 회복하게 되어 높은 벌크 이동도, 높은 전송자 수명, 낮은 면저항, 낮은 누설전류 특성을 보인다. 낮은 도즈 주입에서는 불활성 가스 분위기에서 600℃, 30분 어닐하면 충분하다. 높은 도즈 주입에서는 100% 활성화를 위해 900℃에서 어닐하는 것이 필요하다. 완전히 비정질 층을 형성하는 이온 주입은 600℃ 근처에서 안전히 어닐 되나 붕소의 경우는 작은 질량에 의해 적은 훼손이 생기나 적절한 어닐을 위해 900℃의 높은 온도가 필요하다.

보통의 이온 주입 어닐은 열처리 방법으로 하나 레이져 어닐을 사용하는 방법이 주목을 받고 있다. 레이저의 광자 에너지는 실리콘 표면 근처에 흡수되고 열로 바뀐다. 레이져 빔의 스폿 크기는 매우 작아 높은 온도의 영역을 국부적으로 한정할 수 있다. 웨이퍼의 온도는 상온으로 유지되어 도판트의 재분포에 거의 영향을 주지 않는다. 그림 7-19에서 레이져 어닐 도핑 프로파일은 바로 주입된 경우와 거의 같으나 열적으로 어닐된 경우 재분포가 심각하게 됨을 볼 수 있다.

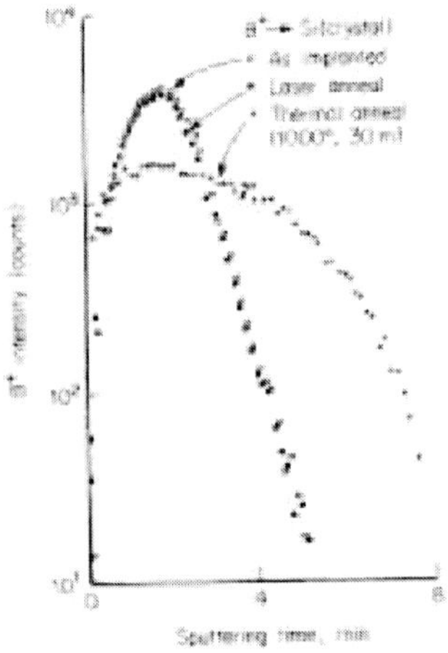

그림 7-19 바로 주입된 경우, 레이저 어닐된 경우, 열적으로 어닐된 경우의 도핑 프로파일

[표 7-3] 실리콘이 아닌 기판에서 인의 사정거리와 표준편차

	P in Si		P in SiO_2		P in Si_3N_4	
Energy, keV	Projected range, μm	Projected standard deviation, μm	Projected range, μm	Projected standard deviation, μm	Projected range, μm	Projected standard deviation, μm
10	0.0139	0.0069	0.0108	0.0048	0.0084	0.0037
20	0.0253	0.0119	0.0199	0.0084	0.0154	0.0065
30	0.0368	0.0166	0.0292	0.0119	0.0226	0.0092
40	0.0486	0.0212	0.0388	0.0152	0.0300	0.0118
50	0.0607	0.0256	0.0486	0.0185	0.0376	0.0143
60	0.0730	0.0298	0.0586	0.0216	0.0453	0.0168
70	0.0855	0.0340	0.0688	0.0247	0.0532	0.0192
80	0.0981	0.0380	0.0792	0.0276	0.0612	0.0215
90	0.1109	0.0418	0.0896	0.0305	0.0693	0.0237
100	0.1238	0.0456	0.1002	0.0333	0.0774	0.0259
110	0.1367	0.0492	0.1108	0.0360	0.0856	0.0280
120	0.1497	0.0528	0.1215	0.0387	0.0939	0.0301
130	0.1627	0.0562	0.1322	0.0412	0.1022	0.0321
140	0.1757	0.0595	0.1429	0.0437	0.1105	0.0340
150	0.1888	0.0628	0.1537	0.0461	0.1188	0.0358
160	0.2019	0.0659	0.1644	0.0485	0.1271	0.0377
170	0.2149	0.0689	0.1752	0.0507	0.1354	0.0394
180	0.2279	0.0719	0.1859	0.0529	0.1437	0.0411
190	0.2409	0.0747	0.1966	0.0551	0.1520	0.0428
200	0.2539	0.0775	0.2073	0.0571	0.1602	0.0444

어닐링에 사용되는 레이져는 연속파이거나 펄스파 이다. 성공적으로 사용되는 연속파 레이져는 파장이 0.48μ m과 0.51μ m인 아르곤 레이져이다. 스폿의 크기는 100μ m 단위이고 약 1ms의 지속시간을 가지며 라스터 스캔된다. 스캔은 40% 의 중첩을 가지게 조정된다. Q-switched Nd:YAG(neodymium:yttrium aluminum garnet) 와 같은 펄스 레이

져는 1.06μ m 파장에서 스폿 크기는 약 5mm의 50ns 펄스를 만든다. 두 형태의 레이져는 같은 유효 전력밀도를 생성하도록 조정될 수 있으나 실제 사용함에 있어 펄스 레이져의 전력밀도는 너무 높아 실리콘을 부분적으로 녹게 한다. 부분적으로 녹은 적은 체적에서 도판트는 균일하게 재분포된다. 실리콘은 액상 에피탁시에 의해 매우 빨리 재결정화되고 성질이 우수하고 결함이 없는 결정 표면을 형성한다. 반면 연속 레이져는 실리콘을 실제 녹이지 않고 고상 에피탁시에 의해 재결정화가 되게 조절할 수 있으며 성질이 우수한 결정 표면을 얻을 수 있다. 또한 처음 주입된 것과 같은 도핑 프로파일이 유지된다.

반도체 공정에서 레이져를 이용할 때 초기의 관심은 열 어닐을 직접 대신할 수 있는 가능성에서 출발하였다. 예를 들면, 접합깊이를 줄이기 위해 NMOS 공정에서 소스와 드레인의 도판트를 인에서 비소로 바꾸었다. 그러나 CMOS 공정에서 붕소를 대신할 도판트를 찾을 수 없었다. 레이져 어닐은 붕소의 얕은 프로파일을 유지하며 높게 도핑된 소스와 드레인을 완전히 활성화하는 방법을 제시하였다. 이후 레이져는 MOS 의 다른 공정에도 이롭게 사용된다. 레이져 에너지는 다결정 막을 재결정화하고 낮은 면저항을 갖게 한다. 또한 다결정막 표면의 돌기를 부드럽게하여 첫째 다결정 산화막 위에 두 번째 다결정 막이 증착 된 경우 다결정과 다결정막의 단락을 줄이게 된다. 레이져는 접촉저항을 줄이기 위해 접촉의 합금이나 소결에 열 소스를 대신할 수 있다.

[표 7-4] 실리콘이 아닌 기판에서 비소의 사정거리와 표준편차

	As in Si		As in SiO_2		As in Si_3N_4	
Energy, keV	Projected range, μm	Projected standard deviation, μm	Projected range, μm	Projected standard deviation, μm	Projected range, μm	Projected standard deviation, μm
10	0.0097	0.0036	0.0077	0.0026	0.0060	0.0020
20	0.0159	0.0059	0.0127	0.0043	0.0099	0.0033
30	0.0215	0.0080	0.0173	0.0057	0.0135	0.0045
40	0.0269	0.0099	0.0217	0.0072	0.0169	0.0056
50	0.0322	0.0118	0.0260	0.0085	0.0202	0.0066
60	0.0374	0.0136	0.0303	0.0099	0.0235	0.0077
70	0.0426	0.0154	0.0346	0.0112	0.0268	0.0087
80	0.0478	0.0172	0.0388	0.0125	0.0301	0.0097
90	0.0530	0.0189	0.0431	0.0138	0.0334	0.0108
100	0.0582	0.0207	0.0473	0.0151	0.0367	0.0118
110	0.0634	0.0224	0.0516	0.0164	0.0400	0.0127
120	0.0686	0.0241	0.0559	0.0176	0.0433	0.0137
130	0.0739	0.0258	0.0603	0.0189	0.0467	0.0147
140	0.0791	0.0275	0.0646	0.0201	0.0500	0.0157
150	0.0845	0.0292	0.0690	0.0214	0.0534	0.0167
160	0.0898	0.0308	0.0734	0.0226	0.0568	0.0176
170	0.0952	0.0325	0.0778	0.0239	0.0603	0.0186
180	0.1005	0.0341	0.0823	0.0251	0.0637	0.0195
190	0.1060	0.0358	0.0868	0.0263	0.0672	0.0205
200	0.1114	0.0374	0.0913	0.0275	0.0706	0.0214

또한 레이져 펄스가 웨이퍼 뒷면에 조사되면 금속 불순물을 잡는 녹은 싱크로 작용하여 효과적인 게터링을 할 수 있다. 마지막으로 다결정 실리콘을 단결정 실리콘으로 재결정화 하는데 사용된다. 이 공정은 graphoepitaxy 라 불리고 웨이퍼 위에 다른 층의 회로를 만들 수 있는 다시 말해, 3차원 집적회로의 가능성을 열어 준다.

7-4. 증착

높은 도핑의 기판에 고품질의 높은 저항률을 갖는 에피탁시 성장막은 복잡한 MOS 집적 회로나 래치업이 없는 CMOS에 사용이 증가하고 있다. 매우 높은 온도에서 사 염화실리콘에서 수소를 제거하면 실리콘 에피탁시 성장이 가능하다.

(7-29) SiCl4 + 2H2 (가스) → Si (고체) + 4HCl (기체) @1250℃

두 번째 방법은 실란(사일렌)을 다소 낮은 온도에서 열분해 한다.

(7-30) SiH_4 (가스) → Si (고체) + $2H_2$ (가스) @1000℃

두 경우 모두 완전한 공정은 낮은 결함의 기판을 사용하는 것에서 시작된다. (100)이 아닌 (111) 기판에서 웨이퍼의 핵생성 사이트는 단결정의 연속적인 층의 모서리를 노출하기 위해 주축에서 3° 에서 7° 빗나가게 하면 증가한다. 다음은 위쪽의 0.2μ m에서 0.5μ m 실리콘을 식각하기 위해 수소 캐리어 가스에 HCl을 묽게 주입한다. 이는 웨이퍼 표면을 깨끗하게 하는 역할을 한다. 화학 반응을 시작하기 위해 웨이퍼가 놓인 실리콘 카바이드 코팅된 흑연 고정틀은 RF 유도로 가열되거나 강한 석영관 빛으로 가열된다. 그림 7-20의 장비 구성에서 고정틀은 벨자(bell jar) 밑의 회전 고정틀 형태, 확산 로에서 길고 좁은 보트, 또는 회전하는 원형통 형태를 갖는다.

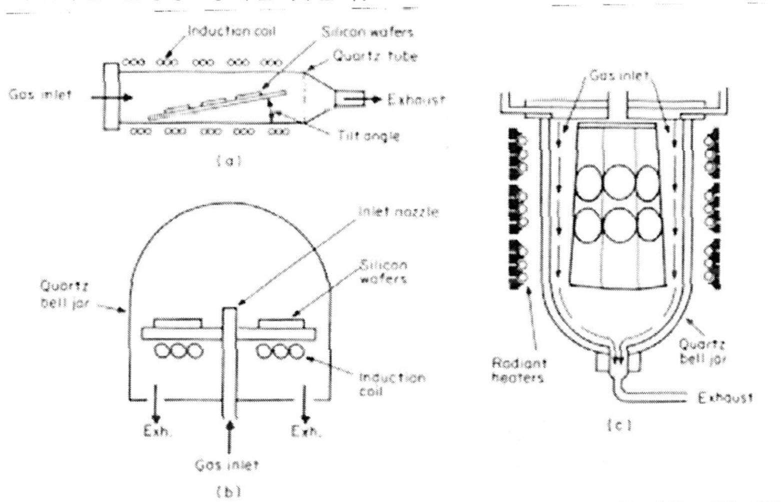

그림 7-20 여러종류의 에피탁시 반응로: (a) 수평 유도가열, (b) 수직 유도가열, (c) 원통형 방사가열

에피탁시 성장은 화학기상법(chemical vapor deposition, CVD)의 특수한 형태로 기판의 결정 구조가 증착되는 층으로 확장된다. 보통의 CVD는 다결정 실리콘, 실리콘 산화막, 실리콘 질화막을 증착하는데 사용된다. 다결정 실리콘의 증착은 식(7-30)의 화학 반응식을 사용하나 600℃에서 700℃에서 행한다. 다결정 실리콘은 보통 도핑이 되지 않은 채로 증착되고 나중 공정에서 도핑된다. 실리콘 산화막은 다음과 같이 형성된다.

(7-31) SiH_4 + $2O_2$ → SiO_2 + $2H_2O$ @450℃

증착은 400℃ 와 500℃ 사이에서 일어나고 막은 LTO(low temperature oxide)라 불린다. 산화막은 도핑이 되지 않기도 하고 반응에서 아신, 다이보레인, 또는 포스핀을 사용하면 각각 비소, 붕소, 인을 도핑할 수 있다. 증착된 막은 열적 생성 산화막처럼 밀도가 높지는 않으나 900℃ 보다 높은 온도에서 30분간 가열하면 열적 생성 산화막과 구별이 불가능할 정도로 밀도가 높아진다. 실리콘 질화막은 다음과 같이 생성된다.

(7-32) $3SiH_4 + 4NH_3 \rightarrow Si_3N_4 + 12H_2$ @700℃

저압CVD(low pressure CVD) 는 760 토르의 상압이 아닌 0.5 토르에서 1토르의 압력에서 행해지는 화학기상법이다. 이런 낮은 압력에서는 확산계수가 1000배 정도 증가한다. 가스의 평균자유행정의 증가는 기판면에 반응가스나 부산물의 이송률을 약 10배 증가시킨다. 이런 능력의 응용 결과는 기존의 CVD에서 웨이퍼를 편평하게 놓는데 반해 웨이퍼를 모서리로 조밀하게 세워 공정하는 것이다. 증착된 막은 균일성, 막의 완성도, 스텝 커버리지, 단차피복성에서 좋은 특성을 보인다. LPCVD는 다결정 실리콘, 실리콘 산화막, 실리콘 질화막을 증착하는데 사용될 수 있다.

알루미늄은 MOS IC에서 가장 흔한 금속 물질이다. 보통 막의 두께는 약 1μ m 정도 사용된다. 증발할 때까지 알루미늄 소스를 가열하여 증착한다. 증발하는 분자는 웨이퍼에 붙고 고체막으로 응결된다. 막의 균일성을 높이기 위해 웨이퍼는 소스에 대해 여러 축 주위로 회전하며 동시에 행성 운동으로 움직인다. 알루미늄 증발의 잠재열을 운용가능한 수준으로 낮추기 위해 증발 챔버는 진공이 되어야 한다. 증착이 일어나기 전에 10-6에서 10-7 토르로 펌핑이 되어야한다. 증발이 일어나면 압력은 10-5 토르로 높아지고 나머지 공정의 끝까지 유지된다. 증착 챔버를 진공으로 유지하면 오염을 없앨 수 있고 알루미늄 증기의 평균자유행정을 높일 수 있다.

그림 7-21(a) 에 보이듯이 증발된 알루미늄을 제공하는 가장 흔한 시스템은 알루미늄 도가니에 전자빔을 집중하는 것으로 형성 된다. 전자만이 알루미늄과 접촉하므로 오염의 수준은 매우 낮다. 알루미늄을 증발시키는 전력을 제공하는 전자빔은 270° 휘어 타겟에 도달한다. 강한 전자빔이 사용됨으로 웨이퍼에 방사 훼손이 생길 수 있으며 뒤이은 공정 스텝에서 어닐되어 없어져야 한다.

알루미늄 막의 공통의 문제는 아래쪽 산화막에 있는 스텝에서 단차 도포성이 없는 것이다. 스텝에서 머리털 같은 가는 크랙이 생길 수 있다. 증착 중 웨이퍼를 300℃ 정도 가열하면 이 문제를 해결할 수 있다. 접촉영역에서 1%에서 3%의 고체용해도가 될 때까지 실리콘이 알루미늄으로 녹아들어 간다. 결과로, 알루미늄은 빈 실리콘으로 들어가게 되고 금속 스파이크를 형성하여 아래쪽 접합을 관통하여 단락시킨다. 다른 문제는 전자이주(electromigration) 이다. 전자이주 효과는 전류가 흐를 때 전자의 충돌이나 모멘텀 교환에 의해 알루미늄의 이동이 일어나는 것이다. 실제 도체 띠의 한쪽 끝에서는 빈공간이 생기고 다른 끝에서는 알루미늄이 쌓여 힐록(hillock)이 생긴다. 이런 두가지 현상은 1%의 실리콘을 가진 알루미늄을 사용하거나 전류밀도를 낮추면 최소화할 수 있다.

그림 7-21(b) 에 보이듯이 두 번째 금속증착 시스템은 스퍼터링(sputtering) 이다. 보통 아르곤의 불활성 가스기 전계에 의해 진공에서 글로우 방전된다. 양이온이 타겟(금속)이라 불리는 캐소드에 충돌하고 금속의 고체 층이 웨이퍼에 증착된다. 직접 모멘텀 전이에 의해 타겟 물질은 떨어져 나오고 애노드에 놓인 웨이퍼에 증착된다. 전계는 직류 또는 RF(radio frequency) 전압에 의해 생성된다. 스퍼터링으로는 실제 타겟으로 어떠한 물질도 증착할 수 있으며 비전도성 실리콘 산화막도 증착 가능하나 증착률은 낮다. 사용할 만한 스퍼터링 공정을 위해서는 충돌 이온에 대해 떨어져 나오는 원자의 수인 스퍼터링 수율을 높이기 위한 노력이 필요하다.

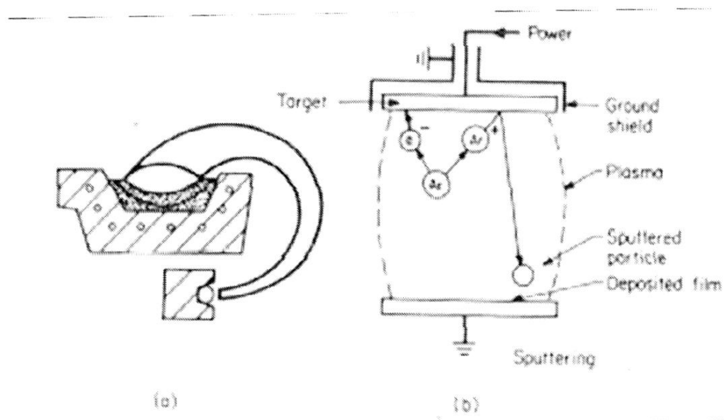

그림 7-21 두 가지 알루미늄 증착시스템 (a) 전자빔, (b) 스퍼터링

7-5. 포토리소그래피

포토리소그래피는 웨이퍼의 패턴에 마스크의 패턴 이미지를 전달하는 전 공정을 포함한다. 이 공정은 MOS IC 제조에서 노동 집약적인 공정으로 왜냐하면 각 웨이퍼가 개별적으로 공정되어야 하고 여러 공정 스텝이 필요하기 때문이다 포토리소그래피의 핵심은 PR(photoresist) 인데 빛의 조사에 의해 특성이 극적으로 바뀌는 유기 중합체이다.

가장 흔한 PR은 네가티브 PR 이다. 강한 자외선(UV) 빛에 노출되면 중합체는 교차 연결되어 분자무게가 증가되고 유기용매에 녹지 않게 된다. 어둡게 유지된 영역은 현상액에 용해된다. 마스크와 반대의 투명과 불투명 패턴이 생성됨으로 네가티브 PR이라 불린다. 그림 7-22(a) 가 이 관계를 보여준다. 다른 형태의 PR은 포지티브 PR이다. 빛에 노출되면 중합체가 깨어지고 현상액에 녹게 된다. 노출되지 않은 영역은 용매에 녹지 않는다. 그림 7-22(b)에서 마스크와 같은 투명, 불투명 패턴을 보이며 포지티브 이미지를 만든다. 두 종류의 PR에서 용매에 대한 용해성은 분자무게의 좁은 범위에서 급격하게 변하고 뛰어난 모서리 선명성을 가져온다. 포지티브 PR은 세밀한 선과 간격을 결정할 수 있어 고밀도 공정에 선택되기 쉽다.

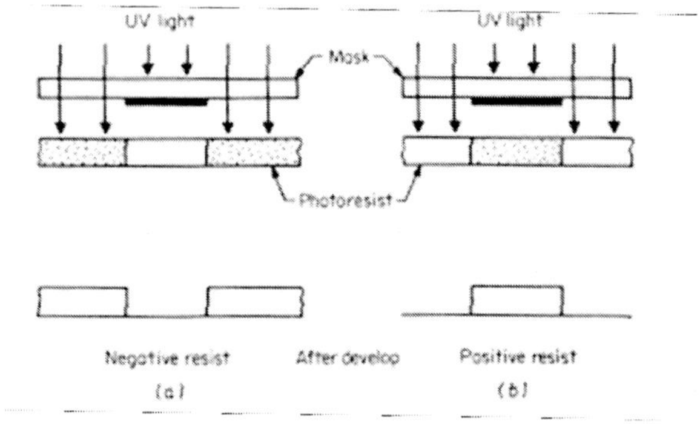

그림 7-22 네가티브와 포지티브 PR

포토리소그래피 공정은 다음과 같이 진행된다. 우선 PR이 잘 달라붙기 위해 웨이퍼는 충분히 세척되어야 하고 수분이 없어야 한다. 세척 후 탈수 가열이 요구된다. 웨이퍼는 척 위에 놓여지고 진공에 의해 끌려 붙게 되며 수천 rpm(revolution per minute)으로 스핀된다. 여기서 HMDS(hexamethyl disilazane)와 같은 접착 촉진재가 가끔 사용된다. PR을 웨이퍼에 떨어뜨

리면 여분의 PR은 스핀되어 날아간다. PR의 두께는 스핀 속도와 PR의 유동성에 의해 결정되며 떨어뜨리는 PR 량에 의해 결정되지 않는다. 그림 7-23에는 두 가지 대표 PR에서 스핀 속도의 함수로 PR의 두께를 보여준다. 포지티브 PR이 두꺼운 경향을 보인다. PR에서 용매를 날리기 위해 빛에 노출하기 전에 소프트 베이크(soft bake)(프리 베이크, prebake)를 100℃ 이하에서 행한다. 빛에 노출한 후 PR은 현상된다. 현미경 아래에서 각각의 웨이퍼를 검사하여 전체 품질 평가와 선 간격과 선 폭이 규격을 만족하는지 확인하기 위해 중요치수(CD, critical dimension)를 측정한다. 모든 것이 잘 되었으면 하드 베이크(hard bake) 또는 포스트 베이크(postbake)를 100℃ 보다 약간 높은 온도에서 한다. 이는 웨이퍼가 식각액에 들어가기 전 PR이 최대 접착 되게 한다. PR은 유기물질로 다결정 실리콘, 산화막, 금속 식각에 사용되는 대부분의 화학약품에 견딘다. 역으로 식각 후, PR은 아래 있는 층에 피해를 주지 않는 아세톤과 같은 유기용매로 벗겨낸다.

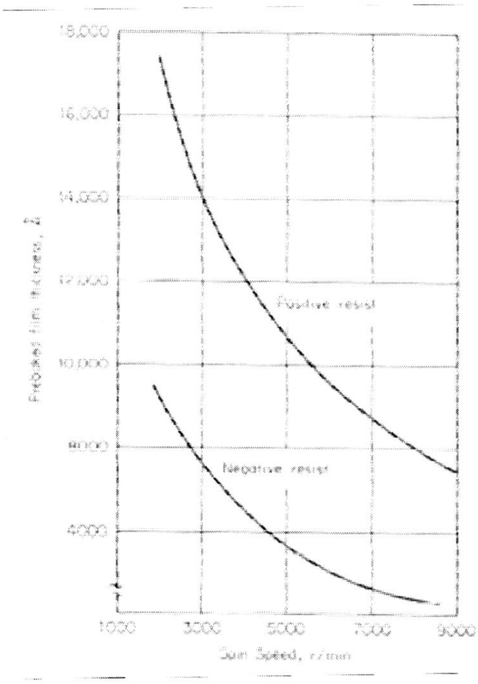

그림 7-23 스핀 속도에 대한 PR 두께

노광 시스템은 크게 세 가지 형태가 있다. 가장 기본 시스템은 직접 접촉 프린팅이다. 얼라이너(aligner) 작업자는 현미경을 사용하여 웨이퍼에 있는 기존 패턴에 마스크를 정렬한다. 유화액(emulsion)이 웨이퍼 쪽으로 향한 마스크가 웨이퍼와 직접 접촉이 되게 놓인다. 직접 접촉프린팅은 1μ m 보다 적은 선을 그리는 고해상도, 높은 처리량, 낮은 비용의 장점이 있다. 그러나 마스크와 웨이퍼를 직접 접촉하면 사용에 따라 마스크가 훼손된다. 유화액 형태의 마스크사용은 10번에서 15번 노광으로 제한된다. 크롬으로 유화액을 대신하면 150번 노광까지 사용가능하나 PR 패턴에 만들어지는 결점으로 LSI(large scale integrated circuit) 에 실제 사용하기 어렵다.

투사프린팅 시스템은 마스크 패턴을 굴절렌즈가 아닌 반사 렌즈 구성요소를 통해 웨이퍼에 투사한다. 이때 마스크와 웨이퍼는 접촉하지 않는다. 정밀도를 향상시키기 위해 빛을 1mm 폭의 아크형 슬릿을 통해 초점을 잡는 것으로 이미지 필드 크기가 감소된다. 마스크는 웨이퍼 움직임과 같이 슬릿으로 움직이고 그림 7-24(a) 처럼 한 번 스캔으로 전체 마스크가 노광된다. 마스크는 150,000번 노광까지 사용 가능하고 직접 스텝핑된 마스터 판을 마스크로 사용하는 것이 경제적으로 가능하다. 그러나 투사프린팅에 의한 마스크 고비용에서 얻은 이득은 줄어든 결함에 의한 수율 향상에 의해 가려진다.

노광 시스템의 해상도와 정렬 정확도가 개선됨에 따라 다른 한계가 나타난다. 하나는 공정에서 열 사이클에 의한 웨이퍼 뒤틀림이다. 다른 하나는 마스크와 웨이퍼의 팽창계수의 불일치이다. 이 둘 문제의 해결책은 웨이퍼 위에 직접 스테핑(DSW, direct step on wafer)하는 것이다. 그림 7-24(b)처럼 웨이퍼의 각 다이 위치에 하나의 다이 패턴의 10X 레티컬을 1/10으로 줄여 초점이 맞춰진다. 노광은 스태핑되고 전체 웨이퍼에 반복된다. 각 노광 전에 전자적으로 초점과 정렬에 대한 조절이 행해진다. 10X 레티컬의 사용은 작은 결함이나 먼지 입자가 10배 줄게하며 PR의 해상도 한계보다 작게 된다. 반면 레티컬에 있는 큰 결함은 웨이퍼의 모든 다이에 복제되고 수율이 0이 되게 한다. 이런 이유로 레티컬은 사용자격을 얻기 전에 꼼꼼하게 검사되어야 한다. DSW는 자금 비용이 높고 처리량이 낮으나 높은 해상도와 정렬 정밀도로 LSI에 없어서는 안된다.

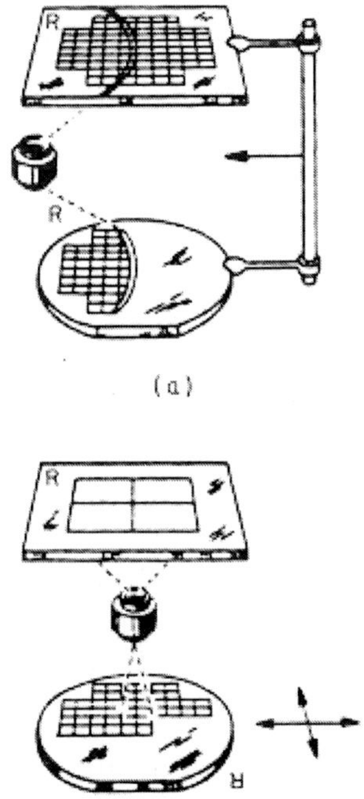

(a)

(b)

그림 7-24 두 종류의 얼라이너와 노광시스템 (a) 투사형, (b) 직접 스태핑

마스크를 통해 PR을 노광하는 대신 웨이퍼 위에 전자빔으로 직접 쓰는 것이 가능하다. 전자빔 패턴 생성기는 주사 전자 현미경으로 부터 진화되었다. 노광은 빔은 위치가 고정되고 웨이퍼가 xy 라스터 스캔 운동하는 라스터 스캔방식이나 웨이퍼는 고정되고 노광이 필요한 곳으로 빔이 움직이는 벡터 스캔 방식으로 이루어 진다. 패턴 밀도가 낮은 마스크에서는 벡터 스캔이 처리량을 획기적으로 증가시킨다. 노광 시 빔의 크기나 형태를 바꿀 수 있으면 처리량을 더욱 증가시킬 수 있다. 긴 노광시간으로 인하여 전자빔 장치는 처음에는 집적회로 마스크를 만드는데 사용되었다. 전자빔 장비의 단점은 높은 비용, 낮은 처리량이다. 하나의 레이어 당 노광 시간은 15분에서 1시간 걸린다. 보다 민감하고 빠른 PR이 개발 중이다.

짧은 파장을 사용하여 해상도를 개선할 수 있으므로 광학에서 x선 소스로 가면 수십에서 수백배 해상도 개선이 가능하다. 여러 물질이 x선 소스로 사용될 수 있으며 Pd(0.44nm), Mo(0.54nm), W(0.74nm), Al(0.83nm), Cu(1.31nm) 이다. 마스크는 금 오버레이를 갖는 수 마이크론 두께의 실리콘 얇은 막으로 구성되고 패턴하면 x선에 대해 불투명하다. 노광 시간을 줄이기 위한 PR의 감도를 개선하는 연구가 계속되고 있다.

노광과 식각의 계속적인 발전으로 반도체 다음 세대의 집적회로에서 최소선폭(feature) 크기에 냉혹한 감소를 가능하게 한다. 그림 7-25에는 2020년도 전반기에 일상 생산이 수십 nm 범위임을 보여 준다.

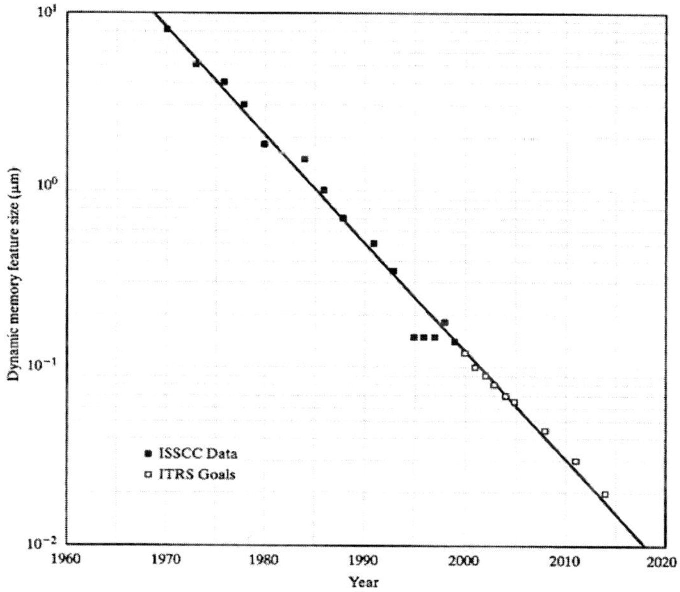

그림 7-25 생산에서 가능한 시간의 변화에 대한 최소선폭(feature) 크기 변화

7-6. 식각

포토리소그래피와 식각은 밀접하게 연결된 공정이다. 각 공정이 개별적으로 될 뿐만 아니라 두 공정이 서로 호환 가능하면 진정한 발전이 이루어진다. 궁극의 판단 기준은 PR이 사용 식각액에 대하여 견디며 패턴의 완전함을 유지해야 하는 것이다. 식각 공정만을 논

의해 본다.

가장 흔한 식각공정은 습식(화학) 식각으로 PR 패턴이 된 웨이퍼가 일괄적으로 온도 제어되는 식각액에 주어진 시간 동안 잠기게 된다. 노출되어 제거되는 물질의 양은 시간에 비례하고 식각률은 식각액의 강도, 온도, 식각될 물질에 의해 결정된다. 표 7-5에 자주 사용되는 여러 식각액의 식각률을 보인다. 산화막은 불산에 식각된다. 불산(HF)은 불화암모늄(NH4F) 으로 묽게되어 식각률이 낮게 되고 안정화 되어 다루기 가능하게 된다. 이 혼합물을 완충(buffered) HF라 부른다. 버퍼의 역할은 용액이 사용되어도 반응성 이온의 수를 유지하여 산의 화학적 활동을 조정하게 한다.

[표 7-5] 여러 식각액에 대한 식각률

	Conc. HF	H_2O:HF 10:1	NH_4F:HF 10:1
OXIDE ETCH			
Thermal SiO_2	300	5.3	14 Å/s
Deposited SiO_2	950	35	30 Å/s
AL ETCH			
16:2:1:1 H_3PO_4:H_2O:HAc:HNO_3	Etch rate = 2000 Å/min		
NITRIDE ETCH			
180°C H_3PO_4	Etch rate = 65 Å/min		

아래층의 식각률은 식각 되는 물질에 비해 매우 낮아야 한다. 이는 식각이 원하는 시간보다 길게 되었을 때 자연적인 식각 정지를 제공한다. 10:1 또는 그 보다 큰 선택비가 일반적이다.

실리콘 질화막은 뜨거운 인산(H3PO4)에, 다결정 실리콘은 질산, 초산, 불산 혼합용액에, 알루미늄은 인산 혼합물에 식각된다.

화학 식각은 등방성을 가지는데 물질을 따라 아래쪽으로 식각되는 만큼 거의 같은 양만큼 옆방향으로도 식각된다. 따라서 두꺼운 층의 식각은 "언더컷(undercut)"을 만든다. 과하게 식각을 하면 언더컷이 커지는데 수직 방향은 식각 정지되나 측면 식각은 줄지 않고 계속되기 때문이다. 또한 식각이 시작되는 곳에서 PR이 들리게 된다. 이런 일로 인해 식각 열림이 PR로 패턴 된 것보다 커지게 된다. 고밀도, VLSI 회로에서는 PR 열림에서 측면 언더컷이 거의 0인 수직 식각을 하는 이방성 식각이 필요하다. 플라즈마 식각으로 이방성 식각을 할 수 있다.

플라즈마 식각은 RF로 생긴 플라즈마에 의해 화학적으로 활성화된 것으로 생각되는 이온화된 가스가 관여하는 다른 식각 방법이다. 반응 부산물은 휘발성이고 가스 흐름에 의해 흘러나가게 된다. 이 공정은 액체 화학물을 사용하지 않음으로 건식식각이라 불린다. 염소, 불소, 4염화탄소(CCl4), 4불화탄소(CF4)를 포함한 가스들이 다결정 실리콘, 실리콘 산화막, 알루미늄(염소만으로 식각)을 식각하기 위해 재단된다. 어떤 물질에서는 5에서 10%의 산소를 추가하면 식각률이 급격히 증가한다. 반면 순수한 산소는 플라즈마에 의한 PR 제거에 사용된다.

초기의 반응로는 원통형이며 구멍 뚫린 금속 실린더가 외부에 플라즈마를 가두었다. 수직으로 쌓인 일련의 웨이퍼가 실린더 내부에 놓이고 플라즈마에서 발생하는 자외선 방사로부터 차폐된다. 활성종은 전기적 중성이어 반응은 순전히 화학적이다. 이런 종류의 플라즈마 식각은 여전히 등방성이어 습식식각과 비슷하다.

평행판 형태의 플라즈마 반응로에서는 RF 전극으로 작동하는 판에 웨이프를 놓는다. 순직류전압이 형성되고 활성화종은 웨이프 쪽으로 돌진한다. 이런 물리적, 화학적 식각을 반응 이온 식각(RIE, reactive ion etching) 이라 하고 수직식각률이 측면식각률보다 매우 큰 이방성 식각이 되게 한다.

플라즈마 식각은 중요한 공정 특성을 요구한다. 원하는 식각률, 선택성, 이방성의 크기, 식각 균일성을 얻기 위해 압력, 가스 유량, 가스 혼합, RF 전력과 같은 공정변수를 최적화 해야 한다. 또한 모든 PR이 플라즈마 식각을 견디는 것은 아니다.

식각이 전적으로 물리적 모멘텀 전이로 일어나는 플라즈마 지원 식각의 세 번째 종류는 이온 밀링에 의해 예시된다. 플라즈마에서 아르곤이 이온화되고 평행 빔 형태로 양이온이 추출되고 1000keV 까지 가속된다. 타겟에 도달하기 전에 음으로 대전된 그리드가 이온들을 중화시킨다. 이온 밀링은 실제 어떤 물질을 식각하는데도 쓸 수 있으며 자기 버블 메모리 제조에 응용할 수 있다. 이온 밀링은 적절한 화학 식각을 찾을 수 없는 미세한 퍼멀로이 패턴을 식각하는데 사용된다. 이온밀링은 또한 금속 식각에서 응용을 찾을 수 있는데 부착이 좋지 않거나 이웃 PR 선과의 약한 브리징의 PR 결함은 이온 밀링으로 극복될 수 있다.

7-6. 세정

웨이퍼 제조공정에서 웨이퍼와 주위 환경은 절대적으로 깨끗해야 한다. 오염 제어는 웨이퍼 공정의 중요한 부분으로 고려되어야 한다. 오염을 근절하기 위한 세 가지 중요 영역이 있다. 웨이퍼의 화학 세정, 고순수 사용, 공기 중 입자 수의 저감이다.

○ 웨이퍼 세정

모든 공정스탭 전에는 웨이퍼 세정이 되어야 하고 웨이퍼 공정 활동의 거의 반을 차지한다. 고온 확산, 산화, 증착 스탭 전에 특히 세정이 중요하다. 나트륨 같은 알칼리 이온과 금과 구리 같은 중금속에 의한 오염은 특히 피해가 크다. 많은 세정과정이 있고 대부분은 회사의 기밀 자산이나, 공통의 일련 스탭을 따른다.

1. 왁스나 오일을 제거하기 위한 기름제거

   3염화 에탄(TCE, trichloroethane)이 사용되고 완전 휘발성인 아세톤, 알콜로 린스한다. 새 웨이퍼를 사용할 경우 필요한 스탭이다.

2. 잔류 PR 같은 유기물을 화학적으로 산화하여 없앰

   뜨거운 황산(H2SO4) 이 효과적이다. RCA 세정의 일부도 다른 효과적인 용액이다. 체적비로 H2O : H2O2 : NH4OH를 5:1:1 로 혼합한 높은 ph의 과산화 수소 용액이다.

3. 중금속 제거

   체적비로 H2O : H2O2 : HCl을 6:1:1 로 혼합된 낮은 ph의 과산화 수소 용액으로 두 번째 RCA 세정 용액이다. 이 용액은 실리콘 웨이퍼 표면에서 금속을 분해하고 용액으로부터 재도금되는 것을 막기 위해 가용 복합체를 만든다.

4. 상층 산화막 제거

   묽은 HF에 넣으면 화학적으로 흡착된 이온 오염과 상층 산화막을 제거할 수 있다.

5. 린스와 건조

   초순수 물에 린스로 잔류 산을 제거한다. 여과된 질소나 여과된 공기로 불어 웨이퍼를 건조한다.

○ 물

물은 보통 최종 린스 용액으로 가능한 순수해야 한다. 탈이온화(DI, deionized) 물 만이 요구조건을 만족한다. 저항률은 15에서 18 MΩ-cm 이고 입자 또는 살아있는 유기체의 수는 입방 cm 당 10에서 100 보다 작아야 한다. 입력되는 물을 염소화하면서 정화가 시작된다. 그리고 물은 여러 여과기를 통과하는데 모래, 활성탄, 규조토 여과기이고 각각은 다음 단계의 작은 입자를 제거한다. 실제 탈이온화는 물이 활성화된 수지를 통과하여 이온교환이 일어나 강한 산과 염기에서 음이온과 양이온을 제거했을 때 일어난다. 자외선은 박테리아 성장을 조절하기 위해 사용된다.

순수는 불활성 관을 통해 공정시설로 공급된다. 이중 관 방법은 물을 사용하지 않더라도 계속 흐르게 한다. 작은 최종 여과기가 사용처 근처에 설치된다. 순수 처리 시스템의 규모는 입방 피트에서 전체 빌딩 크기 범위로 바뀐다.

1970년대 말부터 탈이온화 시스템은 역삼투압 방식의 추가로 점진적으로 향상되었다. 여러 기계적 여과기가 용해되거나 떠다니지 입자가 아닌 물을 흐르게하는 특별한 막으로 대치 된다. 이 여과 방법은 보다 효과적이고 이온 교환기를 재충전하는 횟수를 줄인다.

○ 공기

공기에 있는 입자는 끊임없는 통제를 받아야 한다. 웨이퍼는 덮여있는 용기에 보관되고 용기에서 나오는 경우 층류(laminar flow) 후드 아래 있어야 한다. 워크 스테이션에서는 방 공기를 취해 고효율 미립자 공기(HEPA, high efficiency particulate air) 여과기를 통과하고 층류방식으로 작업 표면에 불어 넣어야 한다. 층류는 작업 표면에 대해 청소 기능을 제공하고 입자를 트랩하는 난류를 방지한다.

층류 개념은 모든 작업 시설을 청정실로 확장할 수 있다. 위쪽의 HEPA 여과기를 통해 공기가 아래로 흐르고 바닥 근처에서 소모된다. 현대의 MOS 공정은 클래스 100을 요구한다. 크래스 100은 입방 피트당 0.5μ m 보다 근 입자가 최대 100개 임을 의미한다. 다른 입지 그기는 역비례한다. 예를 틀년 입방 피트당 5μ m 보다 큰 입자가 최대 10개 임을 의미한다. 청정환경에서 인력이 중요 입자 소스이다. 방진복, 출입구 공기 샤워, 후드, 먼지 나지 않는 종이 등이 필요하다.

8장

MOS 집적회로 제조

8 MOS 집적회로 제조

8-1. 금속 게이트 PMOS

처음 상업적으로 생산된 MOS 집적회로 기술은 금속 게이트 PMOS 공정이었다. 그 당시 바이폴라 회로에서 사용된 (111) 웨이퍼가 사용되었다. 이 공정은 이후 다른 공정에 의해 많이 대치되었으나 역사적인 시각을 갖기 위해서 여기서 논의된다. 이 공정에서 MOS 트랜지스터 제조는 작은 마스크 수와 비교적 간단한 공정으로 출발한다. 다음 장에서 논의될 다른 공정에서는 공정의 복잡도와 마스크의 수가 증가함을 볼 수 있다.

그림 8-1 에서 제조 순서가 설명된다. 처음에는, 다음 확산공정의 마스크 역할을 할 두꺼운 산화막이 길러진다(스텝 a). 소스와 드레인 영역의 산화막을 제거하기 위한 첫 번째 마스크 층(소스와 드레인)이 사용된다(스텝 b). p-형 소스와 드레인 접합을 형성하기 위해 붕소가 확산된다(스텝 c). 다음으로 약 1,000 nm의 두꺼운 산화막이 길러지거나 화학 기상 증착(chemical vapor deposition)으로 증착된다(스텝 d). 게이트 산화막이 될 부분과 확산 영역에 접촉될 부분을 열기 위해 두 번째 마스크 층(게이트와 접촉)에 의해 구멍이 식각된다(스텝 e). 게이트 산화막이 길러지고 양질의 산화막으로 열린 부분이 덮힌다(스텝 f). 확산된 곳의 접촉을 열기 위해 세 번째 마스크 층(접촉)이 사용된다(스텝 g). 접촉을 두 번의 구멍내기로 여는 것은 접촉 구멍에 의해 형성된 큰 계단을 금속선이 깨어지지 않고 연결되게 한다.

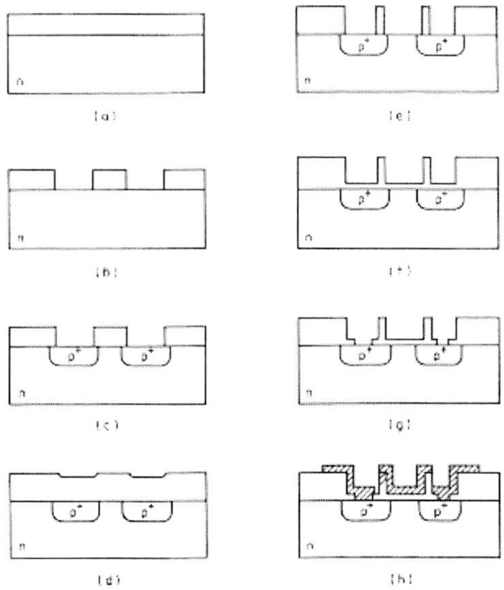

[그림 8-1] 표준 금속 게이트 PMOS 공정의 공정순서

이 2 단계 공정은 두꺼운 산화막을 식각할 때 구멍이 너무 크게 뚫리는 것을 막아준다. 마지막 접촉 열기는 두 번째 마스크와 비교적 얇은 게이트 산화막의 식각 스텝에 의해 결정된다.

알루미늄의 금속은 웨이퍼 전체 면으로 증발되고 네 번째 마스크(금속)로 패턴된다. 이 금속층은 게이트 전극과 회로의 상호연결 패턴을 형성한다(스텝 h). 금속 증착시 x-선 손상을 없애고 알루미늄과 접촉하는 실리콘과의 합금을 형성하기 위해 약 450℃에서 열처리된다. 그림 8-1에서는 보여지지 않았지만 모든 공정 흐름에서 필요한 것이 phosphosilicate glass(PSG)를 보호(passivation) 층으로 증착하는 것이다. 이 막은 기계적인 흠집, 수분 및 움직일 수 있는 알칼리 이온으로부터 웨이퍼를 보호해 준다. 다섯 번째 마스크 층(passivation)은 최종 패키지로 조립하기 위한 금속 본딩(bonding) 영역을 위해 필요하다.

$N_d = 10^{15} cm^{-3}$의 기판 도핑 농도, 산화막 두계 $t_{ox} = 120nm$, 고정 계면 전하밀도 $Q_f/q = 5 X 10^{11} cm^{-2}$ 일 때 $V_T = -4.1V$ 이다(문제1). 약 4V 의 문턱전압 소자에서는 이 값의 3 4 배의 전원전압을 요구하여 초창기의 MOS 회로에서는 표준 전원이 -15V로 되었다.

두 다른 액티브 소자의 소스와 드레인 영역을 금속선이 지나가면 기생 MOS 트랜지스터 구조가 형성된다. 그것의 문턱전압은 필드 문턱전압으로 정의되고 이 공정에서는 -37V 이다.(문제1) 액티브 소자의 문턱전압보다 약 10배 큼을 알 수 있다. 액티브 소자를 분리하는 필드 산화막의 두께는 1,000nm로 게이트 산화막 두께보다 10배 정도 큼으로 이 결과는 예측된다. 전원 공급 전압보다 필드 문턱전압을 크게 설계함으로 금속선에 최대 동작 전압이 인가되어도 필드 영역은 절대 반전되지 않는다. 이것이 소자 간, 확산선 간을 격리되게 한다.

8-2. 금속 게이트 NMOS

전자의 이동도는 정공의 이동도의 3배이다. 따라서 같은 W와 L에서, 다시말해, 같은 실리콘 면적에서 n-채널 트랜지스터의 전류구동 능력은 p-채널 트랜지스터의 3배가 된다. 즉, NMOS 회로는 PMOS 회로보다 3배 빠르게 된다. NMOS를 사용할 큰 요인이 된다. 그러나 아래에 기술될 NMOS 공정의 문제로 PMOS 공정이 처음으로 상용화되었다.

문제 2는 Φ_{MS}와 Q_f가 금속 게이트 NMOS 공정에서 문턱전압을 -0.34V가 되게 함을 보여준다. n-채널 소자의 음의 문턱전압은 공핍형으로 동작함을 나타내고 보통의 논리회로에는 적절하지 않게 된다. Q_f를 줄이기 위해 (100) 웨이퍼로 바꾸었다. 그러나 게이트 산화막 공정에서 생기는 큰 Q_f는 상황을 더욱 나쁘게 한다. n-채널 소자를 공핍형에서 증가형으로 바꾸기 위한 여러 방법은 다음과 같다.

1. 기판 바이어스

p형으로 약하게 도핑된 기판을 소오, 즉, 시스템 접지에 대해 -2에서 -5V로 역 바이어스를 가하면 문턱전압을 증가형 역역으로 바꿀 수 있다. 그림 8-2에 보이듯이 처음의 NMOS 회로는 이 기술을 사용하였다. 여분의 음전압 공급원은 시스템 비용을 추가로 들게 하므로 장기간의 해결책은 아니다. 그러나 회로 기술의 발달은 외부 전원을 대신할 칩 내에 기판 바이어스 생성기(9.6절의 "기판 바이어스 생성기" 참조)를 같이 만드는 것을 가능케 하였다. 이 발생기는 역방향 바이어스 된 pn 접합의 누설전류를 공급한다.

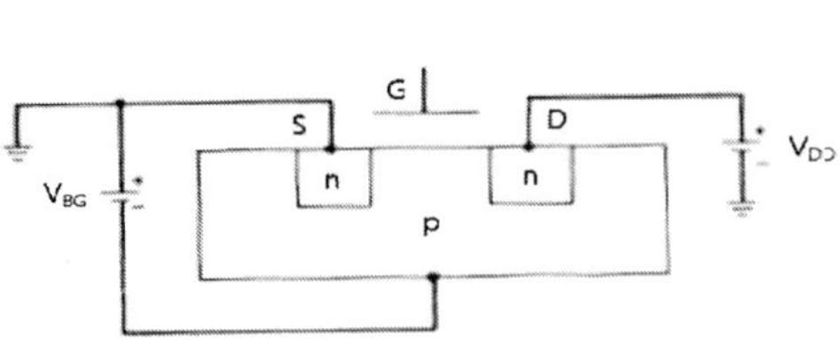

[그림 8-2] NMOS 회로에 대한 기판 바이어스의 공급

2. 증가된 기판 도핑

기판 도핑을 증가하면 V_T는 양으로 된다. 이것은 금속 게이트 CMOS에서 n-채널 소자가 p- 텁에 놓여질 때 효과적으로 사용되었다. 확산에 의해 형성된 텁(웰)의 경우 n 기판보다 도핑이 높게 된다. NMOS 회로만 있는 경우 추가적인 높은 도핑이 이동도를 낮추고 드레인 접합 커패시턴스를 증가시키므로 이 기술은 사용되지 않는다.

3. 실리콘 게이트

알루미늄 대신 p-도핑된 폴리실리콘이 사용되면 그림 3-10에 따라 Φ_{MS}는 -0.9V에서 +0.25V로 바뀐다. 이것은 문턱전압을 -0.34에서 +0.81V로, 증가형 값으로 바꾼다. 불행히도 p-형 폴리실리콘의 사용은 다음 공정의 n-형 소스와 드레인 도핑과 맞지 않는다. 이 둘 다 폴리실리콘이 낮은 면저항을 갖지 못하게 한다. 따라서 이 기술은 받아들여지지 않는다.

4. 문턱전압 조절

문턱전압을 약 1V 가 되게, 증가형으로 하기 위해 붕소가 주입될 수 있다. 증가형의 어떤 값으로도 가능하다. 이온 주입의 도래로 이 기술은 가장 실제적이고 흔히 사용된다.

8-3. 금속 게이트 CMOS

CMOS 회로에서 p와 n 채널을 모두 만들기 위해 n-형과 p-형 기판이 모두 필요하다. 이 모순은 한 도핑 형의 기판에 다른 도핑 형의 웰(well) 이나 텁(tub)을 형성하면 해결된다. 가장 흔한 방법은 n-형 기판에 p-텁을 사용하는 것이다. 그러나 p-형 기판에 n-웰의 사용도 가능하다. 그림 8-3은 p-텁 금속 CMOS 공정 순서를 보여준다. 두꺼운 산화막이 길러지고 첫 번째 마스크(p-웰)는 p-텁 영역을 연다. (스탭 a). 확산의 프리디포지션(predeposition) 주기에서 붕소의 증착 또는 이온 주입으로 p-형 불순물이 들어간다. 산화막 성장을 포함하는 드라이브인(drive-in) 확산 주기에서 붕소는 깊게 실리콘으로 확산된다(스탭 b). 산화막이 없는 실리콘(bare silicon)에서 산화율이 크므로 p-텁 영역에서 많은 실리콘이 소모된다. 이것은 실리콘에 스탭을 만들어 다음의 마스크 층이 배열된다. p-텁은 5 μ m 깊이까지 들어가게 되며 기판과 n-채널 드레인의 펀치스루 (punch-through)를 막기에 충분히 깊도록 계산된 것이다.

두 번째 마스크 층(p+ 소스와 드레인)은 붕소 확산을 위한 구멍을 연다(스탭 c). p-텁 외에서 붕소 확산은 p-채널 소스와 드레인 또는 p+ 아래로 넘어감(cross-under) 확산을 형성하고 텁 내에서는 텁에 접촉을 형성한다(스탭 d). 세 번째 층(n+ 소스와 드레인)은 비슷하게 인 확산을 위한 구멍을 연다(스탭 e). 이번에는 n-형 기판에 대한 접촉, p-텁 내의 n- 채널의 소스와 드레인, n+ 아래로 넘어감을 형성한다(스탭 d). 네 번째 층(게이트와 접촉)은 게이트와 접촉부분을 연다(스탭 g). 게이트 산화막이 길러진 후 다섯 번째 층(접촉)은 접촉 영역을 다시 연다(스탭 h). 금속이 증착되고 여섯 번째 층(금속)에 의해 게이트 전극, 회로 상호연결을 형성하기 위해 패턴이 형성된다.(스탭 I). 마지막으로 보호 유리(passivation glass)가 증착되고 본딩 패드 구멍이 일곱 번째 층(보호)에 의해 열린다.

금속 게이트 CMOS 공정은 일곱 마스크 스탭을 요구하는 비교적 간단한 공정이다. 공정의 간단함은 완성된 웨이퍼당 비용을 적게 한다. 그러나 금속 게이트와 관련된 불리한 점은 레이아웃(layout) 밀집도가 나쁘고 속도가 느린 것이다. 다음의 몇 절은 개선된 공정이 이런 단점을 해결함을 보여준다. 레이아웃 밀집도에 대하여 금속 게이트 CMOS 공정은 다음의 문제를 가진다. 필드 영역의 누설 경로를 피하기 위해 그리고 래치업(latch-up)의 확률을 줄이기 위해각 소자는 가드링 확산의 띠로 둘러싸이게 된다. n-채널 소자는 p+로, p-채널 소자는 n+로 둘러싸인다. 이 과정에 의해 주어진 회로의 면적은 큰 비율로 증가한다.

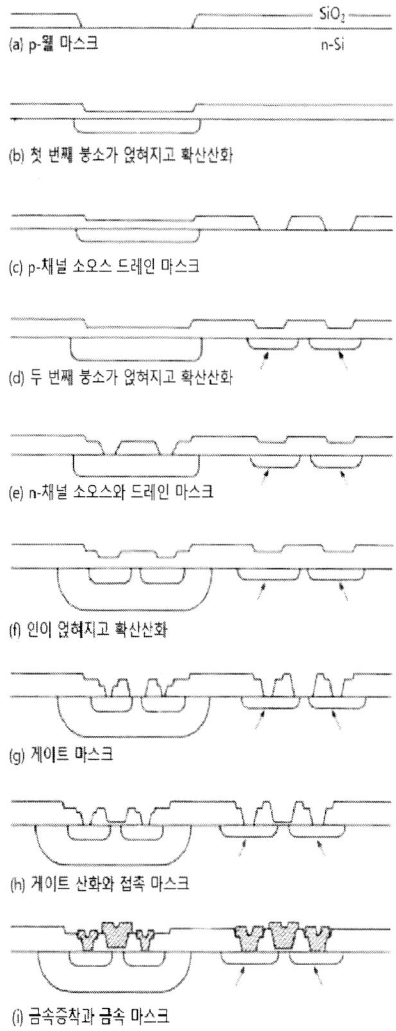

[그림 8-3] 금속 게이트 CMOs 공정.

(a) p-웰 마스크; (b) p-웰 마스크; (b) 첫 번째 붕소가 얹혀지고 확산 산화; (c) p-채널 소오스 드레인 마스크; (d) 두 번째 붕소가 얹혀지고 확산산화; (e) n- 채널 소오스와 드레인 마스크; (f) 인이 얹혀지고 확산산화; (g) 게이트 마스크; (h) 게이트 산화와 접촉 마스크; (i) 금속 증착과 금속 마스크

8-4. 실리콘 게이트 LOCOS NMOS 공정

금속 게이트 공정에서 그림 8-4처럼 게이트 산화막 영역은 소스와 드레인과 중복된다. 이것은 마스크 작업시 부정합이 되더라도 소스와 드레인 사이에 연속적인 채널이 생기게 하기 위함이다. 한편 금속 전극은 게이트 영역이 금속으로 모두 덮이도록 게이트 영역과 중복되게 그려진다. 부정합을 고려한 여유가 회로를 그리는데 사용되는 면적을 크게 한다. 또한 중복된 영역의 얇은 게이트 산화막이 게이트와 드레인의 중첩 용량을 크게 하여 회로를 상당히 느리게 한다. 그것의 앞 논리 단의 등가 용량 부하는 트랜지스터의 이득 더하기 1 배 곱한 용량이 된다(Miller 효과). 이 문제는 게이트가 소스와 드레인의 확산에 마스크 역할을 하는 자기정렬된 (self-aligned) 공정으로 해결된다. 게이트 전극이 리프랙토리(refractory) 물질로 되어 다음의 고온 확산 스탭을 견딜 수 있어야 한다. 리프랙토리(refractory) 물질 대신 폴리실리콘은 이런 요구에 부합되고 자기정렬 공정에 널리 사용된다.

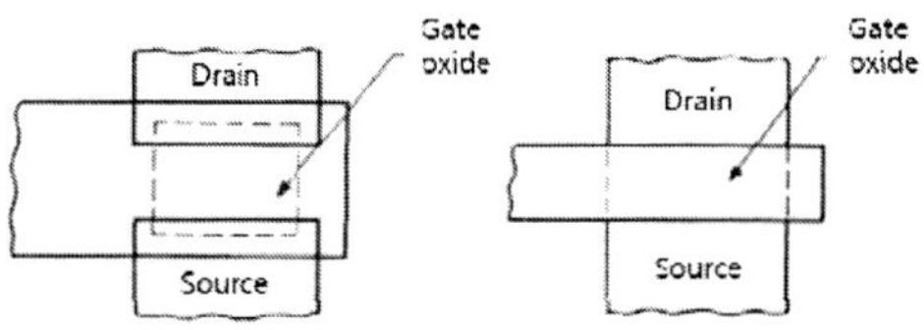

[그림 8-4] 자기정렬된 실리콘 게이트 공정에 비해 금속 게이트 공정에서 정렬 여유는 여분의 회로 면적을 필요로 한다.
(a) 금속 게이트; (b) 자기정렬된 폴리실리콘 게이트

폴리실리콘은 다결정 실리콘의 줄인 말로 수 마이크론의 단결정 실리콘의 그레인을 갖는 얇은 그레인을 경계로 분리된 막이다. 실리콘이므로 고온 공정을 견디고 산화되고 불순물로 도핑 된다. 텅스텐이나 타이타늄과 같은 refractory 금속에 대해 폴리실리콘이 선택되었는데 이유는 얇은 층(450nm)이 증착될 수 있고 가는 선으로 패턴 되기 쉽기 때문이다. 자기정렬된 공정에 의한 전체 면적은 그림 8-5a 에 보여진 것처럼 큰 차이를 보인다.

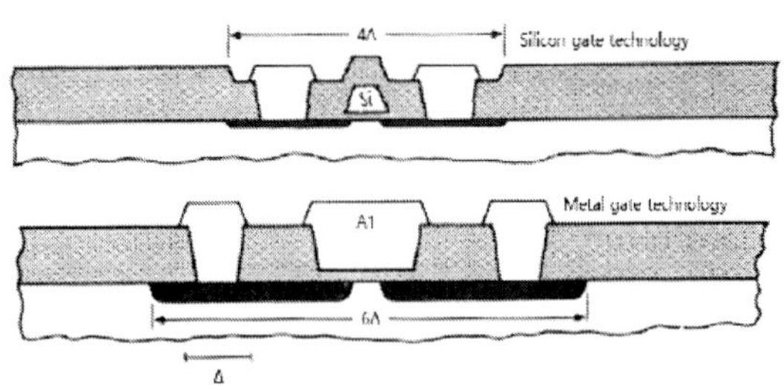

[그림 8-5] (a) 자기정렬된 게이트 대 (b) 금속 게이트 구조의 단면적

실리콘 게이트 NMOS 공정이 그림 8-6에 보인다. 이 공정은 꽤 평평한(planar) 표면을 만드는 LOCOS(localized oxidation of silicon)라고 불리는 범용의 스탭을 포함한다. 높고 예리한 스탭이 없는 표면은 집적회로에서 고집적의 모양을 만들고 패터닝 하기에 유리하다.

먼저, 얇은 산화막 층(70nm)이 길러지고 비슷한 두께(100nm)의 실리콘질화막(Si_3N_4)막이 증착된다. 첫 번째 마스크 층(액티브 영역)이 액티브 영역 위의 질화막을 남기는 질화막의 패턴에 사용된다. 액티브 영역은 확산 영역과 게이트 산화막 또는 채널 영역을 포함한다. 질화막의 패턴이 형성되고 액티브 영역 밖의 필드 영역에 붕소가 주입된다. 이 때 붕소는 질화막의 패턴이 형성되고 액티브 영역 밖의 필드 영역에 붕소가 주입된다. 이 때 붕소는 질화 막을 뚫고 지나가지 않는다(스탭 a). 이 주입은 필드 영역의 표면 도핑 농도를 높이고 결국 필드 문턱전압을 높인다. 이 시점에서 웨이퍼는 900nm의 필드 산화막을 기르기 위해 산화 공정에 들어간다(스탭 b). 질화막의 얇은 윗막이 산화되었지만 질화막은 산소를 통과시키지 않으므로 밑에 있는 실리콘은 산화되지 않는다. 질화 막의 가장자리에서는 산소의 측면 확산을 고배율로 조사해보면 새의 주둥이(bird's beak)와 같은 경사진 산화막이 자란다(그림 8-7). 필드 산화막 두께의 반이 원래 실리콘 표면의 아래에 있고 가장자리가 경사진 사실은 평평한(planer) 표면을 만든다. 액티브 영역으로 각 변 당 약 1um의 필드 산화막의 침입이 있음에 주의하라. 아래 산화막의 두께에 대한 질화막의 두께의 비가 가장자리에서의 침입과 잔류 응력에 영향을 미친다.

질화막과 아래에 있는 산화막이 제거되고 100nm의 질 좋은 게이트 산화막이 길러진다(스탭 c). 이 시점에서 증가형 소자의 문턱전압을 결정하기 위해 붕소가 낮게, 예를 들면, 5 x 10^{11}cm-2, 30KeV로 주입된다. 얕은 인이나 비소의 주입으로 공핍형 소자가 만들어질 곳을 열기 위해 두 번째 마스크(공핍)가 사용된다. 폴리실리콘이 증착되고(스탭 d) 게이트 전극이나 상호연결의 각 층을 형성하기 위해 세 번째 마스크(폴리)로 패턴이 형성된다(스탭 e). 폴리실리콘은 만족스럽지만 불량한 전도체이다. 상호연결의 추가 층으로 사용 가능한 것은 실리콘 게이트 공정의 정착을 촉진하였다.

소스와 드레인 확산(또는 주입)이 수행되었다(스탭 f). 다음으로 폴리실리콘 위에 있는 금속과 절연을 위한 중간층 유전체를 형성하기 위해 인이 도핑된 유리 층이 증착된다. 금속이 증착되기 전에 네 번째 마스크(접촉)로 접촉 구멍이 식각된다(스탭 g). 금속과 확산, 금속과 폴리실리콘 사이에 접촉이 이루어진다. 여기서 추가되는 스탭은 열린 접촉에 접촉 특성을 향상(contact enhancement)시키기 위한 것이다. 인의 확산이나 주입은 금속과 실리콘 사이에 좋은 저항성 접촉을 형성하지만 그림 8-8에서 보이듯 깊은 접합을 형성한다. 이것은 금속이 실리콘과 합금될 때 접합에 스파이크가 생겨 접합을 단락시키는 것을 줄인다.

접촉 구멍에서 남은 산화막이 제거되고 나서 금속이 증착되고 다섯 번째 마스크(금속)에 의해 패턴이 형성된다(스탭 h). 보통 금속 열처리와 합금, 보호막 증착, 본딩 패드를 위한 마지막 마스크(보호) 작업이 뒤따른다. 실리콘 게이트 공정으로 바뀌어도 마스크 스탭의 수는 적음을 알 수 있다. 그러나 대부분의 실리콘 게이트 NMOS 공정은 매몰 접촉과 크기 확대의(oversized) 접촉과 같은 추가 공정이 있으므로 최종 마스크 층의 수는 금속 게이트 공정보다 많다.

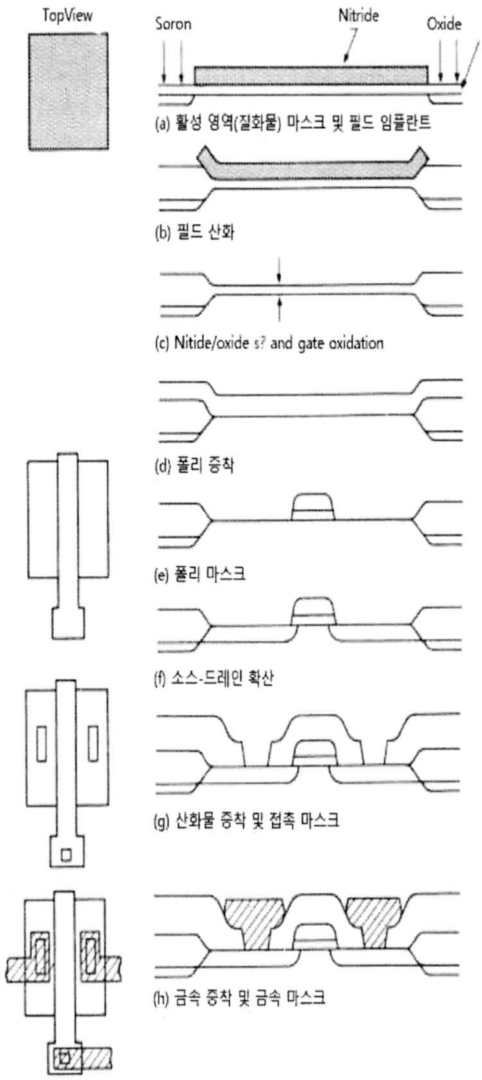

[그림 8-6] 실리콘 게이트 LOCOS NMOS 공정

(a) 액티브 영역(질화막) 마스크와 필드 주입; (b) 필드 산화; (c) 질화막-산화막 제거와 게이트 산화막 성장; (d) 폴리실리콘 증착; (e) 폴리실리콘 마스크; (f) 소오스와 드레인 확산; (g) 산화막 증착과 접촉 마스크; (h) 금속 증착과 금속 마스크.

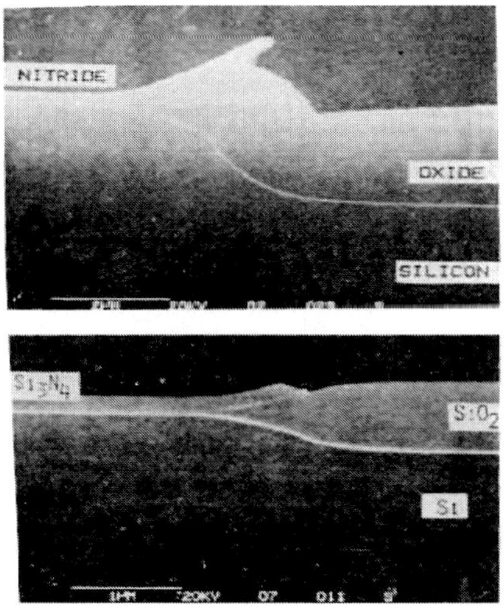

[그림 8-7] 액티브 영역으로 필드 산화막이 침투하여 새의 부리(bird's beak)효과를 형성한다.
(a) 산화전에 실리콘에 도랑(trench)형성, (b) 도랑이 없을 경우

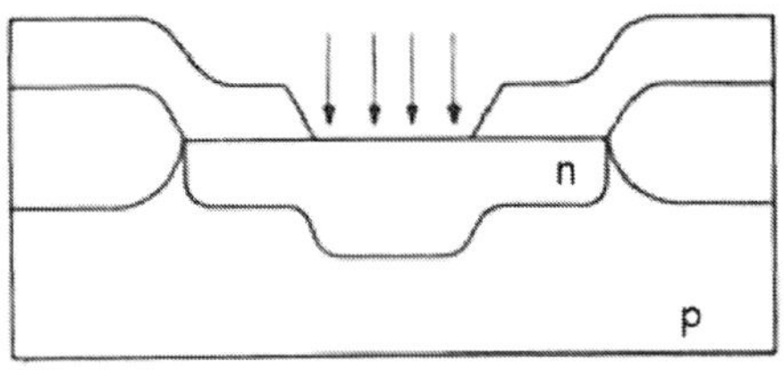

[그림 8-8] 접촉 향상에 의해 깊은 접합이 형성된다.

8-5. 고성능 MOS 공정

고성능 MOS 공정은 실리콘 게이트 NMOS에 기초하며 소자 축소 원리의 적용에 의해 속도와 집적도를 동시에 향상시킨다. 게이트 길이는 단순히 5μ m에서 3.5μ m으로 줄이나 이 게이트 길이의 줄임을 가능하게 하는 공정의 변화가 있다. 공정 흐름은 실리콘 게이트 NMOS LOCOS 공정과 비슷하고 단지 그 차이만 아래에서 설명한다.

공정 흐름의 첫 번째 변화는 50 ohm-cm 정도의 높은 저항률 p-형 기판의 사용이다. 이것은 접합 커패시턴스를 줄이고 백게이트(기판) 바이어스에 대한 ΔV_T를 줄이고 표면 전

송자의 이동도를 증가시킨다. 이 세 가지 요소는 고속, 저 전력 회로를 가져온다. 다음으로 게이트 산화막이 100nm에서 70nm로 줄인다. 이것은 드레인과 소스 사이의 펀치스루와 같은 나쁜 단 채널 효과를 줄이는 반면 소자 이득 β ($C_o\mu$)를 증가시킨다. 동시에 도판트 인을 천천히 확산되는 비소로 바꾸므로 소스와 드레인 접합 깊이는 2.0μ m에서 0.8μ m으로 준다. 비소 도핑은 비소가 도핑된 유리의 유동성 용액을 스핀 코팅하거나, 이온 주입에 의해 이루어진다. 두 경우 모두 원하는 낮은 면저항을 위해서는 900℃에서 2 - 3시간 확산시킨다. 이 긴 확산(drive-in)에도 0.8μ m의 접합 깊이를 만든다. 얕은 접합은 확산과 확산 사이의 간격을 적게 하여 집적도를 향상시키는 반면 가장자리 접합 커패시턴스와 게이트와 드레인의 중첩 커패시턴스를 줄인다.

고성능 MOS 공정은 문턱전압을 결정하기 위해 이온 주입을 사용한다. 사실 추가적인 설계 유연성을 위해 4개의 서로 다른 문턱전압을 정할 수 있다. 그림 8-9는 두 주입의 있음과 없음의 이진 조합에 의해 4개의 문턱전압이 얻어진다. 어떤 주입도 없는 경우 소자는 0V 근처의 자연적인 문턱전압을 갖는다. 붕소의 주입으로 소자는 0.8V의 증가형 문턱전압으로 바뀐다. 인 주입만 하면 공핍 문턱전압 -2.4V로 바뀐다. 두 가지 모두 주입하면 -1.5V로 바뀌고 공핍 소자이다. 증가형 소자가 보통의 논리회로에 사용된다. −2.4V의 공핍소자는 큰 전류구동 능력이 필요한 공핍소자에 사용된다. −1.5V의 소자는 전력소비가 적은 곳에 사용하는 것이 바람직하다. 0V 문턱전압 소자는 낮은 문턱전압 강하가 요구되고 소자가 차단되기 위해 음이 되지 않는 문턱전압이 필요한 통과소자에 사용된다.

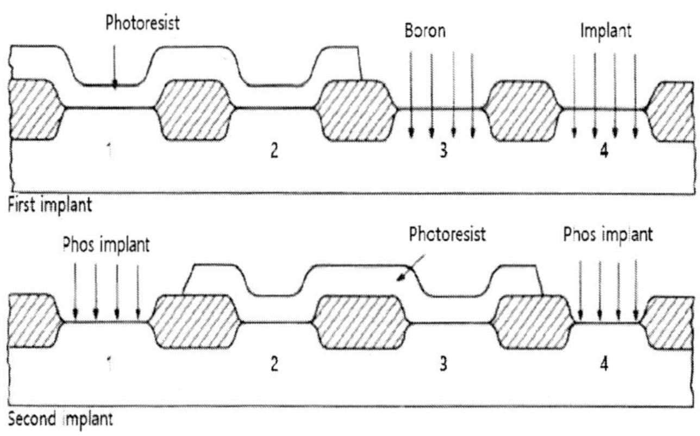

Device results			
Device no.	Boron implant	Phos implant	V_{TO} @ V_{BG} = −2.5, V
1	No	Yes	−2.4
2	No	No	0
3	Yes	No	+0.8
4	Yes	Yes	−1.5

[그림 8-9] MOS 공정에서 두 번의 주입에 의해 네 종류의 문턱전압이 형성된다.

위, 처음 주입; 아래, 두 번째 주입

8-6. 공정 향상

MOS 공정의 발전은 전체 순서에 복잡성을 더하는 많은 공정 스탭을 포함하나 집적도, 수율 및 회로의 성능을 향상시킨다. 한 예가 고성능 MOS의 경우 이미 주어졌는데 추가적인 마스크 작업과 문턱전압 주입 스텝으로 설계 유연성을 얻었다. 다른 예가 아래에서 논의된다.

○ 매몰접촉

NMOS에서 공핍 부하 소자의 폴리실리콘 게이트가 그것의 소스에 연결된다. 게이트 산화막은 게이트를 소스나 드레인으로부터 격리하지만 매몰접촉 마스크 스탭을 추가함으로써 폴리실리콘이 증착 되기 전에 소스 위의 게이트 산화막이 식각 되어 구멍이 뚫리면 게이트와 소스 사이가 자연히 단락된다. 면적의 많은 절약이 얻어진다.

공정 순서는 그림 8-10에 보인다. 스탭 a는 매몰접촉 바스크로부터의 게이드 산화막 구멍을 보여준다. 스탭 b에서 폴리실리콘의 증착 및 도핑이 된다. 도핑 공정에서 접합이 실리콘 내부로 확산되게 한다. 다음 공정, 스탭 c에서 보통의 소스와 드레인 확산이 형성된다. 폴리실리콘이 소스와 드레인 접합과 좋은 저항성 접촉을 형성한다. 폴리실리콘으로부터의 도핑에 의해 형성된 접합은 소스와 드레인 접합보다 깊은 곳에서 끝남(측면 방향으로도 더 확산됨)에 주의하라. 매몰접촉을 사용한 회로 레이아웃은 이 사실을 고려하여야 한다.

매몰접촉으로 형성된 깊은 접합은 낮은 저항의 확산으로 아래로 넘어감(cross under)의 형성에 유용하다. 매몰접촉이 확산될 만큼 열리고 폴리실리콘 길이 만큼 덮이면 확산이나 폴리실리콘 하나의 저항에 비해 30%에서 50%의 저항 감소가 생긴다.

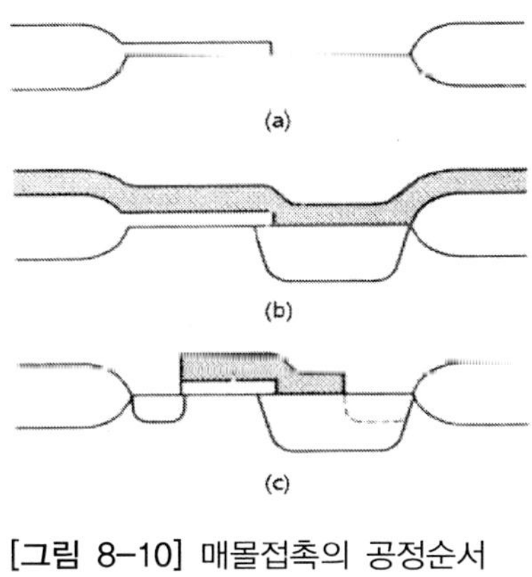

[그림 8-10] 매몰접촉의 공정순서

○ 큰 크기의 마스크

접촉이나 매몰접촉과 같은 아주 작은 형태의 패턴을 위해서는 얇은 층의 포토레지스터가 요구된다. 두께가 줄면 포토레지스터는 핀홀(pinhole)이 생기거나 웨이퍼의 스탭을 지나갈 때 깨어지기 쉽다. 이런 결함은 보통의 접촉 구멍처럼 식각용액이 쉽게 들어가 단락회로를 만든다. 한 가지 해결 방법은 첫 번째 층이 노광되고 현상된 후, 식각을 시작하기 전에 두 번째 포토레지스터를 도포 한다. 두 번째 층은 첫 번째와 같으나 모든 접촉이 커진(oversized) 마스크로 노광 된다. 아이디어는 층의 임의의 핀홀이 거의 같이 정렬을 하지 않는다는 것이다(그림 8-11). 두 층 사이가 정합 되지 않아도 첫 번째 구멍이 완전히 열려있기 위해서는 두 번째 층이 큰 크기로 되어야 한다. 첫 번째 층이 식각 되는 구멍의 크기를 결정함을 주의하라.

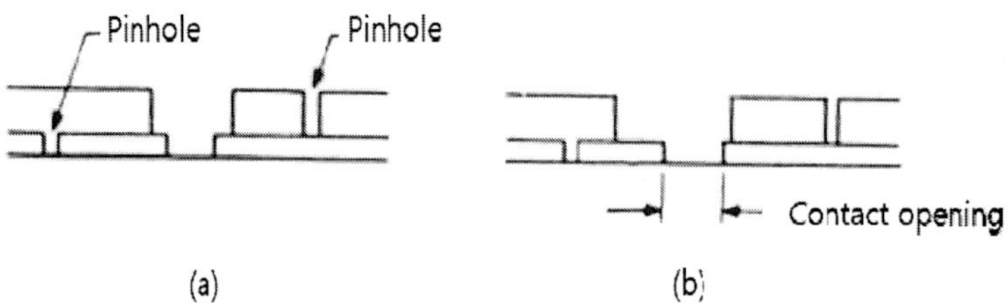

[그림 8-11] 크기가 커진 접촉은 정렬이 완전하지 않는 것을 허용한다.
(a) 완전한 정렬; (b) 완전히 정렬되지 않음

○ 금속 실리사이드

MOS 집적회로가 크기를 작게 하여 속도가 빨라지면서 회로의 성능은 폴리실리콘 상호연결의 RC 시정수에 의해 더욱 더 제한된다. 그 면저항은 보통 15Ω/□ 에서 30Ω/□ 이하로 쉽게 내려가지 않는다. 매력적인 해결 방법은 폴리실리콘 위에 금속 실리사이드를 형성하여 유효 면저항을 1Ω/□ 에서 2Ω/□으로 낮추는 것이다. 이 방법은 기본적인 폴리실리콘-게이트 MOS 구조가 유지되므로 폴리실리콘을 금속으로 대치하는 것보다 선호된다.

백금, 타이타늄, 탄탈륨, 몰리브데늄, 텅스텐의 리프랙트리(refractory) 금속의 얇은 막을 증착하므로 실리사이드는 형성된다. 900℃의 신터링(sintering) 온도로 가열되면 실리사이드 층이 형성된다. 실리콘에 접촉하지 않고 산화막과 접촉한, 반응하지 않은 금속은 식각 된다. 백금의 경우 뜨거운 왕수(aqua regia, 질산과 염산의 수용액)에서 식각된다. 남은 것은 윗 면이 실리사이드로 변한 원래의 폴리실리콘이다. 타이타늄 다이실리사이드, $TiSi_2$와 백금 실리사이드, PtSi가 그 예이다.

이 공정은 1960년대 중반기부터 쇼트키 TTL 회로를 위한 쇼트키 장벽 다이오드를 형성하는 바이폴라 소자에서 집중적으로 사용되었다. 최근에는 단결정 실리콘 보다는 폴리실리곤 위에 실리사이드를 형성하는 노력이 이루어지고 있다. 실리사이드-폴리실리콘 샌드위치 구조의 쉬운 패터닝과 후속 IC 공정과 실리사이드 형성기술(예, cosputtering)에 대한 연구가 진행 중이다.

○ CMP 공정

CMP(Chemical Mechanical Polishing, 화학적 기계적 연마)공정은 웨이퍼 표면의 굴곡을 평평하게 하는 공정이다. CMP공정이란 요철이나 굴곡이 발생한 웨이퍼의 표면을 화학적/기계적 연마(Polishing) 이용하여 평탄화하는 공정이다.

이 공정에서는 칩(Chip) 내 높이가 다른 부위가 패드와 접촉하여 상대적으로 높은 부분이 먼저 연마되는 원리를 활용한다. 또한 웨이퍼 표면의 스크래치를 방지하고 공정 제어의 불안정성을 보완하기 위해, 슬러리(Slurry)라는 연마액을 사용하여 공정을 진행한다.

반도체 공정기술의 발달에 따라 최소 선폭이 감소하고, 수율향상을 위해 PR 공정 진행 시 웨이퍼 내에서 균일도가 중요해지고 있다. 따라서 웨이퍼 표면의 단차를 제거하는 CMP공정의 중요성은 높아지고 있다. 소자의 크기가 작아질수록 요구되는 CMP의 공정 수가 늘고 있으며 관리 기준도 더 엄격해지고 있다.

○ 금속배선에 구리의 사용

구리는 알루미늄보다 약 30% 정도 낮은 전기 비저항 성질을 갖고 있어 전도도가 높아 알루미늄보다 더 작은 선폭을 구현할 수 있다. 작은 저항으로 전력 소모도 낮아 소자에서 발생하는 열도 줄일 수 있다. 또한 알루미늄의 단점이었던 전자 충돌에 의해 금속 입자가 움직이는 전자이주(electromigration)의 발생 확률이 급격히 줄어들게 되어, 공동이나 힐럭 등의 발생을 줄일 수 있다. 이로써 배선이 끊어지는 불량을 방지할 수 있으며, 내구성과 신뢰성이 우수해진다.

그러나 구리는 패턴을 형성하기 어려운 단점이 있다. 보통 배선 패턴을 형성할 때 RIE(reactive ion etching)로 식각하는데, 구리는 식각 시 발생하는 화합물이 가스 형태로 휘발되지 않는다. 따라서 다마신(damascene, 상감) 방식으로 패터닝 후, 불필요한 구리를 제거하는데 식각이 아닌 CMP 방식으로 연마한다. 또한, 구리는 실리콘뿐 아니라 SiO_2 속으로도 확산될 수 있어 알루미늄보다 치명적인 스파이킹현상과 접합단락을 발생시킬 수 있다.

이 같은 문제점을 해결하기 위해, 먼저 구리의 증착 전에 구리의 확산을 막기 위한 베리어 층을 증착한다. 또한, 구리막을 식각하기 어려운 점은 다마신이라는 상감 기법을 적용해 해결한다. 다마신이란 미리 만들어 놓은 틀 속에 전기도금(electroplating)으로 구리를 채워 넣고 주위의 구리를 제거하는 방식이다.

9장

레이아웃, 마스크, 패키지

9 레이아웃, 마스크, 패키지

9-1. 레이아웃과 설계 규칙

레이아웃은 집적회로에 회로가 나타나게 실제 연결된 회로를 그리는 것이다. 이것은 적절한 층과 구조로 구성된 능동 및 수동 소자와 이들을 상호 연결하는 방법을 보여주어야 한다. 물론 상호연결에는 실수가 없어야 한다.

실리콘 게이트 NMOS 회로에 대한 레이아웃의 기본 개념이 그림 9-1에 보인다. 개략도의 아래서부터 시작하면 트랜지스터 Q3의 소스를 영역 1이라 부르고 접촉 구멍을 통해 금속 접지 선에 연결됨을 볼 수 있다. C선은 Q3의 입력 게이트를 형성한다. Q3의 드레인과 Q2의 소스는 두 확산 영역이 금속선으로 연결되지 않고 한 번의 확산(영역 2)을 통해 직접 연결된다. 비슷한 경우가 영역 3에 존재한다. 영역 4는 출력으로 다른 회로와 연결을 위해 접촉과 금속선이 필요하다. 영역 4는 또한 부하 소자 QL에서는 채널 길이 L(소스에서 드레인 까지)이 채널 폭 W보다 긴 것에 유의하라. 마지막으로 Q4 소자의 소스는 영역 1과 공통이다. 직렬 연결된 Q1, Q2와 Q3가 Q4와 같은 턴온 저항을 갖기 위해서는 그들의 W/L이 Q4보다 3배 커야 한다.

실리콘 게이트 공정에서 활성(active)영역 층과 폴리실리콘 게이트 층의 교차에 의해 게이트 영역이 결정된다. 확산 영역은 나머지 활성영역을 포함한다. 다시 말해, 폴리실리콘 선은 확산영역을 자르지 않고는 확산영역을 가로질러 갈 수 없다. 이런 이유로 입력 B는 금속으로 영역 1을 지나간다. 마지막으로, 매몰 접촉은 폴리실리콘과 확산영역만 연결하는 반면 금속은 폴리실리콘과 확산영역에 접촉될 수 있다.

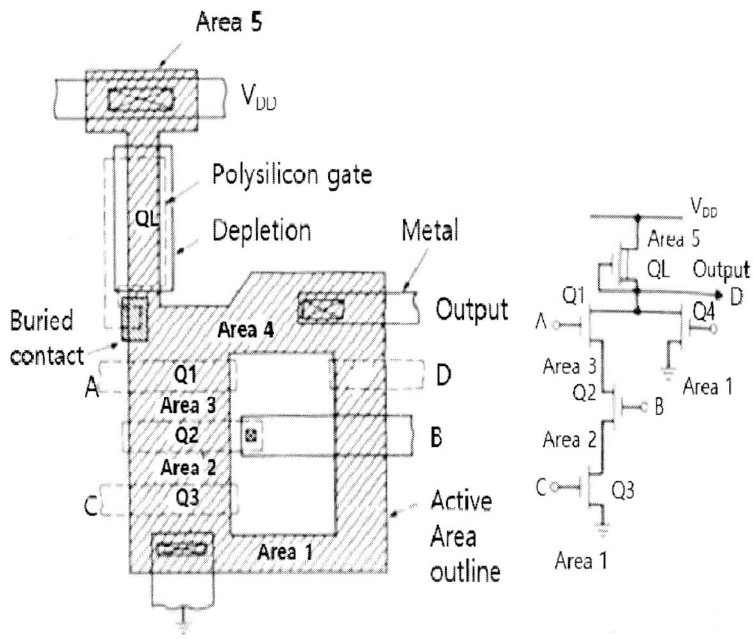

[그림 9-1] NAND-NOR 게이트의 조합과 실제 레이아웃

그림 9-2에 레이아웃의 다른 예가 보이는데 CMOS 인버터와 2입력 NAND 게이트에 관한 것이다. 규칙성은 다른 회로와 쉬운 상호 연결을 제공함과 동시에 밀집된 레이아웃을 가능하게 한다. 그림의 열 아래 5개의 n-채널 소자가 있고 그에 상응하는 5개의 p-채널 소자가 열 위에 있다. 왼쪽 3개 n-채널 소자의 게이트들은 p-채널 소자의 게이트가 되기 위해 위쪽으로 수직으로 달린다. 오른쪽의 n-과 p-채널 두 쌍에서 수직 게이트 연결은 비껴가서 하나의 고립된 p와 n-채널 게이트를 남긴다. V_{DD}와 V_{SS} 전원 공급 선은 트랜지스터의 위와 아래 열에 절연되어 옆으로 가로질러 간다. 두 활성소자 그룹의 왼쪽 옆에 전원 공급선 밑으로 지나는 신호를 위해 두 개의 수직 폴리실리콘 선이 있다. 두 그룹의 사이에 기판을 V_{DD}로, p-웰을 V_{SS}로 접촉하기 위한 작은 확산 패드(pad)가 있다

진한 검은선은 논리 게이트를 형성하기 위한 상호연결을 보여준다. 왼쪽의 인버터에서 두 개의 드레인이 연결되고 그들의 소스는 적절한 전원 레일(rail)에 연결된다. 오른쪽의 NAND 게이트에서는 p-채널에서 병렬연결, n-채널에서 직렬연결을 허용하기 위해 소스와 드레인이 서로 바뀔 수 있다는 사실을 이용한다.

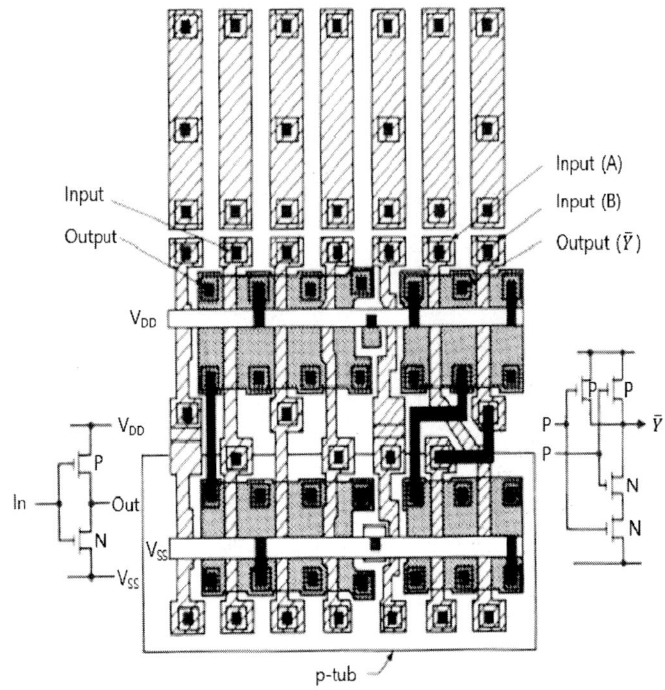

[그림 9-2] CMOS 인버터와 2입력 NAND 게이트의 레이아웃

모양의 크기와 층 사이의 치수 관계를 지시하는 설계규칙(레이아웃 규칙)에 의해 레이아웃은 그려진다. 이런 규칙은 각 공정 기술과 공정 영역의 현재 능력을 반영한다. 규칙은 꽤 광범위하여 10에서 50 쪽 정도의 치수가 있는 그림 문서를 포함한다. 이 문서는 각 층의 최소 선폭, 다른 층에 있는 형상 사이의 최소 거리를 기술한다. 그러나, 칩 설계자는 최소 칩 면적을 얻기 위해 노력하므로 이런 최소 치수는 모든 곳에 사용된다.

설계 규칙은 다음의 범주로 나누어진다.

1. 최소 폭

선이 잘룩해지거나 노칭(notching)이 없이 신뢰성 있게 일상적으로 패턴되는 최소 선폭이다. 막의 두께가 얇은 층은 미세한 선으로 패턴 되는데 어려움이 적어진다.

2. 최소 공간

상호연결(브리징, bridging)이 없이 신뢰성 있게 일상적으로 식각되어 떨어지는 치수이다. 폴리실리콘이나 금속 같은 층에서 물리적으로 두 선을 분리하는 능력을 지시한다. 확산 같은 층에서는 전기적 펀치스루가 일어나지 않는 최소 공간을 지시한다.

3. 최소 피치

최소 폭과 최소 공간을 단순히 더한 것으로, 피치로 정의되는데 불필요한 것으로 보인다. 그러나 최소 피치는 공정의 포토리소그래피와 식각능력의 척도이다. 최소 폭과 최소 공간은 서로 하나를 희생하면 얻어지는 관계에 있다. 예를 들면 아주 폭이 좁은 선은 극단적 과식각으로 얻어지나 이런 가는 선을 아주 가까이 있게 하는 것은 매우 어렵다.

4. 중첩

두 층 사이에서 정의된다. 예를 들면 접촉과 확산 사이에는 여유가 필요한데 두 층간의 정렬 오차, 식각 시 접촉 구멍의 커짐, 필드산화막 성장에 의한 확산 영역 감소 때문이다. 만약 확산 층이 접촉과 충분히 중첩되지 않으면 금속은 기판과 단락될 수 있다.

5. 분리

어떤 층에 연관되지 않는 형상들은 약간의 최소 공간 만큼 분리되어야 한다. 이는 층 간의 최악의 정렬오차, 식각시 형상이 커지거나, 작아지는 것을 고려하여야 한다.

마스크 층 간의 오정렬은 설계 규칙을 정하는데 중요한 역할을 한다. 서로 직접 정렬될 두 층 사이의 오정렬은 작업자의 능력이나 기계의 정밀도 같은 확실한 요소에 의존한다. 그러나 공정에 대해 정렬순서를 정하는 방법 또한 정렬 정밀도에 영향을 미친다. 그림9-3은 MOS 공정에서 정렬 순서를 보여준다. 각 층 옆에 적힌 번호는 마스크 순서를 나타낸다. 폴리실리콘과 확산처럼 서로 직접 정렬되는 층은 매우 작은 오정렬을 보여준다. 매몰 접촉과 폴리실리콘 사이의 간접 정렬 층은 큰 오정렬을 나타낸다.

균일하지 않은 웨이퍼의 팽창, 스텝과 반복의 거리가 균일하지 않아 생기는 마스크 "run-out"은 또 다른 오정렬에 기여하는 요소이나 보통 큰 영향을 미치지 않는다.

MOS 공정에 대한 아주 간략한 설계 규칙 집합의 예가 그림 9-4에 보인다.

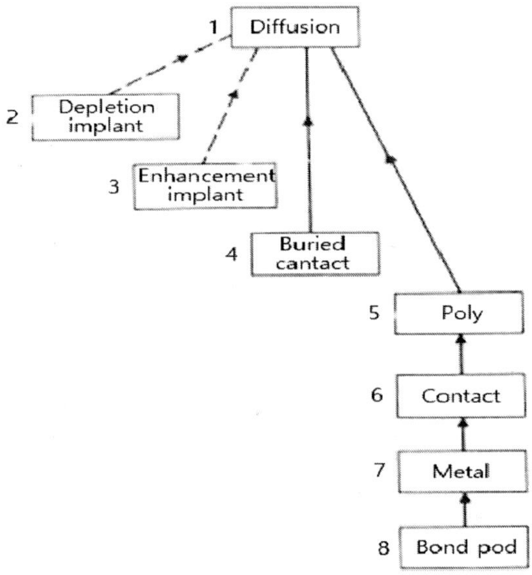

[그림 9-3] MOS 공정의 정렬 순서. 파선은 공정 흔적을 남기지 않음을 나타낸다.

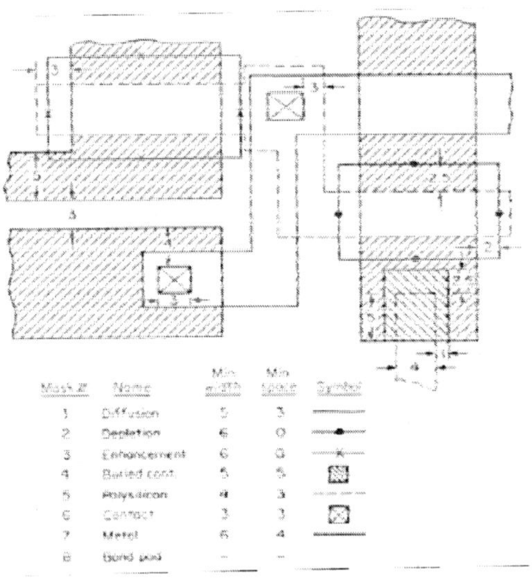

[그림 9-4] 그림 9-3의 공정에 대한 설계규칙의 예

9-2. 논리 설계에서 마스크까지

시스템 수준의 논리 설계에서 공정을 할 수 있는 완전한 마스크 집합을 얻기 위한 일의 순서가 이 장에서 논의된다. 그림 9-5에 있는 흐름도에 나타난 여러 일의 단계에 대해 논의한다.

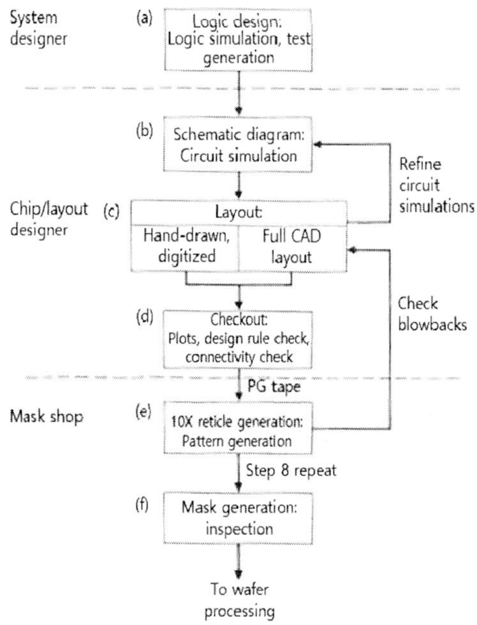

[그림 9-5] 논리 설계에서 최종 마스크까지 흐름도

(a) 논리 설계

시스템 설계자는 논리 개략도를 만들고 이것은 MOS 칩 설계자에게 넘어간다. 시스템 설계자는 시스템에 논리 위험 요소가 없는 것을 확인해야 하고 신호의 경주(racing) 조건이 존재하는 경로를 지적해 주어야 한다. 어떤 절점이 0이나 1로 고정되는 내부에 결함 조건이 존재할 경우 결함 출력을 감지할 수 있는 시험 순서가 만들어져야 한다.

(b) 개략도

MOS 칩 설계자는 논리도를 트랜지스터 수준의 개략도(schematic diagram)로 바꾼다. 이것은 소자의 크기(W/L)와 회로 상호연결을 구체화하는 것을 포함한다. 앞서 설명되었듯이 소자크기의 구체화는 직류와 천이 해석의 결과이다. 천이 해석은 간단한 회로에는 그래프로 또는 간단한 식에 의해 가능하나 복잡한 회로에서는 전형적으로 컴퓨터 회로모사 프로그램을 이용하여 정확히 천이 해석을 할 수 있다. 회로 모사 프로그램은 회로 경로 사이에 경주 조건을 따라가는데 유용하다. 회로모사에 기생 용량과 기생저항을 포함하는 것이 필요하다.

(c) 레이아웃

개략도가 완성되면 레이아웃이 시작된다. 전체 칩에 대한 평면배치도(floor plan)를 준비 하는 것이 관행이다. 이것은 칩의 한 쪽에서 다른 쪽으로 가는 신호의 일반적 흐름을 보여주어야 한다. 칩 내의 각 회로 블록은 신중하게 계산된 면적과 잘 정의된 윤곽을 가져야 한다. 만약 프로젝트에서 일하는 마스크 설계자(레이아웃 설계자)가 한 사람 이상이면 칩 배치 계획은 꼭 필요하다. 적절한 연결과 실리콘 면적을 낭비하지 않기 위해 자기에게 할당된 블록의 경계를 엄격히 지켜야 한다.

먼저 계획하는 것은 금속선 V_{DD}와 접지 경로를 그리는 것이다. 금속 연결선은 IR 강하를 줄이고 전자이주(electromigration) 문제를 최소로 하기 위해 넓어야 한다. 이와 같은 계획이 그림 9-6에 보인다. GND와 V_{DD}를 칩 내의 모든 부분에서 이용할 수 있고 이들은 서로 교차하지 않아야 한다.

레이아웃은 손으로 하느냐 또는 완전히 기계로 하느냐의 두 선택 중 하나를 취할 수 있다. 첫 번째 방법은 마일라(Mylar) 종이에 손으로 레이아웃을 그린다. 눈금이 인쇄된 마일라 종이는 치수의 안정성과 반복된 지움에 잘 견디기 때문에 즐겨 사용된다. 합성의 그림을 만들기 위해 다른 층은 다른 색의 연필로 그려진다. 때때로 회로의 개개의 부분이 작은 종이(paper doilies) 에 그려져 가장 작은 면적의 레이아웃을 위해 배치될 수 있다.

이 시점에서 레이아웃 정보가 기생 효과에 대한 보다 정확한 정보로 회로 모사를 하기 위해 회로 설계자에게 넘어간다. 그림 9-5의 처음 반복 루프에 이것이 나타나 있다.

레이아웃이 완성되면 커서의 정확한 위치를 감지할 수 있는 큰 제도기에서 디지타이저(디지털 수치화)(digitize)된다. 디지타이저가 될 모양의 모든 모서리를 커서는 추적한다. 커서로 모서리를 추적하면서 버튼을 누르면 좌표가 기록된다. 합성의 여러 층이 기계에서 분리된다. 가능한 강력한 특성은 작은 부분을 디지타이저하고 그 부분을 취할 것인가를 물어서 위치를 옮기고, 회전시키고, 어떤 축에 대해 반사 시키고 또는 배열을 만들기 위해 반복할 수 있다.

두 번째 레이아웃 방법은 완전히 기계화되어 디지타이징의 중간 과정이 없다. 작은 디지타이징 판과 CRT의 라이트 펜을 사용하여 모양이 그려지고 빨리 저장된다.(그림9-7) 아주 쉽게 모양이 추가, 삭제되고 선이 이동하거나 다시 그려진다. 이 레이아웃 방법에 익숙한 사람의 생산성은 손으로 하는 방식보다 매우 크다.

디지타이징 기계는 완전히 기계화된 시스템의 일부분으로 인식되어야 한다. 따라서 두 방법을 섞는 것이 가능하다. 예를 들면 레이아웃은 손으로 그려지고 디타이저된 후 CRT 화면에서 수정이 이루어질 수 있다.

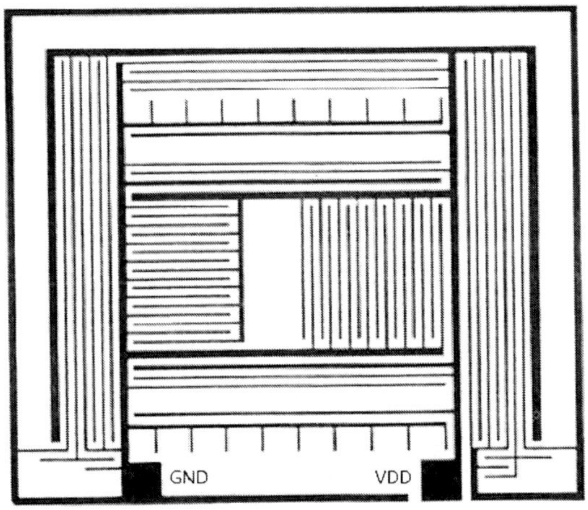

[그림 9-6] 칩에서 VDD 와 GND 경로가 먼저 계획된다.

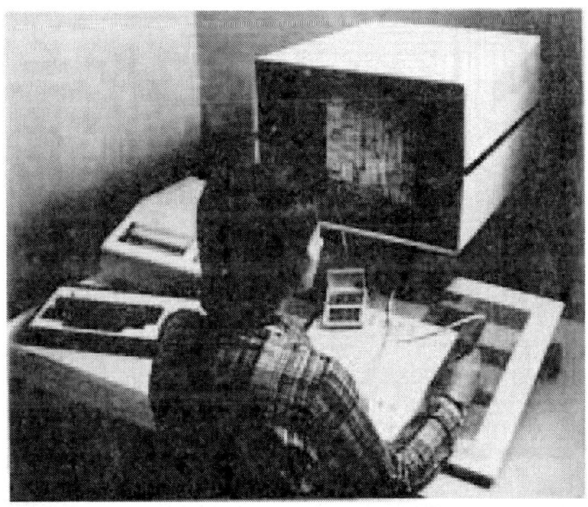

[그림 9-7] CRT 스크린에서 완전히 기계화된 레이아웃

(d) 검사

손으로 하든 또는 컴퓨터 도움을 받는 시스템으로 하든 데이터를 부호화하는 것이 완성되면 도면을 그리는 것이 필요하다. 약 $6m^2$ 이상의 도면은 정밀하고 스텝 모터로 구동되는 XY 플로터에 의해 그려진다(그림 9-8). 각각의 층이나 여러 색의 합성 층이 그려진다. 중요한 치수를 자세히 조사하기 위해 200에서 1000x 배율로 확대될 수 있다. 그리는 다른 방법은 정전기 프린팅으로 종이가 선형 프린터 헤드 위를 지나가면 영상이 만들어 진다. 이 방법의 장점은 증가된 속도와 그림자 층이 가능한 것이다. 그러나 그림은 흑백이다.

그림을 검사하는 공정은 매우 지루하다. 레이아웃은 소자 크기와 회로 연결에 실수가 없어야하고 설계 규칙도 만족되어야 한다. 보통 5,000에서 50,000 트랜지스터를 가진 칩이 50에서 100개의 설계 규칙을 만족해야 되는 경우를 생각해 보자. 실수가 없는 레이아웃을 확신하기 위해 대부분의 회사가 computer-aided 검사를 하는 것은 놀랄 일이 아니다. 설계 규칙의 오류를 검사하는 프로그램(design rule checker, DRC)이 사용 가능하다. 프로그램에 사용 가능한 형태로 설계 규칙을 코딩해야 한다. 설계자가 관심을 집중하는 오류로 결과는 구성된다. 보다 복잡한 프로그램은 디지타이저된 자료와 따로 입력된 회로 모형도를 비교하여 연결의 다름을 표시해 준다. 개략도는 논리 모사에 사용된 자료와 비교되어 논리에서 레이아웃 까지의 검증이 이루어진다. 이에서 언급한 프로그램은 많은 컴퓨터의 사용시간을 요구한다. 그러나, 중대한 실수를 막을 수 있으면 시간과 투자의 이익은 그런 비용보다 훨씬 크다.

완전히 검사되면 자료가 마스크를 만드는 장치로 넘어가기 전에 가끔 다른 조치가 필요하다. 여러 이유에서 예를 들어 음의 포토레지스트 공정으로 디지타이저된 회로가 양의 포토레지스터 공정으로 바뀌면 레이아웃의 어떤 마스크 층은 크기가 바뀌어야 한다. 이것은 소프트웨어로 모든 면에 주어진 양만큼 선폭이나 형상을 줄이거나 늘이는 것을 나타낸다. 모든 형상의 상대 위치는 변하지 않는다. 이는 전체 칩 크기가 감소하는 축소와 비교된다.

자기 테이프의 형태로 최종 정보가 마스크를 만드는 장치로 전송된다. 이것은 가끔 “PG tape”으로 불리는데 이유는 레이아웃의 정보가 마스크를 만드는 패턴 형성기(Pattern Generator)에 직접 읽혀지는 형태로 바뀌었기 때문이다.

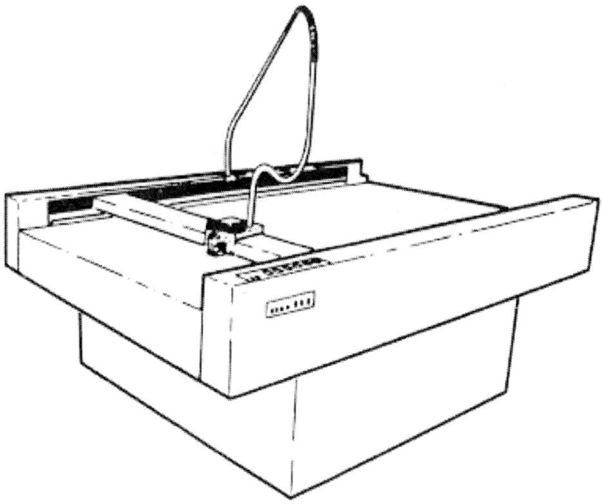

[그림 9-8] IC 레이아웃의 도면을 그리는 기계

(e) 레티클(reticle) 제작

PG 테이프는 패턴 형성기를 구동하여 10X 레티클을 만든다. 패턴 형성기는 아주 높은 비율로 켜지고 꺼지는 광선으로 레티클에 패턴을 형성한다(write). 그리는 공정을 빨리하기 위해 광선의 모양이 바뀐다.

10X 레티클이 제작된 후 15에서 20배로 확대된 "blowback" 이라고 불리는 150에서 200X의 투명 필름이 제작된다. 최종 검사를 위해 blowback이 설계자에게 보내진다. 다른 형상이 추가되거나, 지워지거나 변경되었는지를 같은 크기의 레이아웃 도면과 비교한다.

(f) 마스크 제작

문제가 없음이 승인 나면, 스텝과 반복 카메라에 레티클이 장착되는데 광학적으로 10배 줄여 1X 크기로 만들고 광에 민감한 마스크 판에 감광된다. 감광 후, 마스크 판은 움직이는 스테이지에 의해 X, Y의 스텝 거리만큼 이동한다. 마스크의 3에서 5군데의 특수한 위치에는 회로 레티클이 비워지고 시험 패턴 레티클이 사용된다. 따라서 완성된 웨이퍼는 3에서 5군데의 다이 위치는 공정을 모니터하기 위한 테스트 패턴으로 대치된다. 마지막으로 웨이퍼 공정에 실제로 사용될 복사본이 마스터 마스크 판으로부터 만들어진다.

실제 사용에서와 같은 순서로 마스크가 정렬되는가를 확인하기 위해 마스크 층이 검사된다. 패턴에 결함이 있는지 보기 위해 마스크에 있는 여러 다이 위치 중 한 샘플이 숙련된 요원에 의해 눈으로 검사된다. 만약 원하는 품질 수준과 샘플 크기를 위해 정해진 한계를 결함의 수가 초과하면 모든 마스크 판이 버려진다. Direct step-on wafer(DSW) 정렬기에서는 10X 레티클이 사용된다. 이 경우 레티클에 있는 결함이 모든 다이에 복사되므로 검사는 더욱 엄격하여야 한다.

생산에 사용되는 마스크는 가끔 얇은 막(페리클, pellicle membrane)으로 싸인다. 그림 9-9는 페리클 시스템의 모형도를 보이는데 얇고 높은 투과성의 막이 적당한 두께의 환에 팽팽하게 설치되어 있다. 결국 환은 마스크의 영상면 위에 놓인다. 마스크 표면에 먼지가 앉지 않고 페리클의 표면에 모인다. 멀리 떨어져 있으므로 입자는 초점이 맞지 않아 등사되지 않는다. 마스크 세척공정 제거와 수율의 향상으로 큰 비용의 절감을 얻을 수 있다.

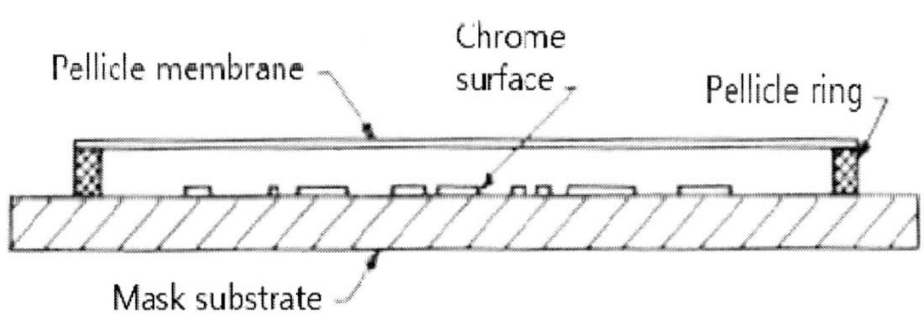

[그림 9-9] 입자들의 영향을 제거하기 위해 마스크에 페리클을 씌움

9-3. 자동 칩 레이아웃

칩 레이아웃 공정을 기계화(컴퓨터화)할 필요는 급박하다. 한 가지 요소는 회로 설계자와 마스크 레이아웃 설계자가 많이 필요하기 때문이다. 또 다른 요소는 레이아웃 공정은 너무 많은 시간을 필요로 한다. 3에서 6명의 마스크 레이아웃 설계자가 6개월에서 1년간 복잡한 칩을 레이아웃하고 검사하는 것은 보통이다. 세 번째 요소는 칩을 부분적으로만 동작하게 하는 레이아웃의 실수가 많은 것이다. 레이아웃에서 수정이 필요하고 새로운 마스크 세트가 만들어지고 다시 웨이퍼 제조 공정을 하여야 한다. 이것은 과다한 추가 비용과 제품 생산의 지연을 초래한다. 그 해결책은 레이아웃 공정의 모두를 자동화하지는 않더라도 대부분은 자동화하는 것이다.

회로가 VLSI(very large scale integration) 부류로 들어감에 따라 빠르고 결함이 없는 레이아웃에 대한 필요가 급증한다. 기술적으로, VLSI 회로는 한 칩에 100,000 논리 게이트 이상을 포함한다. 따라서 레이아웃이 자동화되어야 한다는 함축적 의미가 된다. 그렇지 않으면 레이아웃을 완성하기는 한계 이상이 될 것이다. 물론 몇 개의 컴퓨터화 된 레이아웃이 개발되고 계속 발전되어 가고 있다. 1980년 이후, 자동화된 설계와 레이아웃을 한 분야로 개발하기 위해 노력이 집중되었다. 첫 단계에는 특정한 제조 순서에 무관하고 회로 설계의 사소한 일과 분리된 일반적인 IC 레이아웃 규칙의 집합을 개발하였다.

이 목적으로 Mead, Conway와 다른 이들은 람다(λ) 설계 규칙의 개념을 도입하였다. 최소 형상의 크기와 형상 간 최소 분리가 각각 2λ 라는 가정에서 λ는 기본 거리 단위로 정의 된다. 또한 어떤 두 레벨의 최악의 오정렬은 λ 이고 반면 공정에 의한 최대 모서리 이동은 $\lambda/2$이다. 설계 규칙은 보다 간단하다. 모든 형상이 람다 눈금으로 되어 있어 신참 설계자에게 보다 편리하다. 또한 필요한 만큼 λ 배 비례 축소하여 이 공정에서 저 공정으로 설계 규칙을 옮길 수 있고 주어진 공정이 축소되어도 적용 가능하다. 공정이 거의 일정하게 발전하면, 즉, 모든 마스크 레벨에서 정렬 여유와 최소 형상이 같은 속도로 축소되면, 이런 개념은 유효하다. 이런 간단함에 의한 집적도의 피할 수 없는 손실은 빠른 설계와 레이아웃 능력으로 보상된다. 이 개념이 상업적으로 생존 가능함은 다른 사람의 마스크 집합으로 소자를 제작해 주는 회사, 실리콘 파운드리(foundry)의 존재에 달려있다.

대부분의 회사는 레이아웃의 효율을 높이기 위해 설계 규칙을 간단히 하기보다 자동 칩 레이아웃을 위한 장비를 개발하려 한다. 그림 9-10에 보여진 4가지 기본 방법을 따른다.

○ 표준 셀(cell)

카운터와 플립 플롭과 같은 논리 구성 블록의 많은 부품이 레이아웃 되고 완전히 특성이 설명되어 레이아웃 시스템 라이브러리(library)에 저장된다. 설계자는 원하는 셀을 불러 배치하고 상호연결 한다. 이것은 4가지 방법 중 가장 간단하다. 보다 복잡한 알고리즘은 상호 연결의 리우팅(routing)을 제공할 뿐만 아니라 상호 연결선의 길이가 최소가 되게 셀을 배치한다. 그림 9-10에서 보듯이 표준 셀은 균일한 높이로 되어 있고 연결(writing) 채널을 통해 상호연결이 라우팅 된다. 연결 채널은 채널 내의 가장 많은 수의 상호연결을 충분히 하기 위해 넓어야함으로 면적 사용은 효과적이지 않다.

○ 게이트 배열(array)

게이트 배열은 표준 셀 레이아웃의 변형으로 완전한 맞춤(custom)에서 보다는 반맞춤(semicustom)에 경제적으로 유리하다. 마스터 슬라이스(master slice), 또는 임무가 부여되지 않은 논리 배열, 또는 마크로 셀(macrocell)이라고 알려진 게이트 배열은 그림 9-10처럼 동일한 논리회로의 고정된 배열로 구성된다. 칩의 주변에는 버퍼와 구동 소자의 회로가 있다. 중요한 점은 모든 논리 구성 블록의 수와 위치가 고정된 것이다. 칩을 설계하는 것은 최종 연결(wiring)과 상호연결을 구체화하는 것으로 구성된다.

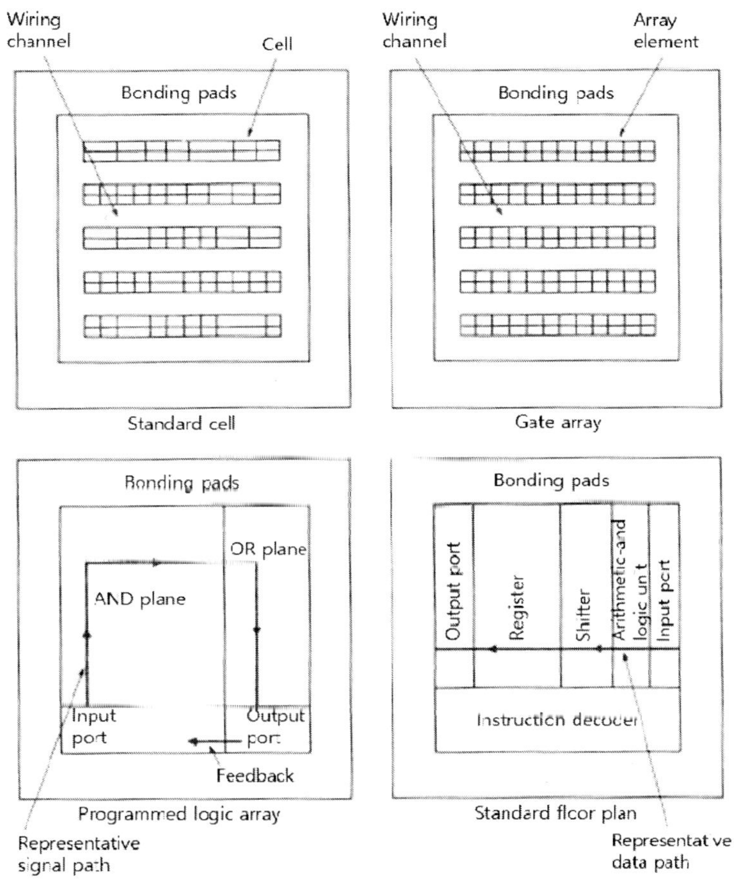

[그림 9-10] 자동 칩 레이아웃을 위한 4 가지 기본 방법

게이트 배열의 시도로 여러 경제적 이득이 얻어진다. 마지막 공정 단계를 제외하고 모든 칩이 같으므로 새로운 마스크와 개별 생산 공정의 비용을 피할 수 있다. 칩은 미리 공정이 되고 마지막 공정까지 재고로 남아 있어 생산 명세에서 인도까지의 시간을 수개월에서 5~10주 정도로 줄일 수 있다. 이 접근은 경제적으로 유리하여 많은 회사들이 게이트 배열 칩을 공급하는 용역을 제공한다. 1980년대 초, 이 회사들은 500~2,000 게이트를 가지는 칩을 제공했으나 1980년대 중반에는 5,000~10,000 게이트의 복잡성이 가능하였다. 일년에 5,000~100,000 개의 칩 요구가 있는 회로에 게이트 배열은 이상적이다. 보다 작은 양의 요구는 EPROM(electrically programmable read only memory)으로 맞출 수 있고 많은 양은 맞춤(custom) 설계를 고려하여야 한다.

MOS 게이트 배열은 대부분 CMOS로 구현된다. CMOS는 큰 설계 여유를 가지므로 설계 수고를 줄여준다. 논리 블록 내에서는 첫 번째 금속 층으로, 블록 사이는 두 번째 금속 층으로 연결하는 2층 금속 공정(metallization)은 레이아웃을 편리하게 한다. 두 번째 층은 논리 블록을 지나가게 허용된다.

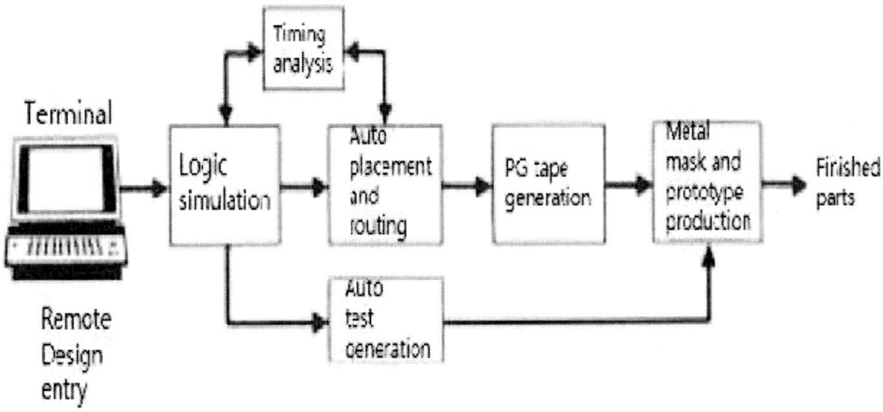

[그림 9-11] 게이트 어레이 칩을 구현하기 위한 흐름도

게이트 배열 서비스 외부에 있는 대부분의 사용자는 사용 가능한 CAD(computer aided design) 도구를 갖지 못한다. 어떤 사람은 회로 설계의 경험이 전혀 없을 수 있다. 따라서 게이트 배열 서비스제공자는 쉽게 다룰 수 있는 CAD 기구에 대한 교육을 해야 한다. 그림 9-11은 게이트 배열 칩을 생산하기 위한 일의 순서를 보여준다. 회로 설명이 떨어져 있는 회로 입력 터미널을 통해 입력된다. 논리 모사, 자동 회로 배치, 라웃팅 결과가 시간순서(timing) 해석에 사용된다. 테스트 벡터가 생성된다. 마지막으로, 패턴 발생기에 의해 금속 마스크가 제작되고 칩의 제조가 시작된다.

게이트 배열의 단점은 레이아웃 형상이 고정되어 있다는 것과 관련된다. 논리 블록의 선택, 입, 출력 버퍼의 수, 연결(wiring)에 필요한 면적이 확률 계산에 기초한다. 예상치가 각 응용에 완전히 일치하지 않는 만큼, 모든 사용 가능한 논리 게이트가 연결되는 것은 아니다. 단지 70~80% 사용이 보통이다. 이런 이유로 게이트 배열은 여러 크기로 공급된다. 표준 셀과 마찬가지로 게이트 배열은 칩 면적을 효과적으로 사용하지 못한다.

○ 프로그램된 논리 배열(Programmed Logic Array, PLA)

PLA는 직렬로 연결되어 어떤 Boolean 논리 연산도 할 수 있는 NAND와 NOR 게이트 배열로 구성된다. 상태 기계 식(state machine equation), 논리 식, 마이크로 코드 설명서로부터 직접 PLA 레이아웃을 만드는 알고리즘이 사용 가능하다. PLA 레이아웃 시스템은 민텀(minterm)의 수를 줄여 논리를 최소화하여 칩의 크기를 줄이는 시도를 한다. PLA의 보통 형태에서는 칩 크기가 조밀하며 과도하게 긴 연결이 생기지 않는다.

○ 표준 평면 배치(standard floor plan)

마이크로 프로세서의 레이아웃은 일반적으로 표준 평면 배치를 따르는데 이것은 사용자가 필요한 것을 보면서 빈방을 채우는 집의 평면배치와 비슷하다(그림 9-10 참조). 데이터를 충실히 따라감으로 평면배치는 효과적이다. 레이아웃 자동은 평면배치의 각 중심 요소 내에서 길이에 대한 폭을 교환(trade off)하는 것으로 이루어진다. 셀의 높이는 데이터 경로의 연속적인 흐름과 일치되게 늘여질 수 있다.

모든 회로에 대해 칩 레이아웃을 자동으로 하는 한 가지 방법만이 최적은 아니다. 임의의 논리에는 표준 셀과 게이트 배열이 보다 적절하고 빠른 turnaround(회로에서 제품까지) 시간을 위해서는 게이트 배열이 최적화 된다. 표준 평면 배치는 마이크로프로세서 데이터 경로를 구성하는데 유용하다. 공통 버스를 공유하는 레지스터, 시프터 레지스터와 논리연산상치(ALU)을 포함하는 계산 부분을 구성하는 데 좋다. 모든 방법을 조합하는 것이 모든 자동 레이아웃을 위한 석설한 접근일 것이다.

CAD 장비의 최종 목표는 칩의 기능적인 설명에서 IC 레이아웃을 세공하는 프로그램인 "실리콘 컴파일러"이다. 컴파일러란 용어는 높은 수준 언어 입력을 낮은 수준의 기계 코드로 바꾸는 소프트웨어 컴파일러와의 유사성에서 온다.

9-4. 조립

완성된 웨이퍼를 팔기 위해 완제품으로 만들기 위한 조립과 시험에 대해 논의한다.

○ 조립 공정

웨이퍼가 제조되고 난 뒤 웨이퍼 형태에서 시험 된다. 프로브(probe) 침을 포함한 프로브 카드를 칩의 본드 패드에 맞춘다. 만약 특정한 다이(die)가 시험에 실패하면 이 다이는 잉크 점으로 찍힌다. 좋은 다이는 잉크로 찍히지 않는다. 하나의 다이를 시험하고 나서 프로브 스테이션(station)은 다음 다이 위치로 찾아가게 된다. 기계 설정시 스탭 거리가 세팅된다. 기계는 열 방향으로 스탭되고 웨이퍼의 모서리 감지되면 한 열 위로 옮아간다.

시험 된 웨이퍼는 패키지를 위해 조립부로 보내진다. 조립 공정은 다이아몬드 팁으로 "scribe alley"에 줄을 긋는 것으로 시작된다. 스크라이브 앨리는 칩 사이에 이 목적으로 할당된 실리콘이 노출된 아무런 패턴이 없는 영역이다. 웨이퍼 표면에서 1/3 가량 톱으로 자르는 동작으로 새김을 만들어 스크라이빙을 대신할 수 있다. 쿠션이 있는 종이 사이에 웨이퍼가 놓이고 칩들로 분리하기 위해 고무 롤러로 눌려지면 긁힌 자국을 따라 웨이퍼가 잘린다. 잉크로 표시되지 않은 좋은 다이가 진공 픽업 장치에 의해 선택되어 조립 공정이 계속 된다.

얇은 디스크 모양의 프리폼(preform)이 놓인 패키지 공동(cavity) 내에 다이가 놓인다. 금-실리콘의 공융 온도까지 패키지가 가열되면 프리폼(preform)이 녹고 다이는 패키지와 좋은 본딩을 위해 문질러진다.

다음 단계는 칩 상의 본딩 패드와 패키지의 상응하는 패턴과의 선 연결(wiring)이다. 알루미늄 선이 사용되면 쇄기 본드를 형성하기 위해 초음파로 본딩 된다. 대신 금 선이 사용되면 본드 면에 눌려진 비드를 남기는 열 압착이 사용된다. 선 연결은 수동 또는 자동으로 가능하다. 이제 패키지는 뚜껑이 덮일 준비가 되었다.

세라믹 패키지에서는 금속 뚜껑이 공동위에 얹히고 패키지는 연속 벨트 오븐 위에 놓인다. 뚜껑 금속 가장자리의 땜납이 녹고 패키지와 밀봉된다. 플라스틱 패키지에서는 다이가 붙고 선이 연결된 프레임이 열경화성 플라스틱으로 트랜스퍼 몰딩된다. 플라스틱 패키지의 리드가 굽혀지고 잘린 뒤 견고성과 좋은 납땜을 위해 주석이 입혀진다.

패키지가 시핑 스틱(shipping stick)에 넣어져 최종 시험에 보내진다. 이 최종 시험은 모든 규격을 보장하기 위해 매우 철저하다. 보통 빠른 속도로 가끔은 어떤 온도 이상에서 행해진다. 이 시험은 조립에서 기인하는 결함도 잡아낸다. 이 단계에서의 수율 손실은 다이 뿐만 아니라 조립 비용의 낭비이다. 따라서 웨이퍼 레벨에서의 초기의 시험이 엄격하여 최종 시험에서는 조립 손실 외의 손실이 없어야 한다. 그러나 웨이퍼 레벨 시험에서는 구현될 수 없는 최대 동작속도 시험과 같은 시험이 있다. 최종 시험에서 최적의 목표 수율은 다이, 패키지와 시험의 비용의 맞교환(trade-off)에 의존하나 보통 75~95% 범위에 있다.

○ 패키지 형태

패키지의 형태는 특수 응용 요구만큼 많다. MOS LSI IC에 사용되는 보다 일반적인 형태는 플라스틱 패키지, 세라믹 패키지[긴 옆쪽에 리드가 있는(side-brazed)형태와 CERDIP(ceramic dual in-line package) 포함]과 리드가 없는 칩 캐리어(leadless chip carrier, LCC) 패키지가 있다.

그림 9-12에 보이는 플라스틱 두 줄로 된 패키지(dual in-line package, DIP)는 300 mil(1 mil = 25.4 μ m) 떨어진 두 열의 리드를 가진다. 각 리드는 인접 리드와 100 mil 떨어져 있다. 패키지의 한쪽 끝(윗면도)에 있는 작은 구멍에서 시계 반대 방향으로 가는 첫 번째 핀이 1번 핀이다. 핀 수가 48로 증가하면 패키지의 폭이 400 mil로 증가하고 다시 600 mil로 뛴다. 조립하는 동안 다이는 금속 프레임의 가운데 있는 탭(tab)이나 플랙(flag)에 부착된다.

다이에서 프레임의 손가락 패턴으로 리드가 본딩된다. 열경화 플라스틱으로 한 번에 12개에서 24개까지 전 어셈블리가 트랜스퍼 몰드 된다. 후에 프레임으로부터 DIP들을 분리하기 위해 외부 리드가 잘려진다. 플라스틱은 가장 적은 비용의 패키지 기술이다. 그러나 다이 자체가 특수하게 보호되지 않은 경우, 수분에 대해 완전히 차단되지 않으므로 높은 신뢰성의 응용에 사용되기 어렵다.

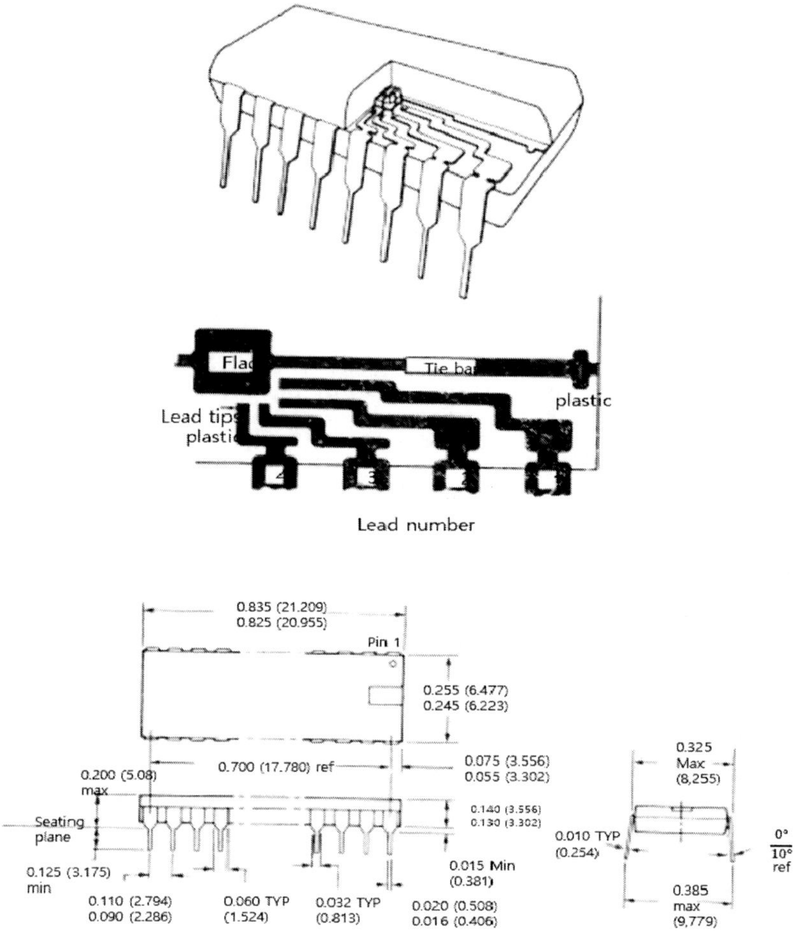

[그림 9-12] 플라스틱 dual in-line 패키지

세라믹 패키지는 공동 상태에서 칩을 밀봉하며 주로 2가지 형태로 나온다. 첫 번째는 패키지 리드 패턴이 세라믹 패키지 옆쪽에 있는 형태이다. 각 패키지 리드는 패턴에 연결되면서 기계적으로 양 옆으로 고정된다. 그림 9-13에 보이듯이 다이가 공동에 들어가고 리드가 본딩 되고 뚜껑이 봉해진다. 두 번째 세라믹 패키지에 형태는 CERDIP이다. 그림 9-14에서 칩과 주위의 프레임은 두 개의 세라믹 판 사이에 샌드위치 된다. 봉합 공정에서 녹는 봉합 유리에 의해 본딩이 제공된다.

밀봉은 다이를 수분이나 이온의 오염으로부터 막아준다. 그러나 공동은 그 자체가 진공이 아니다. 사실 CERDIP는 공기 중에서 봉해진다. 패키지 옆쪽에 리드가 있는 형태의 세라믹 패키지는 질소와 수소의 혼합인 포밍(forming) 가스에서 봉해진다.

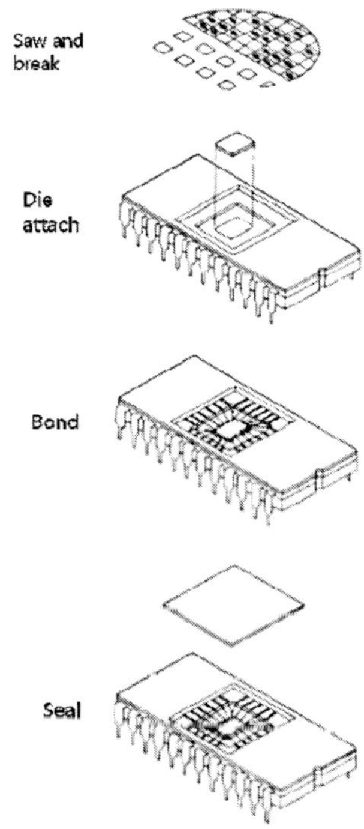

[그림 9-13] 옆쪽이 땜질(side-blazed)된 세라믹 패키지

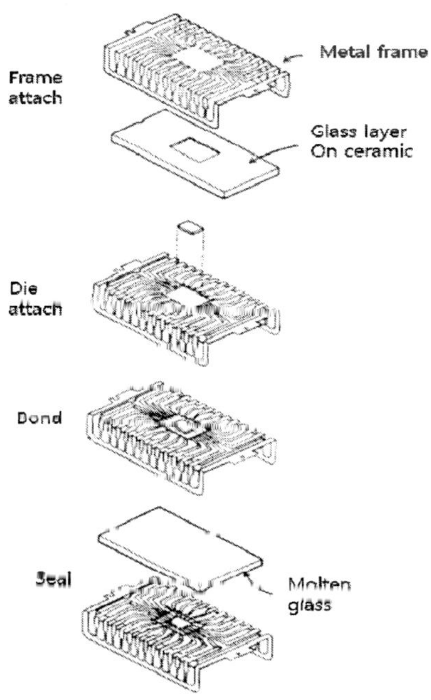

[그림 9-14] CERDIP 패키지

리드가 없는 칩 캐리어(LCC, leadless chip carrier)는 4면에 리드가 있는 세라믹 패키지이다. 그림 9-15에서처럼 리드는 서로 50 mil 떨어져 있다. 패키지 리드 패턴은 옆쪽 주위를 둘러싸고 있어 프린트된 회로 기판(PCB) 위에 일치하는 패드와 reflow 결합을 가능하게 한다. 불량 패키지를 대체하는 것이 쉬워진다. 그러나 LCC의 가장 큰 장점은 패키지 면적의 감소와 그에 따르는 무게 감소이다. 5:1까지의 감소가 가능하다. Joint Electron Device Engineering Council(JEDEC)은 표준 LCC 패키지의 외형에 대한 안을 내놓았다. 이것은 LCC의 많은 사용과 발전을 촉진시킨다.

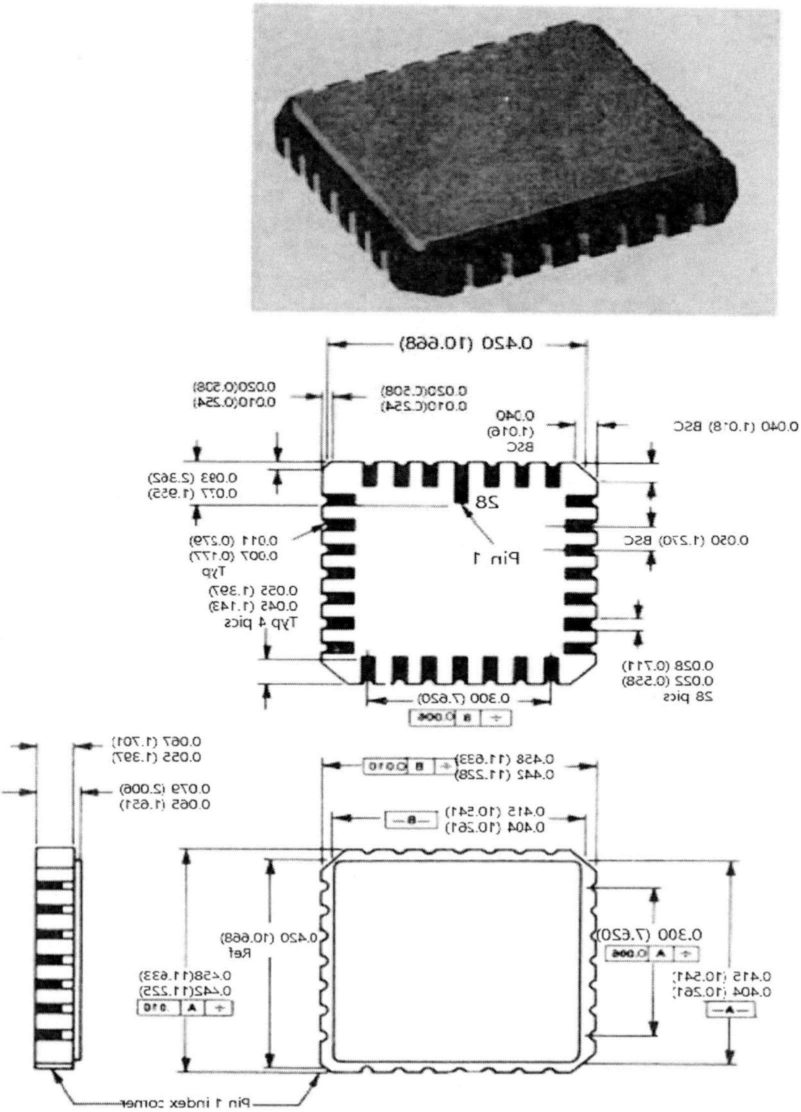

[그림 9-15] 리드가 없는 세라믹 칩 케리어 패키지. 모든 치수는 인치이다. 28-리드가 없는 밀봉된 칩 케리어

10장

수율과 신뢰성

10 수율과 신뢰성

10-1. 수율의 중요성

수율은 웨이퍼에서 회로가 동작하는 다이의 전체 다이에 대한 비이다. 이는 웨이퍼 공정 엔지니어나 회로 설계자 모두에게 매우 중요하다. 웨이퍼 공정 영역에서 웨이퍼 공정비용은 주어진 기술에 대하여 비교적 일정하다. 좋은 다이 당 비용은 웨이퍼에 얼마나 많은 좋은 다이가 생산되느냐에 전적으로 의존하게 된다. 공정영역에서 학습비용을 줄여 수율을 개선하는 것은 집적회로가 꾸준히 또는 어떤 경우에는 급격하게 가격이 감소하는 특성을 가지는 중요 이유이다. 칩 설계자는 수율에 매우 큰 관심을 가지는데 선택된 기술이 웨이퍼 당 비용을 밀접하게 결정하기 때문이다. 따라서 칩의 비용이 줄어드는 유일한 방법은 수율을 높이는 것이다. 칩 설계자가 칩의 크기에 의해 수율을 극적으로 조절하는 것을 볼 수 있다. 설계자가 큰 시스템을 설계할 때, 여러 개의 칩으로 분할함으로 시스템의 전체 비용을 낮추는 자유도를 갖을 수 있다. 그림 10-1은 칩 크기가 줄어들면 다이의 비용이 급격히 감소함을 보인다. 따라서 하나의 큰 칩으로 만들기 보다 매우 작은 칩의 세트로 만들어 이득을 취할 수 있다. 그러나 시스템에 칩 수가 많아지면 많은 수의 칩을 테스트하고 취급하는 비용과 많은 수의 패키지를 제공하는 비용이 증가한다. 그러나 시스템을 하나의 칩 이상으로 분할하므로 비용이 최소가 됨을 가끔 발견하게 된다. 그러나 하나의 칩에 많은 회로 기능을 집적하는 추진이 지속적으로 되고 있음은 중요하다. 이는 많은 회로에서 다이 자체의 생산비용보다 테스팅과 페키징의 비용이 한 배에서 두 배 정도 비싸기 때문이다.

그러면 집적회로의 수율을 어떻게 예측할 것인가? 수율은 가끔 큰 범위에서 변동하고 시간에 따라 변한다. 그러나 회로가 적절히 설계되고 테스트 되며, 일관성 있는 공정에서 만들어지면 수율은 어떤 예측 가능한 통계법칙을 따른다. 이렇게 되기 위해, 수율은 충분한 통계 샘플에서 결정되어야 한다.

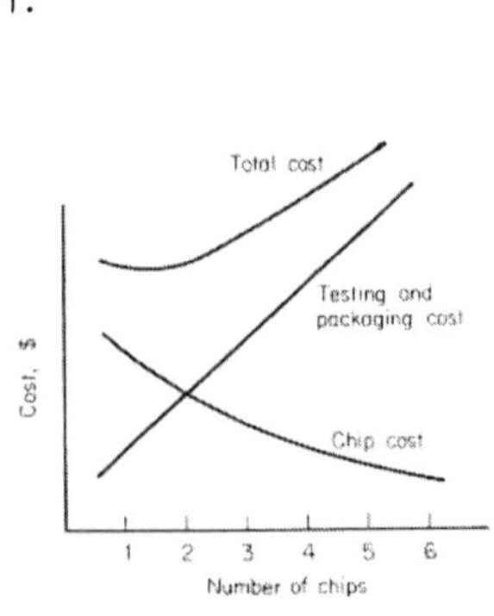

그림 10-1 최소 전체 비용을 위한 시스템 배분

10-2. 수율 모델

회로를 오동작 시키는 결함, 즉, 킬링 결함이 어떤 수로 웨이퍼 전체에 퍼져있다고 가정한다. 평균 결함 밀도 D_0 를 정의 할 수 있다. 칩 면적이 A 이면 평균적인 칩 당 결함 수는 AD_0 가 된다.

만약 결함 수가 균일하게 분포된 임의 변수이면 하나의 단독 다이 내에 k 개의 결함을 발견할 확률은 그림 10-2의 포아슨(Poisson) 분포로 주어진다.

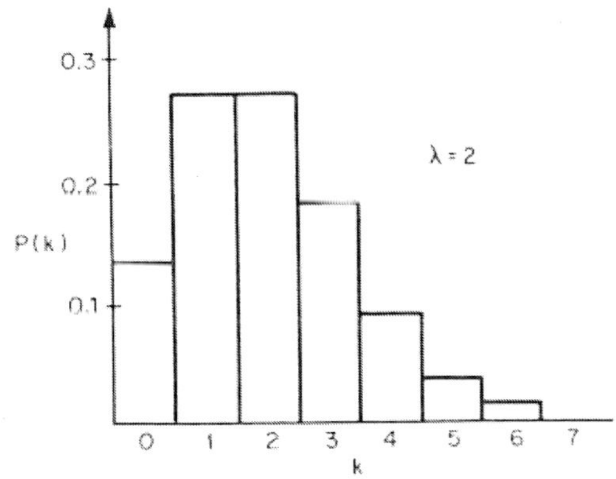

그림 10-2 포아슨 확률 분포 함수

(10-1) $P(k) = \frac{\lambda^k e^{-\lambda}}{k!}$ k = 0, 1, 2, 3 . . .

여기서

(10-2) λ = AD0

따라서

(10-3) $P(k) = \frac{(AD_o)^k e^{-AD_o}}{k!}$ k = 0, 1, 2, 3 . . .

수율은 결함이 0인 칩을 찾을 확률이다. 즉, 수율은

(10-4) $Y = P(k = 0) = e^{-AD_o}$

식 (10-4)로 주어진 수율식은 포아슨 수율 모델이다. 이 모델은 매우 엄격하여 특히 큰 소자(AD_0 〉 1)에서는 매우 낮은 수율을 예측한다. 웨이퍼가 모두 꼭 같은 방식으로 처리될 수 없으므로 결함 밀도가 균일하지 않고 웨이퍼마다 다름을 고려해야 한다. 웨이퍼 내에서도 결함 밀도는 일정하지 않다. 웨이퍼 가운데 보다 가장자리에 결함밀도가 높은 것으로 알려져 있다. 또한 점 결함이나 선 결함으로 결함이 뭉쳐진다. 결함밀도 분포를 포함한 수율모델로 수정하는 것이 필요하다. 모델은 아래와 같다.

(10–5) $$Y = \int_0^{\infty} F(D) e^{-AD} dD$$

가정된 결함 밀도 분포 F(D)의 여러 형태는 여러 수율 공식을 만들게 된다.

앞서 언급된 포아슨 모델은 식 (10−5)의 특별한 경우이고 여기서 F(D)는 그림 10−3에 보이듯이 D = D_0 에서 델타함수이다.

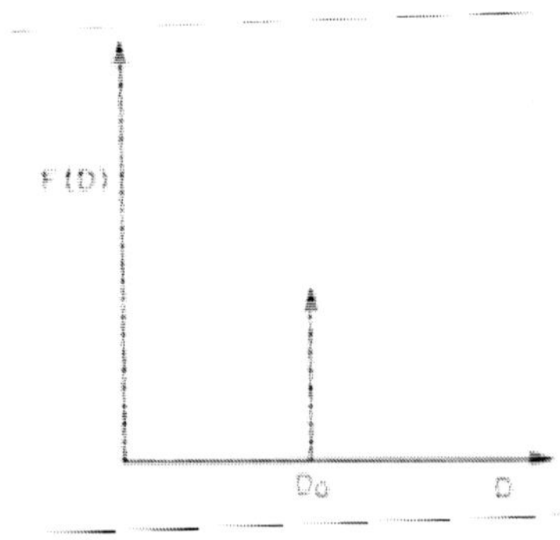

그림 10–3 델타함수의 형태로 주어진 결함밀도 분포

Murphy는 수율 모델에서 F(D) 를 가우시안 분포로 가정하였으나 그림 10−4에 보이듯이 삼각형 함수로 가정하였다.

(10–6) $$F(D) = \begin{cases} \dfrac{D}{D_o^2} & 0 \le D \le D_o \\ \dfrac{2}{D_o} - \dfrac{D}{D_o^2} & D_o \le D \end{cases}$$

식 (10−6)을 식 (10−5)에 대입하면 Murphy의 수율모델은 아래와 같이 된다.

(10–7) $$Y = \left(\frac{1-e^{-AD_o}}{AD_o}\right)^2$$

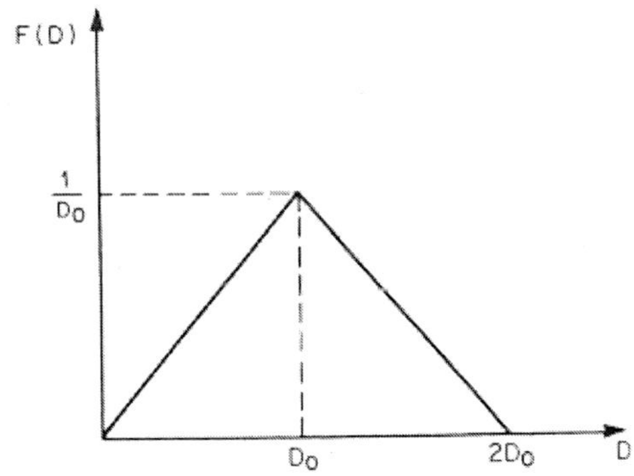

그림 10-4 Murphy 에 의해 사용된 삼각형 형태의 결함밀도 분포

반면 Seed 모델은 보다 낙관적인데 저결함 밀도가 고결함밀도 보나 가능성이 많디고 가정한 것으로 그림 10-5처럼 지수함수적 결함밀도 함수를 나타낸다.

(10-8) $F(D) = \frac{1}{D_o}e^{-D/D_o}$

이로 인한 Seed 수율 모델은 아래와 같다.

(10-9) $Y = \exp(-\sqrt{AD_o})$

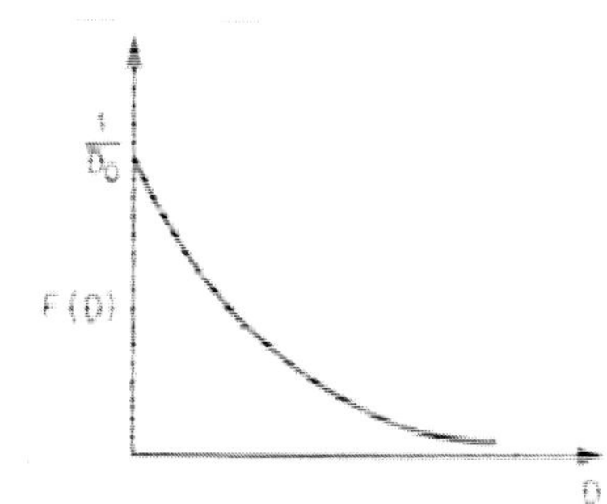

그림 10-5 지수함수 형태의 결함밀도 분포

4번째 모델은 Bose-Einstein 모델로 Bose-Einstein 통계를 사용한다. 이 모델은 대부분의 결함이 마스킹 작업과 연관된다고 가정하며 n 마스킹 스텝에 평균 D_0 의 결함밀도에서 수율은 다음과 같다.

$$(10\text{–}10)\quad Y = \frac{1}{(1 + AD_o)^n}$$

Price 모델은 n = 1 일 때 식 (10–10)의 특별한 경우이다. Bose–Einstein 모델의 비판은 마스크 층의 수를 고려하였으나 각 마스크 층의 비중을 동일하게 잘못 배정한 것과 하나의 D_0 값을 사용한 것이다. 예를 들면 이온 주입스텝은 금속 마스킹 스텝처럼 많은 결함을 생성하지 않는다.

그림 10–6에 여러 수율 모델의 비교를 보인다. AD_0 가 커지면 차이가 많이 보인다.

수율 모델 그리는 보다 유용한 방법이 그림 10–7에 예시되었는데 결함 밀도 D_0 를 변수로 하는 면적에 대한 Murphy 수율 모델이 그려져 있다. D_0 는 cm^2 당 결함 수로 보통 기술된다. 그림 10–7에서는 일정한 평균 결함밀도 D_0 인 경우, 다이 크기 변화에 대한 수율의 영향을 보여준다. 주어진 기술, 주어진 제조 라인에서 일정기간 동안에 한해 D_0 는 일정하다고 가정되었다.

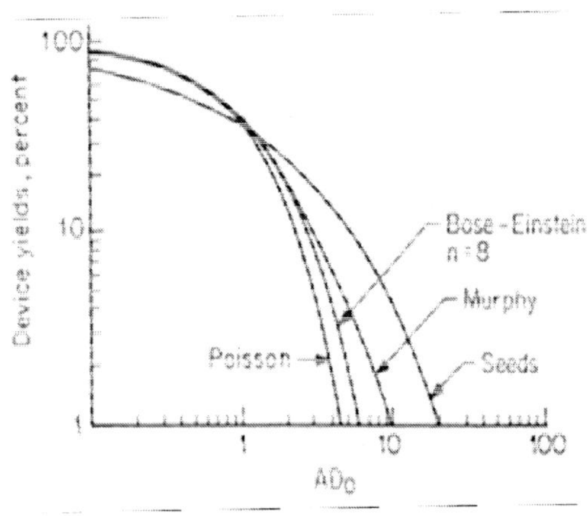

그림 10–6 여러 수율 모델의 비교

여기서 수율모델을 사용함에 무엇을 기대하는가에 대한 주의가 필요하다. 칩에서 시각적으로 결함의 수를 헤아리게 하는 결함밀도 D_0 를 생각해내는 것은 수율모델을 사용하는 의도는 아니다. 많은 수의 칩의 전기적인 수율 거동을 기술하는 것은 차라리 통계적 변수이다. 회로의 수율을 정확히 규정하는 것은 어렵다는 것을 기억하라. 주어진 크기의 칩에 대하여 얼마나 빽빽하게 능동소자로 칩이 채워져 있나, 설계 여유가 얼마나 많이 적용되었나, 테스트 한계가 얼마나 엄격하냐에 수율은 결정됨을 상상할 수 있다.

웨이퍼의 수율을 알기 위해 웨이퍼에서 좋은 다이의 수를 알아야 한다. 웨이퍼에 총 다이 수는 다음과 같다.

(10-11) 전체 다이수 $= \frac{\pi(R - A^{1/2})^2}{A}$

여기서 R은 웨이퍼 반경, A는 다이 면적이다. 여러 웨이퍼 직경에서 다이 면적의 함수로 총 다이 수를 그림 10-8에 보인다. 전체 다이 수에 수율을 곱하면 전체 좋은 다이 수를 구할 수 있고 이는 다이 크기의 함수로 그림 10-9에 그려져 있다. 큰 다이 크기에서 수율이 급격히 감소함을 볼 수 있다.

10-3. 신뢰성과 고장 모델

개별 트랜지스터에 비해 집적회로를 사용하는 것은 시스템의 신뢰성을 높인다. 신뢰성이 향상된 것을 지원하기 위해 집적회로의 신뢰성에 대한 연구가 필요하다. 초반 결함을 걸러내는 고온 테스트(burn-in)나 소자를 보다 적정 영역에서 동작케하는 기술에 의해 최종 사용자에 의한 고장률은 개선될 수 있다.

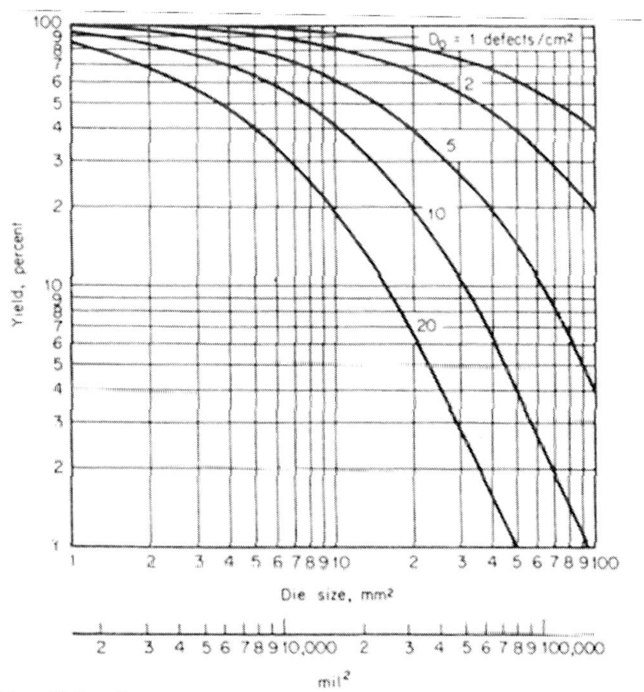

그림 10-7 Murphy 모델 수율 곡선

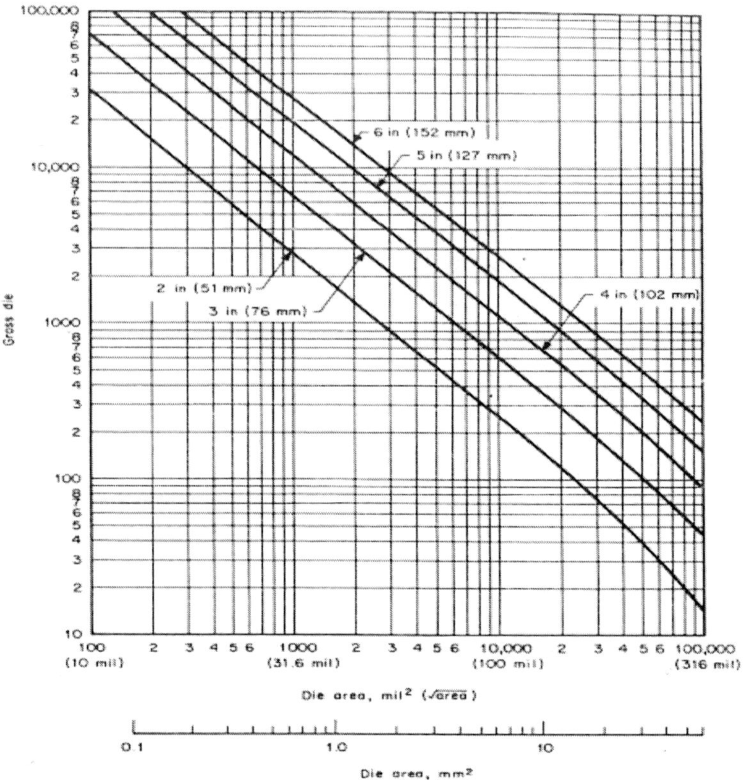

그림 10-8 여러 웨이퍼 직경에서 다이 면적에 대한 전체 다이 수

집적회로에서 신뢰성이 우선 설계되어야 한다. 본질적으로 신뢰성 있고 쉽게 고장이 나지 않게 공정이 개발되고 집적회로가 제작되어야 한다. 금속에서 전자이주(electromigration), 문턱전압 변동을 가져오는 이온 오염, 오염의 불완전한 차단과 부식을 가져오는 보호막 층을 포함하는 고장 원리는 알려져 있고 이를 막기 위한 설계가 필요하다. 마찬가지로 회로설계에서는 피치 못할 열화에 대처하기 위해 큰 설계 여유를 제공해야 한다.

부품이 가능한 기술적으로, 경제적으로 신뢰성 있게 설계되면 잔여 고장 비율은 통계적 모델로 정량화 될 수 있다. 고장은 좁게는 동작 사양을 준수하지 못함으로, 느슨하게는 완전히 동작하지 않는 것으로 정의된다. 어떤 경우든 처음에 선택된 판단기준은 일관되게 내내 적용되어야 한다.

고장 모드는 배제의 전기적 원인이다. 예를 들면 느린 억세스(access) 시간은 이온 오염이 문턱전압을 높게 하는 기본 물리적 고장 원리를 나타낸다. 부품의 고장은 임의의 현상으로 고장까지의 시간이라는 임의의 변수를 갖는다. 이 임의의 변수는 반도체 소자에서 로그정규분포를 갖는다. 이런 분포는 화학반응이나 확산과 같은 비율 의존 지수적 공정과 잘 맞는다. 로그정규분포가 그림 10-10에 보이는데 고장 때 까지 시간의 로그는 가우시안(정규)분포 이다. 수학적으로 정규분포는 다음으로 표현되는 확률밀도 함수를 갖는다.

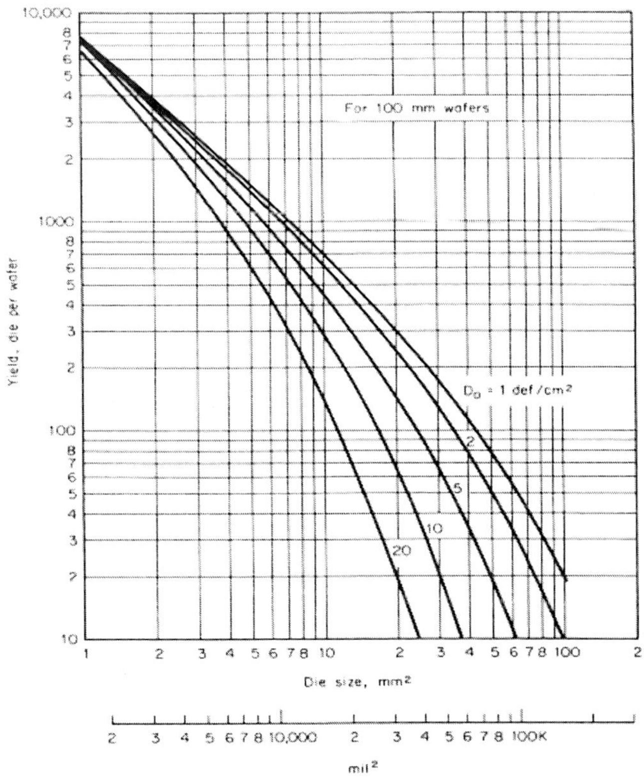

그림 10–9 100mm 직경의 웨이퍼에서 다이 면적에 대한 전체 좋은 다이의 수(Murphy 수율 모델)

(10–12) $f(x) = \frac{1}{\sqrt{2\pi}\,\sigma} exp(-\frac{z^2}{2})$

(10–13) 여기서 x = log t

z= (x−μ)/σ

μ = log t 의 평균

σ = log t 의 표준편차

누적분포함수는 확률밀도함수를 −∞에서 x 까지 적분한 것이다.

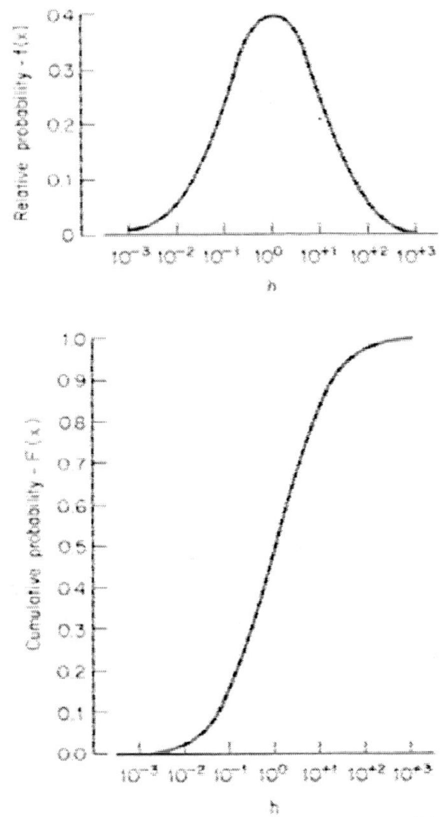

그림 10-10 로그정규분포에서 확률밀도함수와 누적분포함수

(10-14) $F(x) = \frac{1}{\sqrt{2\pi}\,\sigma}\int_{-\infty}^{x} \exp(-\frac{z^2}{2})dx$

그림 10-10에 보인 함수는 고장까지의 시간의 확률이고 x(log t), 즉, 누적 고장과 같거나 작다. X와 Y축을 바꾸고 변수를 적절히 바꾸어 그림 10-11에서처럼 로그정규분포에 대한 누적분포함수가 직선이 되게 그릴 수 있다. 두 변수가 각 분포를 나타낸다. 평균은 log t 축에서 50% 누적 고장을 가르키는 지점이다. 평균은 중간수명 이고 t_{50} 으로 적는다. 표준편차, σ 는 다음과 같다.

(10-15) $\sigma = \ln t_{50} - \ln t_{16} = \ln\frac{t_{50}}{t_{16}}$

여기서 t_{16}은 16% 누적 고장까지 시간이다. 그림 10-11에서 σ 가 1과 2의 100h 중앙수명의 두 분포가 그려져 있다.

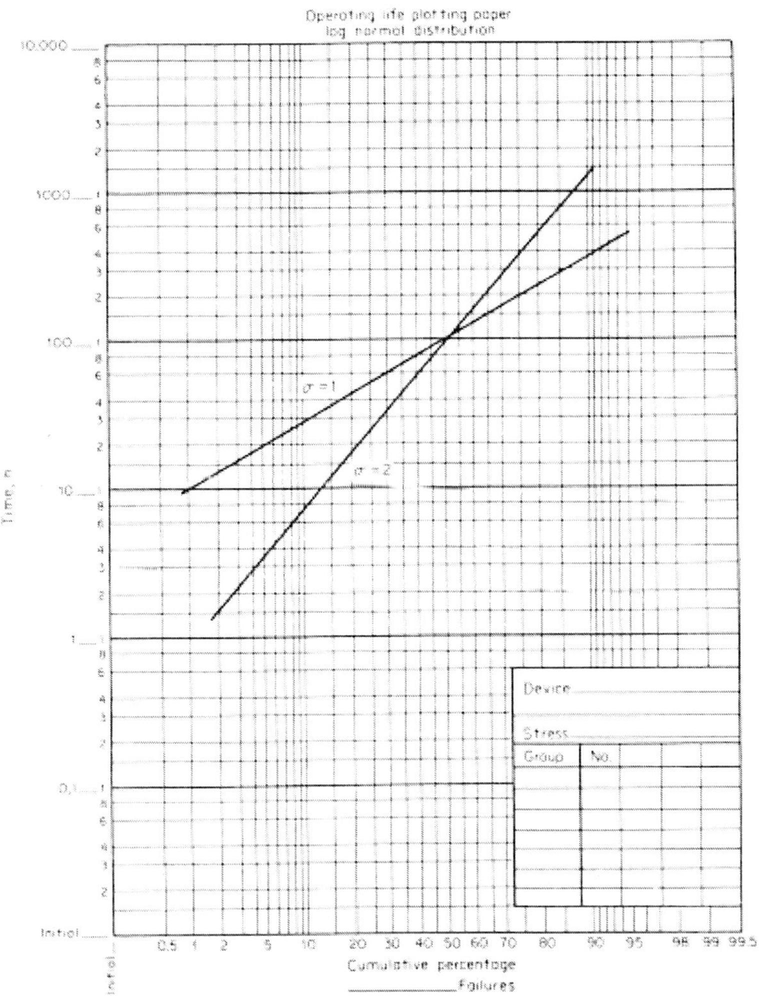

그림 10-11 σ 가 1과 2인 로그정규 누적분포가 직선으로 그려진 확률 그래프

특별한 부품에 대하여 평균과 표준편차를 결정하기 위해 수명 테스트를 행한다. 수명 테스트는 고온 과/또는 고전압 같은 가속 스트레스를 가하는 것을 의미한다. 그렇지 않으면 테스트 기간이 매우 길어진다. 수명 테스트는 메인 집단의 표본으로 하여야 한다. 정확하게 하기 위해 수명 테스트는 최소 샘플의 50%가 고장이 날 때까지 지속되어야 한다. 고장이 로그정규 확률 그래프에 그려지면 그래프의 기울기는 표준편차를 나타낸다. 2보다 작은 낮은 표준편차는 거의 수평선을 보이고 잘 제어된 공정을 의미한다. 2보다 아주 큰 표준편차는 수직선을 보이고 잘 제어되지 못한 공정을 의미한다. 두 수명 테스트가 다른 온도에서 행해지면 같은 고장원리에 대하여 결과 두 선은 평행하여야 한다. 그렇지 않으면 집단의 어떤 부분에서 높은 스트레스가 긴 수명의 결과로 나타났고 이는 직관과 경험에 반대된다.

수명 테스트 결과는 보통 직선이 아니고 그림 10-12에 보이듯이 S 형 곡선으로 나타난다. 이것은 집단의 작은 부분이 일찍 고장나는 두 개 모드의 분포를 의미한다. 이 초기의 높은 고장률은 유아사망률, 또는 기형 분포라 불리고 그림 10-13의 친밀한 "욕조" 모양으로 나타난다. 유아사망률로 초기의 고장률은 높고 메인 집단의 대표 값인 비교적 일정한 고장률로 감소하고 마지막으로 낡음 원리에 의해 다시 증가한다. 그러나 낡음은 전자회로에서는 이야기되지 않는다. 그림 10-12에는 10% 또는 20% 기형 집단이 있는 경우의 결과 분포를 보여준다. 곡선에서 굴절은 기형 집단이 모두 고장날 때의 시간을 나타낸다.

주어진 시간에서 순시고장률은 식 (10-12)의 확률밀도 함수 f(t)를 시간 t 까지 살아 남을 확률, 1-F(t) 로 나누어 구한다. 로그정규분포에서 결과는 그림 10-14의 Goldthwaite 그래프에 나타난다. 가로좌표와 세로좌표는 모두 중앙 수명, t_{50}으로 정규화된다. 순시고장률은 일정하지 않고 중앙 수명 전에 피크를 보이고 그 후 계속 감소한다.

전화통신이나 다른 고신뢰 영역에서 사용되는 고장률의 단위는 FIT 이다. 1 FIT는 10^9 소자-시간에 하나의 고장이 생기는 것이다. 따라서 1000 FIT는 1000 시간에 0.1%의 고장이 생기는 것이다. MOS 집적회로는 보통 수백 FIT의 신뢰성을 갖는다.

여러 부품으로 구성된 시스템에서는 전체 고장 비율은 각각의 고장 비율을 더한다. 부품당 고장률이 비교적 일정하게 유지되므로 작은 부품 수를 사용하여 높은 수준의 집적을 하게 되면 시스템의 신뢰성은 향상된다.

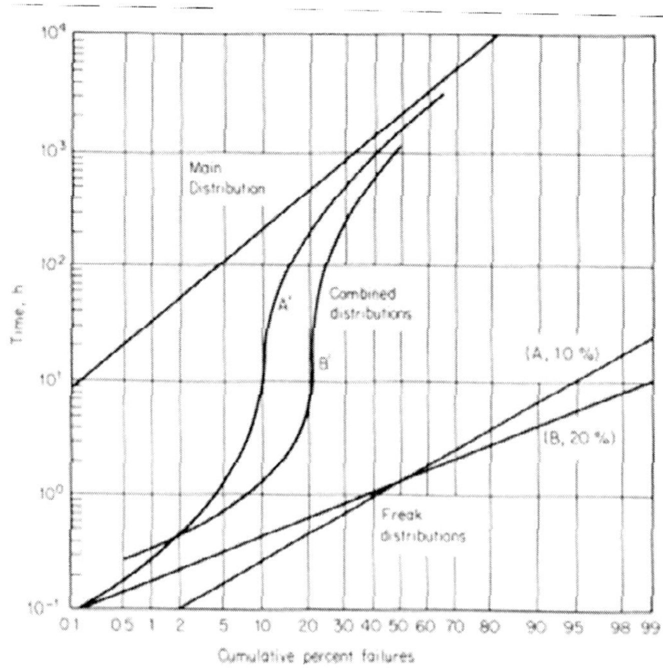

그림 10-12 s형 그래프는 초기 고장(유아사망률)을 갖는 두 가지 모드 분포를 나타낸다.

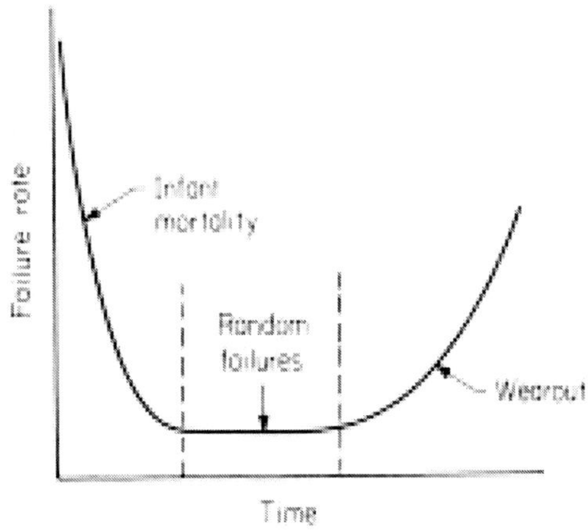

그림 10–13 "욕조" 고장률 곡선

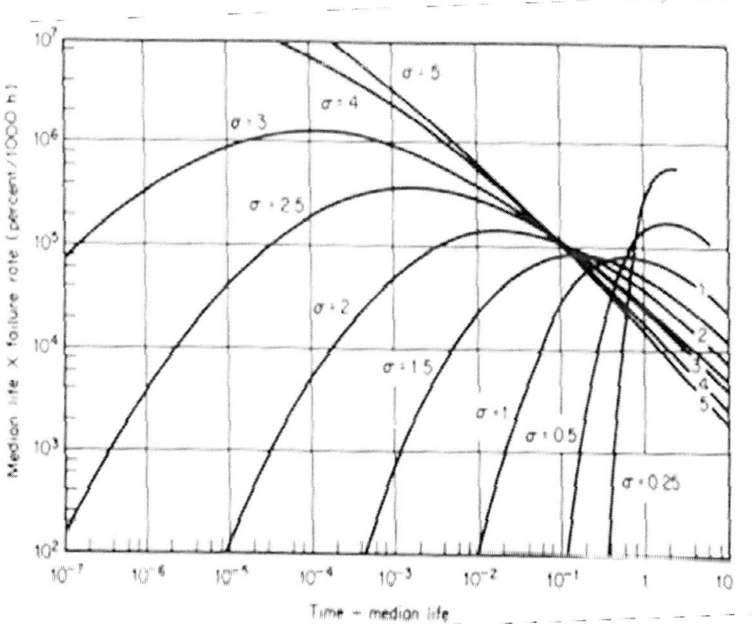

그림 10–14 로그정규분포에서 순시고장률

10-4. 고온 테스트(burn-in)

대부분의 고장 원리에서, 반도체 부품의 수명 테스트는 높은 온도에서 동작시키면 급격하게 가속된다. 테스트 결과는 외삽되거나 정상동작에 맞게 낮추어 질 수 있다. 높은 온도에서

번인(burn-in)은 잠재적 초기 결함을 찾아내고 소자의 낮은 고장률 범위로 가게 한다.

화학공정의 반응률은 아레니우스 식에 따라 온도와 연관된다.

(10-16) $R(T) = C\exp\frac{-E_a}{kT}$

여기서 R 은 반응률, C 는 상수, E_a 는 여기에너지 eV, k 는 볼츠만 상수(8.625 x 10^{-5} eV/K), T 는 온도, K 이다.

열역학 이론에 의하면 반응이 일어나기 위해 반응물 분자는 최소 여기에너지 이상을 가져야 한다. 여기에너지 이상을 갖는 반응물의 부분은 지수함수로 주어진다.

고장까지의 시간 역시 식(10-16)에 주어진 아레니우스 식과 같은 온도 의존성을 갖는다. 식 양쪽에 자연로그를 취하여 아래와 같이 고장 원리에 대한 여기에너지를 구할 수 있다.

(10-17) $\ln t = -\frac{E_a}{kT} + C$

ln t를 1/T 에 대해 그리면 기울기는 E_a 의 값이 된다. 아래와 같다.

(10-18) $E_a = \frac{k\ln(t_1/t_2)}{1/T_2 - 1/T_1}$

고장점 t_1과 t_2는 같은 분포점, 예를 들면 중앙 수명 t_{50}에서 측정되어야 한다. 온도는 분위기나 케이스의 온도가 아닌 접합의 온도여야 한다. 그림 10-15는 식 (10-18)을 사용한 특별한 그래프를 보여준다. 한 축은 시간의 로그 눈금이고 다른 축은 1/T 의 선형 눈금이다. 직선의 기울기는 여기에너지에 해당 된다. 그래프 위쪽의 과녁 표시를 통과하여 같은 기울기로 오른쪽 수직 눈금을 지나 여기에너지를 읽을 수 있다. 이 예에서 1.0 eV에 대한 선이 보인다. 전형적인 여기에너지가 표 10-1에 보인다. 큰 여기에너지는 낮은 온도에서 높은 온도까지의 큰 가속 요인에 상응한다.

고장률을 예측하기 위한 가속 테스트의 적용은 다음의 과정으로 요약된다.

1. 샘플의 50%가 고장이 날 때까지 주어진 높은 온도에서 가속 테스트를 한다. 하나의 우세한 고장 모드를 가지는지 확인하기 위해 고장 난 부품들을 분석한다. 그렇지 않으면 각 고장 모드에 대해 전 과정이 반복되어야 한다.
2. 그림 10-11 같이 로그정규 누적 분포 그래프에 시간에 대한 고장을 그린다. 잘 일치하게 데이터에 직선을 그린다. 직선으로부터 중앙수명 t_{50} 과 표준편차 같은 변수가 결정

된다. S 형태 곡선은 초기 고장(유아사망) 이 있음을 나타낸다.

3. 다른 두 높은 온도에 대하여 위의 과정을 반복한다. 결과 선들은 평행해야 하고 고장까지 시간이 가속됨을 의미한다. 표준편차의 변동은 다른 고장 원리가 작동함을 나타낸다.
4. 같은 누적 고장 점, 예를 들면, t_{50} 에서의 데이터를 그림 10-15의 아레니우스 그래프에 옮긴다. 초기 고상과 같은 훼손 요인이 없으면 다른 고장 점, 즉, t_{10}과 t_{20} 은 평행선을 만들어야 한다. 여기에너지, E_a를 결정한다.
5. 구한 E_a 를 다른 사람들에 의해 구해진 표 10-1의 값과 비교하여 의심되는 고장 원리와 데이터가 전체적으로 합리적임을 확인한다.
6. 가장 높게 등급된 정상온도에 외삽을 하고 t_{50} 을 구한다. t_{50} 과 표준편차를 구성하는 형태 변수를 이용하여 그림 10-14에서 사용수명의 어떤 점에서 순시 고장률을 구할 수 있다.

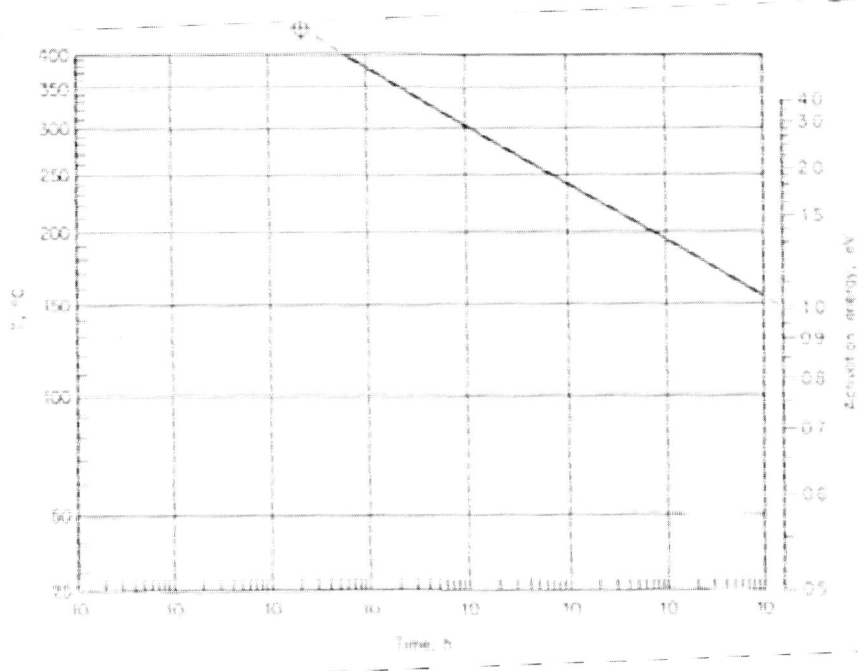

그림 10-15 아레니우스 식 그래프와 여기에너지 결정

표 10-1 실험적으로 관측된 여기에너지

Failure mechanism	E_a, eV
Ionic contamination	1.0-1.4
Oxide breakdown	0.3-0.35
Charge injection (slow trapping)	1.0-1.3
Electromigration	0.5-1.2
Gold-aluminum bond failure ("purple plague")	1.0-1.05
Corrosion, electrolytic	0.3-0.6
Degradation in 80% relative humidity	0.9
Polysilicon and silicon defects	0.5
Charge loss and gain (EPROMs)	0.6

Source: After Refs. 10, 11, and 12.

저/자/소/개

김 정 규

경상국립대학교 반도체공학과 교수

MOS 반도체 공학

초 판 발 행 | 2024년 3월 11일
초 판 인 쇄 | 2024년 3월 11일

편 저 자 | 김정규
발 행 인 | 이성범
발 행 처 | 문운당
주 소 | 서울시 종로구 혜화로5길 16 (명륜1가 45-3)
전 화 | (02)762-6010
팩 스 | 영업 (02)745-0265 / 편집 (02)762-8758
이 메 일 | 영업 munun2@daum.net
편집 mununang@naver.com
홈페이지 | http://munundang.co.kr

ISBN 979 11 5692-687-0 93560

정가 20,000원